U0176760

国家高端智库
NATIONAL HIGH-END THINK TANK

上海社会科学院重要学术成果丛书·专著

海洋治理与海洋合作研究

The Study for the Marine Governance and Cooperation

胡志勇／著

上海人民出版社

本书出版受到上海社会科学院重要学术成果出版资助项目的资助

编审委员会

总　序

当今世界,百年变局和世纪疫情交织叠加,新一轮科技革命和产业变革正以前所未有的速度、强度和深度重塑全球格局,更新人类的思想观念和知识系统。当下,我们正经历着中国历史上最为广泛而深刻的社会变革,也正在进行着人类历史上最为宏大而独特的实践创新。历史表明,社会大变革时代一定是哲学社会科学大发展的时代。

上海社会科学院作为首批国家高端智库建设试点单位,始终坚持以习近平新时代中国特色社会主义思想为指导,围绕服务国家和上海发展、服务构建中国特色哲学社会科学,顺应大势,守正创新,大力推进学科发展与智库建设深度融合。在庆祝中国共产党百年华诞之际,上海社科院实施重要学术成果出版资助计划,推出"上海社会科学院重要学术成果丛书",旨在促进成果转化,提升研究质量,扩大学术影响,更好回馈社会、服务社会。

"上海社会科学院重要学术成果丛书"包括学术专著、译著、研究报告、论文集等多个系列,涉及哲学社会科学的经典学科、新兴学科和"冷门绝学"。著作中既有基础理论的深化探索,也有应用实践的系统探究;既有全球发展的战略研判,也有中国改革开放的经验总结,还有地方创新的深度解析。作者中有成果颇丰的学术带头人,也不乏崭露头角的后起之秀。寄望丛书能从一个侧面反映上海社科院的学术追求,体现中国特色、时代特征、上海特点,坚持人民性、科学性、实践性,致力于出思想、出成果、出人才。2021年首批十二本著作的推出既是新的起点,也是新的探索。

学术无止境,创新不停息。上海社科院要成为哲学社会科学创新的重要基地、具有国内外重要影响力的高端智库,必须深入学习、深刻领会习近平总书记关于哲学社会科学的重要论述,树立正确的政治方向、价值取向和学术导向,聚焦重大问题,不断加强前瞻性、战略性、储备性研究,为全面建设社会主义现代化国家,为把上海建设成为具有世界影响力的社会主义现代化国际大都市,提供更高质量、更大力度的智力支持。建好"理论库"、当好"智囊团"任重道远,惟有持续努力,不懈奋斗。

上海社科院院长、国家高端智库首席专家

目　录

总　论

全球治理是当前世界政治的重要特征,也是国际关系学科的新兴领域。全球化的不断发展直接推动了全球治理的水平与质量,全球海洋治理是全球治理的重要组成部分,直接关乎人类生存与发展。中国积极参与全球海洋治理,从中国视角、中国智慧方面不断为全球海洋治理提供中国理念、中国方案与中国实践,推动全球海洋治理的发展。

随着全球化不断深入,全球海洋问题不断生成,国际政治体系与世界经济体系面对着越来越大的"全球挑战"。全球海洋治理研究也正发展为一种当代最重要也是最难的实践之学。

全球海洋治理的不足与缺失是全球治理停滞不前的缩影,也是国际法碎片化的反映。《联合国海洋法公约》的分区主义立法思路和功能主义管理路径成为全球海洋治理碎片化主要根源。[①]全球海洋治理的碎片化造成海洋环境污染日趋严重,海洋生物资源急剧减少,航行自由与航行安全受到各种侵扰,国家间海洋争端频发。

保护海洋生态系统和促进可持续发展成为全人类共同面临的重大课题。海洋治理的分工日趋专业化与精细化,为全球海洋治理提出了更高的要求,更需要世界各国共同采取行动,保护海洋资源。

目前,全球海洋治理的缺失加剧了海洋治理原先存在的问题的恶化,需

---

① 郑志华、宋小艺:《全球海洋治理碎片化的挑战与因应之道》,《国际社会科学杂志》2020 年第 1 期。

要世界各国共同治理,不断提高协同治理的能力,尽快构建一个全球性的综合海洋治理协调机构,积极应对全球海洋治理,优化区域性、专门性、功能性国际组织的职责与功能,《联合国海洋法公约》提高缔约国的履约意愿和履约能力,积极发挥非政府组织在海洋治理中的作用。

全球海洋治理是全球治理的重要组成部分,《联合国海洋法公约》是全球海洋治理的根本大法。全球海洋治理是基于国际海洋规则、国际海洋规范和国际海洋制度的对全球海洋问题的集体行动。

近年来,全球海洋治理主要围绕全球气候变化治理与海洋气候变化来展开,以推动海洋可持续发展。目前,全球海洋治理的焦点是加快在《联合国海洋法公约》框架下的国家管辖海域之外的生物多样性的谈判进程(BBNJ),以共同积极应对全球生物多样性损失,保护海洋生物多样性。

以《联合国海洋法公约》为核心的现行海洋制度弊端更为突出,对于人类活动逐步延伸至远洋、深海和极地等空间,相应的规制和协调仍显不足,世界各国围绕海洋资源和利益争夺加剧。随着陆地资源供应日趋紧张,世界主要国家加快探索和开发利用海洋空间,控制和利用海洋的主要方向从争夺海洋通道拓展至争夺海洋资源。海洋科技和装备的进步,以及地缘政治、经济和安全因素的诱导,进一步催化世界范围内海洋领土主权、划界和权利争端。人类活动增多使海洋面临生态承载力危机。海上作业、远洋运输等活动带来的油类污染和泄漏,进而造成该水域物种退化,生态失衡。海洋生态承载力受全球气候变化、不合理开发活动等影响,生物多样性的降低,海水富营养化等问题突出,赤潮等海洋生态灾害频发,生态承载力的变化与人类活动有形成恶性循环的趋势。

加强全球海洋治理,是国际社会共同的责任与担当。海洋状况对人类生存与发展密切相关。目前,海洋面临来自多方面的威胁,人类对海洋资源无止境的开采加剧了海洋生态环境的恶化和海洋资源的枯竭。而非法捕捞活动及不可持续和破坏性的来自陆地和船舶的污染物,以及外来物种的入侵、栖息地破坏等对人类赖以生存的海洋产生了极大的威胁,海洋噪音、船舶撞击及海洋酸化、海洋混合减弱以及氧气浓度降低,使得海洋所受的不利影响不断叠加、累积。

全球气候变化加重了人类海洋治理的难度与复杂性。海洋水温升高、洋流转移等正在危及人类居住的环境。即使人们充分认识到需要采取协调一致的措施来应对海洋面临的多重威胁,也没有任何国家、组织或其他机构愿意承担这些海域的整体管理责任。

因此,人类需要采取生态系统方法来改善海洋治理,但在实际运用中,生态系统方法具有一定的局限性。实际使用范围最广的生态系统方法是沿海区综合管理和水资源综合管理,可使用多种工具和策略,包括划分生态区、建立海洋保护区或管理区系统、海洋分区和实施渔业管理。

习近平主席所提出的构建"海洋命运共同体"重要理念,其理论内涵包括积极构建公平、包容的全球海洋秩序,在维护好国家主权基础上,维护绿色、安全、可持续发展的海洋生态环境,合理利用海洋资源,推进和实现更合理、公平的海洋资源分配,在法治框架下实现海洋财富最大化,维护海上通道的安全,确保安全畅通的海上通道,同时又能捍卫自身的海疆安全和拓展自身的海洋利益。

中国作为世界海洋大国,在全球海洋治理体系构建中,应主动与世界其他国家一起携手应对各类海上共同威胁与挑战,积极构建海洋命运共同体,不断发挥中国的作用,包括维护海洋领域的多边体制,为全球海洋治理贡献更多的"中国方案"与中国智慧,积极推动全球海洋治理善治。中国要改变传统海洋安全的思维定势,树立国家综合安全、人类共同安全的思想观念,推动建立新型海上安全合作伙伴关系,走互利共赢的海上安全之路,营造平等互信、公平正义、共建共享的国际海洋安全格局;积极履行国际责任义务,保障国际航道安全,努力提供更多海上公共安全产品;强化海洋生态文明建设,实现海洋资源有序开发利用和海洋可持续发展目标。

中国积极参与全球海洋治理体系建设,与其他国家一道共同推动全球海洋治理体系向更加公正合理的方向发展,努力建设海洋强国,积极塑造负责任大国形象。具体而言:①

首先,不断加大参与现有国际海洋话语平台活动的力度,强化国际海洋议题的设置能力与话语塑造能力,打造更多的涉海平台与机制,以不断提速中国在全球海洋治理中的影响力。充分利用好"蓝色伙伴关系""21世纪海上丝绸之路"等话语平台,积极承办更多的国际性海洋会议、努力创办国际性海洋论坛,深入开展主场涉海外交活动,不断提升中国的国际形象。

其次,不断完善涉海法律法规体系。目前,中国的涉海法律法规体系存在诸多薄弱环节,有些领域甚至还存在"法律真空"现象,处于无法可依的状态。某些领域的法律法规过于笼统,已不适应当今海洋事业发展的需要,亟待修订与补充。在全球海洋竞争日趋激烈的形势下,完善涉海法律体系既是国家自身法治建设不可或缺的组成部分,也是推动国家海洋治理体系与海洋治理能力现代化的基础,更是中国建设海洋强国和参与全球海洋治理的现实需求。

再次,推动全球海洋治理体系变革,树立整体治理观。良好的国内海洋治理体系,有利于增强该国加快塑造全球海洋治理规则的能力。同时,积极参与并引领区域治理,以夯实中国参与国际海洋事务的周边战略依托,不断提高中国在全球海洋治理中的引领作用。

作为一个积极参与全球治理的具有建设性重要作用的大国,中国以负责任的大国积极参与全球海洋治理的进程,主动应对全球性挑战需要,在广泛协商、凝聚共识基础上改革和完善全球海洋治理体系。不断发展与欧盟国家、小岛屿国家之间的友好合作关系,倾听对方的声音,增进彼此间的理解,扩大彼此间的利益交汇点,凝聚更多的国际共识,努力构建合作共赢的

---

① 叶泉:《论全球海洋治理体系变革的中国角色与实现路径》,《国际观察》2020年第5期。

"蓝色伙伴关系",共同推动全球海洋治理目标的实现。

2021年,中国政府在"十四五规划"中专设一节,系统阐述中国深度参与全球海洋治理的政策,"推动构建海洋命运共同体"正式列入国民经济计划,形成蕴含中国特色、契合海洋规律的具体部署。

尽管海洋国际秩序的多元化具有一定的合理性,但众多海洋组织的治理边界不明,导致治理效果不佳。中国作为全球海洋治理的新兴大国,要争取合理合法的海洋权益,构建一种公平正义的海洋国际秩序,可在支持《联合国海洋法公约》的基础上,积极主动倡导"海洋命运共同体"理念,以"蓝色伙伴关系"为构筑海洋命运共同体的基本细胞,与尽可能多的国家打造全方位、多层次、最广泛的"蓝色伙伴关系",务实推进区域海洋治理,不断积累海洋外交经验,凝聚全球海洋共识。①

第一节　积极构建中国海洋治理体系

构建中国海洋治理体系意味着中国由陆权国家向海权国家的转型,中国海洋治理体系不仅将中国定位于世界海洋国家的重要一员。而且将中国发展目标与海洋治理紧密相连,将中国建设成全球海洋中心国家成为中国发展的长期目标。"一带一路"倡议的不断推进,特别是建设21世纪海上丝绸之路将中国与世界更紧密地连接在一起,互联互通,使中国真正成为全球海洋治理的主角,以提升中国在国际海洋治理事务中的地位与影响力。

积极打造海洋命运共同体,中国强调的是走一条和平的海洋强国之路。党的十八大首次提出了"海洋强国"战略目标,这是中国首次在国家战略层面就海洋与国家发展间的关系做出总体规划,②向国际社会宣示了中国走

---

① 傅梦孜、陈旸:《大变局下的全球海洋治理与中国》,《现代国际关系》2021年第4期。
② 葛红亮:《中国"海洋强国"战略观念基础与方法论》,《亚非纵横》2017年第4期。

向海洋的决心和意志。自此,中国正式拉开了海洋国家建设的序幕。国家海洋治理体系成为实现中国"海洋强国"战略的主要政策依据和理论支撑。未来一段时间,中国政府都将海洋治理体系建设纳入国家战略深度调整之中并不断完善。与之相对应的是中国政府会更多地考虑中国国家利益拓展与海洋安全、海洋权益保护等一系列问题,主动经略周边地区并向海洋推进,逐步实现中国与周边海洋国家的良性互动,主动应对海洋治理中的问题与突发事件,积极发挥中国快速发展的优势,共同构建和谐、互利共赢的海洋命运共同体。

目前,中国的海洋治理体系还很不完善,中国的国家海洋治理能力严重不足,政府部门各自为政,需要理顺政府各部门之间的关系,全民海洋意识观有待提高,需要研究中国的海洋安全与海洋生态保护、海洋资源利用与有效开发等之间的关系,需要我们不断学习和借鉴国外海洋治理的经验,完善中国的海洋立法,为海洋治理提供公共产品,构建中国的海洋治理体系。积极构建中国的国家海洋治理体系是对全球海洋治理体系的补充与完善,为全球海洋治理提供中国的海洋治理模式和经验,推动全球海洋治理深入发展。中国模式的海洋治理体系的好坏直接影响到全球现有的海洋治理体系的质量。

积极推进国家海洋治理体系和海洋治理能力现代化建设,正成为中国建设世界一流海洋强国的行动纲领。因此,中国应构建科学、合理、可操作性强的国家海洋治理体系,为全球海洋治理体系建设不断提出中国的主张、奉献中国的方案,做出中国应有的贡献。在深刻了解和全面认识全球海洋治理与世界海洋秩序基础上,依据"新的发展""包容性发展""可持续发展"思考全球海洋治理的一系列具体议题,借鉴联合国海洋法公约及相关国家海洋治理法律经验,以海洋资源、海洋环境与海洋安全为重点不断完善中国的海洋治理法律体系,使中国的海洋治理法律更具针对性、时效性及易操作性。

在构建有中国特色的海洋治理体系进程中,中国从积极打造蓝色伙伴关系、蓝色利益共同体,发展到构建全球海洋命运共同体,构建和谐海洋社会成为中国海洋治理的终极发展目标。这是一项循序渐进的、全方位的、各方参与的综合性系统工程。蓝色伙伴关系的建设不仅意味着中国与周边海洋国家和平共处,而且,中国将积极运用本国发展模式与发展经验,带动和推动周边海洋国家共同发展。中国不仅要积极发展与世界海洋大国的友好合作关系,还要积极发展与中、小海洋国家和岛国的合作关系,共同治理海洋,发展海洋经济,共同打造全球蓝色利益共同体,进而构建世界海洋命运共同体,使海洋造福于全人类。

国家海洋治理体系是在中国政府领导下紧密相连、相互协调的国家海洋管理体系,包括海洋政治、海洋安全、海洋生态发展、海洋资源保护与开发"四位一体"的体制机制。

积极参与海洋国际秩序的构建,在吸收、借鉴世界其他国家发展海洋国际关系成功经验基础上,借鉴和运用联合国及相关国家海洋治理法律经验,不断健全和完善中国海洋治理的法律体系,[①]加快海洋法制建设步伐,积极推动中国的国际海洋法建设,提高海洋立法质量,使之具有针对性与前瞻性,确保海洋法律的完备性与可操作性,依法海洋治理,积极稳妥地处理好中国与其他国家涉海争议,为保障国家安全、维护海洋生态和谐、促进海洋经济增长提供坚实的法律依据,不断提升中国在全球海洋治理中的话语权。改革那些不适应海洋发展要求的现有海洋体制机制、法律法规,不断完善海洋法制体系,使海洋各领域的制度更加科学、合理。建立和健全海洋法律与制度体系,不断完善海洋执法与监督机制,不断提升海洋依法行政能力和水平,依法治海、依法护海。

在积极加强与发达海洋国家关系基础上,以大国方式主动参与国际海

① 范金林、郑志华:《重塑我国海洋法律体系的理论反思》,《上海行政学院学报》2017 年第 3 期。

洋治理；加强与印度、澳大利亚等"印太"地区枢纽国家的政治、军事关系，缓和和减弱这些支点国家对中国的不利影响，打破西方国家对中国的地缘战略制衡态势。积极应对美国在"印太"地区布局，加强海洋合作伙伴关系，特别是主动加强与中国周边国家的合作关系，深入推进中国"一带一路"建设，共享中国发展成果，增加周边海洋国家对中国的"向心力"与安全感，通过和平、发展、合作、共赢方式，扎实推进中国"海洋强国"建设。

第二节　加快海洋安全治理

在维护海洋安全方面，当前传统安全与非传统安全风险叠加，政府与非政府的安全机构交错，区域与多边的治理机制并行，致近年来海上安全风险日益凸显。全球海洋治理面临更多结构性、突发性的安全挑战，积极参与海上安全治理、构建合理有效的共同安全机制刻不容缓。坚持多边主义、反对追求片面安全、反对由个别国家主导应成为一个重要原则。

随着中国经济的快速发展，对能源的需求日趋增长，但是迄今为止，中国尚未形成成熟的中国海洋治理理论体系。而且，随着海上争端的加剧，推动了中国海洋政策的调整，[1]中国亟须构建有中国特色的国家海洋治理体系，以维护中国的国家权益与海上通道安全。因为一定国家的海权，决定着利益海洋所具有的军事与经济价值而达到其目的的能力。[2]新中国成立以来，中国政府对中国海权发展发挥了至关重要的作用。实际上，"国家海权"可以说是国家海上综合国力的代名词。[3]中国海洋治理体系必须成为国家海洋发展整体战略的一部分，中国国家海洋发展整体战略应包括国际和国

---

① 张洁：《中国周边安全形势评估(2013)》，社会科学出版社2013年版，第24页。
② 王生荣：《海洋大国与海权争夺》，海潮出版社2000年版，第45页。
③ 刘中民：《世界海洋政治与中国海洋发展战略》，时事出版社2009年版，第5页。

内两个战略层次,而中国国家海洋发展整体战略也是 21 世纪中国国家发展
整体战略系统的一个重要组成部分。中国海洋安全战略中的"西翼"战略与
中国的南亚战略相适应,应成为国家海洋治理的发展重点,以打破岛链封锁
与马六甲困局,从根本上改善中国战略处境,加速中国的复兴崛起。中国应
利用与伊朗高原国家及阿拉伯国家在政治和传统上的基础,建立和长期保
持与强化中国在环印度洋区域的存在,保障中国海洋战略运输通道安全,实
现陆海通达目标。

　　中国参与全球海洋安全治理,需要以总体国家安全观为指导。在 21 世
纪海上丝绸之路框架下牵头搭建涉外执法机制,参与甚至主导西太平洋、印
度洋的海上执法合作,不断提升中国在国际社会中的公信力与感召力,积极
与各国签署双、多边海上安全磋商机制,推进海上保障基地建设,通过海洋
命运共同体建设,培育共同安全意识,实现国家主权、安全和发展利益相统
一,不断提高中国海上执法的话语权。

　　积极探索建立新型的国际海上安全合作组织,协调国际海事、卫生以及
劳工系统在发生海上卫生危机时及时有效协调,积极构建区域性公共卫生
或其他突发事件的合作平台,加大应对海上公共卫生危机的应急能力。在
应对传染病海上蔓延方面,把海上公共卫生体系建设纳入全球海洋治理之
中,加强海上公共卫生管理,不断加强海上公共卫生体系建设。[①]积极运用
大数据优势,强化国际数据、通信支持,将公共卫生等海上突发风险评估,沿
岸国相应资源统计与供给能力评估,海上船只通信、支援等信息供给整合为
大数据体系。

　　在海洋安全治理体系中,就国内而言,不断发展中国的海上力量,以海
军为重点,加快实现其武器装备的现代化,建设一支强大的攻防兼备的海
军。将中国海警建设成为一支现代化的快速高效、行动有力、保障到位的海

---

① 傅梦孜、陈旸:《大变局下的全球海洋治理与中国》,《现代国际关系》2021 年第 4 期。

上综合执法力量,加强海洋商船队、海洋渔船队、海洋科研船队力量建设,促进军警结合、军民兼容的现代化海上军事力量建设,维护国家海洋权益,维护海上安全与治安秩序。

积极推进战略海军战略,进一步加强海上力量尤其是海军现代化建设,增强海上作战能力,不断提高海上远程投送能力,强化海上威慑能力,建设"远洋积极防御型战略海军",重点发展海军力量与航母舰队,建立由海军力量、海上武警力量、海上民兵预备役力量三位一体的应急作战体制与海上国防动员员体制,形成对中国海洋周边国家乃至域外大国的强大威慑力。

在中国海洋安全战略演变进程中,中国应不断完善海洋体制机制建设,强化海洋管控,进一步明确与完善我国的海洋政策及法律制度,使捍卫海洋领土权益与近海核心利益、维护中国海外利益尽早形成机制化、常态化模式。积极、灵活地妥善处理中国与世界其他国家的海权问题与海洋权益争端,建立相应的海上对话沟通机制,在巡航、海上补给、海上救援、打击海盗和反恐等领域加强协调与合作。

经略印度洋成为目前中国海洋安全治理的重点。①印度洋是中国突破美国太平洋岛链的理想选择,是中国建设蓝水海军的重要平台。现阶段中国海洋战略应以"印度洋战略"为重点,进一步加强在印度洋地区活动的力度,尽早出台中国的印度洋—太平洋战略;不断拓展中国在印度洋的海上战略支点;进一步加强与印度洋沿岸国家的合作,最终在印度洋建立新的安全框架和多边安全合作与协调体制。中国实施新海洋安全观可综合运用政治、经济、安全、外交与文化等手段,积极推进中国"一带一路"项目,加强陆地基础设施建设,保障中国通往太平洋和印度洋的陆上和海上通道安全,形成与周边国家共同发展的良好态势,严防印度等个别国家利用印度洋通道破坏中国的海上通道安全。积极寻找中国新的战略出海口,有效合理、稳妥

① 胡志勇:《印度洋已成地缘政治中战略博弈之洋》,中评社北京 2015 年 1 月 4 日电。

推进中国海上战略支点建设,不断扩大中国海上战略纵深与发展空间,提升中国在印度洋地区的战略威慑力,从根本上改善和提高中国的战略环境,①进一步提升中国海上力量的战略机动能力,为中国海洋强国建设营造良好的外部环境,保护中国海上通道安全。

中国积极支持印度洋沿岸国家加强海洋安全和保障的立场。未来十年内,中国有望在印度洋地区最终形成以巴基斯坦、斯里兰卡、缅甸为核心的北印度洋补给线,以吉布提、也门、阿曼、肯尼亚、坦桑尼亚、莫桑比克为核心的西印度洋补给线,以塞舌尔、马达加斯加为核心的中南印度洋补给线的三线远洋战略支点态势,从而丰富中国"印度洋战略",进一步提升中国有效承担维护国际海上战略通道安全、维护地区及世界稳定的大国责任和能力。

繁荣活跃的跨印度洋贸易有利于中国经济持续高速增长。但长期以来,中国进出印度洋的主要通道只有马六甲海峡。85%以上的进口石油要通过马六甲海峡运输,而马六甲海峡狭窄、拥挤,海盗出没,运输成本巨大,特殊时期更可能遭遇"锁喉"。"马六甲困境"成为中国经济持续发展的一个阻力。就马六甲海峡对中国能源安全的影响而言,应该着重处理的是和平时期的能源安全。②

第三节　构建中国海洋治理体系的地缘战略意义

中国是典型的陆海复合型国家,决定了中国必须努力在海陆两个方面的发展保持一定平衡。而陆地边界的安全问题始终是中国安全战略中的重心。

中国的地缘政治环境使得中国不可能发展全球性的海权,中国的反制

① 胡波:《中国的深海战略与海洋强国建设》,《人民论坛·学术前沿》2017年第18期。
② 薛力:《中国"马六甲困境"被高估下一步怎么办?》,(新加坡)《联合早报》2010年8月13日。

不会对美国的全球海洋霸权构成威胁。因此,中国应积极加强中美海上军事安全磋商机制,加强彼此的战略关切,积极妥善处理好中美关系中的海权问题,规避或减少冲突。

一、破解海洋困局、突破战略遏制

中国海域正面临新中国成立以来最复杂的态势,构建海洋治理体系的重要性日趋凸显,中国必须尽快构建具中国特色的海洋安全战略,继续加强海军现代化建设,推进蓝水海军建设,统筹其他兵种建设。以围绕建设航母战斗群为中心,加速中国首个航母战斗群形成战斗力,引领中国海军编制体制、舰船装备、军事训练以及作战运用研究的发展方向。积极应对海洋挑战,积极做好军事反制措施的准备工作,积极破解海洋困局,才能突破美、日等国的战略遏制,坚决击破日本构筑的对华包围网,彻底粉碎企图围堵中国的阴谋,在事关国家领土主权的问题上绝不退让,以确保中国的核心利益及海洋权益不受侵害。

未来十年,强化海军战略应成为构建中国海洋安全战略的重点发展方向。加强海上力量尤其是海军现代化建设,增强海上作战能力,不断提高海上远程投送能力,强化海上威慑能力,建设"远洋积极防御型战略海军",重点发展海军力量与航母舰队,建立由海军力量、海上武警力量、海上民兵预备役力量三位一体的应急作战体制与海上国防动员体制。

中国应分阶段实施海洋安全战略目标:与国家发展战略相适应,中国海洋安全战略分近期、中期和远期目标。中国现阶段的海洋安全战略目标应以保护海洋通道安全为主。明确不同时期中国海洋安全战略发展重点与难点,采取先易后难策略,稳步推进,有效拓展中国的出海口,不断扩大中国在西太平洋和印度洋区域的硬实力与软实力,使相关国家成为中国印度洋安全架构上的利益攸关方,最终实现中国由区域性海洋大国向世界性海洋大国的战略转型。

二、保证中国能源通道安全

　　中国需要综合运用政治、经济、安全、外交等手段，加强陆地基础设施建设，打通中国通往太平洋和印度洋的陆上通道，形成陆上通道与海上力量相配合的有利战略态势，保证中国石油运输安全。积极深化新型海洋合作：在西太平洋：中、美两国可以建立合作共赢的新模式，加强相互协调，减少冲突，管控分歧，实现利益最大化；同时，中国应妥善处理好与东盟国家的海洋权益争端，坚持"双边协商"的具体策略，力避南海问题国际化。客观认识印度等区外力量向南海地区的渗透，积极寻求应对之策。在印度洋：中、印两国可建立合作机制，印度积极拓展在南中国海地区的战略空间与影响，企图阻止中国力量进入印度洋，处理好与印度的关系是中国印度洋战略的关键所在，应深化互利合作，规避或减少冲突。积极发展和保持与印度洋沿岸非洲国家的关系，最大限度地维护中国的战略利益。

　　同时，应不断强化中国的国家海洋机制建设。在中国海洋安全战略演变进程中，中国应不断完善海洋体制机制建设，强化海洋管控，进一步明确与完善我国的海洋政策及法律制度，使捍卫海洋领土权益与近海核心利益、维护中国海外利益尽早形成机制化、常态化模式。积极、灵活地妥善处理中国与世界其他国家的海权问题与海洋权益争端，建立相应的海上对话沟通机制，在巡航、海上补给、海上救援、打击海盗和反恐等领域加强协调与合作。

　　中国所处的地缘政治与地缘经济特征对中国海洋安全产生了一定的影响。但中国的海洋强国之路应避免重蹈世界金融资本操弄下传统海洋战略的覆辙，也不以牺牲海洋为代价谋求自身利益。探索新型海洋战略并影响周边国家乃至世界其他国家的海洋政策，成为中国领导人必须考虑的主要议题。中国海洋安全战略在于自我经济社会的结构性升华及其带来的社会文化的新生，与周边国家建立持久良好的睦邻合作关系将有助于中国海洋安全战略的健康发展。构建"刚而不锐"的海洋安全战略，符合中国和平发展的战略需要,也符合人类历史发展潮流,更符合中国一直坚持的维护世界和平的道德正义。

2021年,中国周边安全面临三大挑战:一是如何应对美国政府换届后的试探期;二是如何应对来自海上争端的挑战;三是如何应对来自中南半岛的挑战,这将是中国稳定周边所面临的又一考验。

构建有中国特色的海洋治理体系,使中国成为全球海洋治理的积极参与者和贡献者,主动发挥好中国负责任大国的主要作用,勇于提出中国的方案、中国主张,不断提高中国在全球海洋治理中的话语权。2017新年伊始,中国国务院新闻办公室发表了《中国的北极政策》白皮书,第一次全面准确地阐述了中国的北极政策目标和基本原则、中国参与北极事务的主要政策主张,这是构建中国海洋治理体系、参与全球海洋治理进程中重要一环。中国作为北极事务重要利益攸关方,[1]积极依托北极航道的开发利用,共建"冰上丝绸之路",积极参与治理北极事务,维护和促进北极的和平稳定和可持续发展。而《联合国海洋法公约》等一系列公约为处理北极问题提供了基本法律框架和法律依据,[2]也为中国积极参与北极事务、开辟北极航道提供了有利条件。

在海洋治理进程中不断完善中国的海洋法律法规,积极推动中国走向"陆海统筹"的海洋大国,促进中国蓝色经济可持续发展,积极构建共存、共有、共享、共赢的新型海洋命运共同体。

第四节　构建中国海洋治理体系面临的机遇与挑战

改革开放以来,中国积极推进国内海洋治理,积极参与全球海洋治理,

---

[1]　阮宗泽:《中国作为北极事务重要利益攸关方》,《人民日报》2018年1月29日。
[2]　唐国强:《北极问题与中国的政策》,《国际问题研究》2013年第1期。

并取得了一系列成就。20 世纪 90 年代,中国相继出台了《90 年代我国海洋政策和工作纲要》《全国海洋开发规划》《中国海洋 21 世纪议程》,明确提出了中国在海洋事业发展中遵循的原则。进入 21 世纪以来,中国海洋治理稳步向前推进:海洋经济从粗放型积极向集约型、创新型发展。2003 年 5 月,国务院印发《全国海洋经济发展规划纲要》。这是中国制定的第一部指导全国海洋经济发展的纲领性文件。2008 年,国务院印发《国家海洋事业发展规划纲要》。这是中国首次发布海洋领域总体规划,有利于中国推促海洋事业全面、协调、可持续发展。2012 年,党的十八大提出"海洋强国"目标,海洋作为重要领域纳入"五位一体"总体布局和"四个全面"战略布局。随后,国务院印发《国家海洋事业发展"十二五"规划》,全面部署主管海洋事业的发展。《全国海洋功能区划(2011—2020 年)》《全国海洋主体功能区规划》等一批涉海法律相继出台,①进一步加强了海洋管理和海洋权益维护。

一、构建中国海洋治理体系面临诸多机遇

构建中国的国家海洋治理体系,有助于提高中国在全球海洋治理中的话语权,更有助于构建海洋命运共同体,使海洋造福于全人类。

中国在参与全球海洋治理的进程中,形成主权、安全、发展利益相统一的海洋利益观。积极发展与周边国家的海洋合作,不断寻求和扩大各国海洋共同利益、促进全球海洋共同发展。

中国积极参加全球海洋治理,在维护海上航行自由、保障海上通道安全、应对气候变化和海洋污染等领域,积极承担与中国国力相适应的大国责任。

中国积极推行和平合作的海洋发展观,通过和平、发展、合作、共赢方式,扎实推进海洋强国建设,②将海洋打造成中国与世界交流合作的大

---

① 金昶:《改革开放 40 年我国海洋事业取得突出成就》,《中国自然资源报》2018 年 12 月 20 日。
② 董加伟、王盛:《海洋强国之战略抉择与实践路径》,《海洋开发与管理》2016 年第 5 期。

平台。

中国的海洋发展,也承载着全球海洋共同发展的愿景。21 世纪海上丝绸之路是海洋共同发展的具体实践和重大举措,[①]沿线国家和地区与中国在经济、资源和能源等诸多领域形成互补,成为中国海洋经济走出去的重点方向,共建共享共赢的海洋安全观,坚持互信、互利、平等、协作的新安全观,深度参与全球海洋治理。

建设海洋强国是中国社会主义事业的重要组成部分,应打破传统的海洋发展理念,以"四个转变"为方向,有效处理好各类矛盾关系,推动海洋领域军民融合,运用法律规则,维护中国海洋权益。

二、构建中国海洋治理体系面临严峻挑战

21 世纪海洋安全和海洋和平面临着巨大挑战,实现海洋安全与海洋和平并非易事,传统的国际海洋冲突、地缘战略竞争(如印度对中国在印度洋的存在所持有的敌视性态度和战略,21 世纪海上丝绸之路所遭遇的地缘政治挑战等)阻碍着全球海洋治理。化解海洋冲突、避免海洋战争是全球海洋治理的迫切任务。在构建中国海洋治理体系的同时,应积极探讨和研究建立 21 世纪的海洋国家国际协调(尤其是大国关于海洋问题的多边协调)机制的可能性。

中国参与全球海洋治理面临着国内外一系列深刻挑战。在传统安全方面,世界海洋仍然受到地缘政治(地缘战略)的支配。各种海上国际冲突也影响着海洋和平与发展。

构建中国特色的海洋治理体系,要把握好海全球洋形势特点、变化。特别是要对美国"印太"战略及其走向有所了解,要及时掌握其新的动向。正确认识当前世界的海洋治理体系,尽早提出符合中国国情的新海洋观,塑造

---

① 中共国家海洋局党组:《实现中华民族海洋强国梦的科学指南——深入学习近平总书记关于海洋强国战略的重要论述》,《求是》2017 年第 9 期。

中国的海洋治理话语权,分区域、有重点地逐步实现中国海洋强国目标,通过改变自己的方式影响世界。中国不仅要成为全球海洋治理的积极参与者,还要发展成为世界海洋治理主要的国家,发挥好中国负责任大国的主导作用。

中国海洋治理体系构建应充分考虑好全球与中国、陆海、内外发展、经济安全等问题,要注意近期与中长期目标相结合,海洋治理不仅仅是海事部门的执法工作,更是一个系统工程,涉及海洋政治与海洋安全、海洋生态保护、海洋经济可持续发展以及海洋环境保护等方面,不仅要做好国内海洋各方面的治理,还要加强国际海洋治理的合作。

中国在海洋利益拓展过程中,也与其他国家之间存在着利益的碰撞和融合,中国在维护领土主权和海洋权益的同时,通过强化合作积极寻求和扩大共同利益的交汇点,把中国快速发展的经济与沿线国家和地区的利益相结合,扩大共同利益,打造命运共同体。中国的海洋利益拓展不是排他性的零和游戏,中国提出的"共同利益"理念正逐步得到国际社会广泛认可和积极回应,为解决海上问题、处理国际事务创造了条件,有利于实现维护国家主权、安全、发展利益相统一。

在处理与周边国家海洋争端上,以着力维护周边和平稳定大局为根本目标,坚持通过对话协商、以和平方式处理同有关国家的领土主权和海洋权益争端,[①]争取更多的朋友与伙伴,努力维护南海和东海的和平与稳定。

构建中国的国家海洋治理体系是一项复杂的系统性工程,国家海洋治理体系是中国"海洋强国"建设的重要组成部分,更是中国新一轮发展的行动纲领。海洋治理的成败直接影响到中国的全面崛起,中国的安全与发展需要走向海洋,拥有强大的海洋综合实力才能为国家经济和社会发展提供必要的保障。

---

① 　覃博雅、肖红:《中国坚持通过和平方式解决争端》,人民网—国际频道,2014 年 6 月 21 日。

随着全球化进程不断深入,世界各国对开发利用海洋资源与拓展利益发展空间的需求愈发迫切,由此引发的资源可持续利用、生态系统脆弱、气候变化等全球性问题相互交织,主权国家与非国家行为体之间的利益博弈进一步加剧,①海洋治理迫在眉睫,积极参与全球海洋治理是中国走向深蓝、建设"海洋强国"的重要任务,中国应积极主动地参与全球海洋治理,不断提高海洋治理能力的现代化水平,奋发有为,以海上力量为保障,维护国家海洋权益,着力推动海洋维权向统筹兼顾型转变。履行好中国的大国担当,为全球海洋治理提出中国的方案,贡献中国的智慧,增强中国在国际海洋规制体系构建中的话语权,切实维护好中国的国家海洋利益。积极发展蓝色经济,积极构建海洋经济和谐发展的蓝色利益共同体;推动全球海洋生态文明建设,积极构建务实、互利共赢的蓝色伙伴关系,推动全球海洋治理不断向前发展。

---

① 于建:《深入贯彻习近平海洋强国战略思想 积极参与全球海洋治理实践》,《中国海洋报》2017年10月17日。

第一章
中国新型"海洋观"构建与影响

　　党的十八大报告对于未来中国发展的理论和实践提出了诸多新的理论创新和意识,其中在外交方面最为引人注目的是首次提出倡导"人类命运共同体"意识以及建设"海洋强国"的战略目标。近年来,习近平总书记在多个不同场合提及"人类命运共同体"概念并对此作了理论阐述。中央政治局也在 2013 年 7 月进行了关于认识海洋、经略海洋、推动海洋强国建设的集体学习。"人类命运共同体"与新型"海洋观",这两个理论概念看上去似乎属于不同的领域,但指导思想却是完全一致的。建设海洋强国,必须具有相应的新型海洋观念。纵观近年来的实践,可以说,中国在新型"海洋观"的构建中很好地实践了"人类命运共同体"意识。

　　全球海洋治理是超越单一主权国家的国际性海洋治理行动的集合,包括国家间合作治理、区域性合作治理与全球性合作治理三个层次。全球海洋治理既是一种理论,也是一种实践,是国家层面的海洋治理活动在全球层面的延伸。[①]全球海洋治理是全球化的深入、全球海洋问题的频发、全球治理理论的发展等多种因素共同作用的产物。面对全球海洋治理前所未有的困难,国际社会应采取积极的行动,勇于担当,共同构建海洋命运共同体,妥善处理人与海洋关系、实现海洋可持续发展。中国积极参与全球海洋治理,

---

① 崔野、王琪:《关于中国参与全球海洋治理若干问题的思考》,《中国海洋大学学报》2018 年第 1 期。

秉持互利共赢原则，妥善处理全球海洋治理与国家内部海洋治理的关系，积极推动全球海洋治理，并发挥建设性的积极作用。

中国正在以"一带一路"倡议务实推动全球海洋合作，在合作中深入海洋治理，推动全球海洋经济发展，促进地区和平稳定。中国积极构建全球蓝色伙伴关系，通过高层外交、政治交往、海洋经济合作、人文交流等方式，不断扩展中国与世界其他国家在海洋领域的合作，不断提高中国在全球海洋治理中的话语权与影响力。中国不断加大供给各类海洋公共物品，保障全球海洋公共物品供需的基本平衡，维护全球海洋秩序的稳定。

2019年4月，习近平主席首次提出构建"海洋命运共同体"的倡议，是中国深度参与全球海洋治理的中国主张、中国理念，是对全球海洋治理体系的补充与完善，为全球海洋治理提供中国的模式与经验，推动全球海洋治理深入发展。构建海洋命运共同体是构建人类命运共同体的重要组成部分，是对人类命运共同体理念的丰富、发展与创新，更是人类命运共同体理念在海洋领域的具体实践，为构建人类命运共同体提供了一条重要路径，具有十分重要的理论意义和现实意义。

第一节 "海洋命运共同体"理念的
时代背景与理论内涵

2019年4月，习近平主席在青岛提出构建海洋命运共同体的重要理念，这一理念是对人类命运共同体的升华和继承。构建海洋命运共同体具有重要的哲学价值，海洋命运共同体既是对人类命运共同体理念的丰富和发展，也是人类命运共同体理念在海洋领域的具体实践，是中国在全球治理特别是全球海洋治理领域贡献的又一"中国智慧"与"中国方案"。构建海洋命运共同体，成为中国积极推动全球海洋法治建设的重要主张。

中国的"一带一路"倡议正在重构世界海洋秩序。"海洋命运共同体"的提出有助于中国与其他海洋国家互利合作，是未来中国强化与周边海域国家务实合作的"催化剂"，更是中国积极参与全球海洋治理的"中国主张"，有助于进一步推动全球海洋法治建设。

一、海洋命运共同体的哲学内涵

海洋命运共同体充分反映了个体与共同体相统一的哲学思想，蕴含着全人类追求和平、发展、公平、正义的价值体系和人海和谐共处的目标指向。构建海洋命运共同体旨在调节人与人之间的海洋活动和人与海洋的良性互动，实现人与海洋和谐共生。在全球治理转型背景下，海洋命运共同体理念将引领全球海洋治理进入新阶段，提升全球海洋法治建设水平。

构建海洋命运共同体，是构建人类命运共同体的重要内容，也是人类命运共同体在海洋领域的具体实践。海洋命运共同体理念聚焦于人类的前途与命运，它将使人与海洋之间、人与人之间矛盾得以真正解决。个体与共同体的辩证统一思想有利于全球海洋治理的主体将个体利益置于全球海洋利益之中，通过构建海洋命运共同体，真正实现全球海洋治理，实现治理主体的自由和发展。

海洋命运共同体内含和平、发展、公平、正义等价值。全球海洋的和平为海洋经济与海上贸易发展提供了必要条件。自觉维护全球海洋的和平与可持续发展，是海洋治理主体践行公平、正义的全球伦理的体现。公平和正义要求在全球海洋治理中摒弃零和博弈的冷战思维，以全人类共同价值营造全球海洋治理新局面，合作共赢。

海洋命运共同体理念强调人海和谐是海洋命运共同体的表征。实现人与海洋和谐共存是全球海洋法治建设的最终目标。而海洋命运共同体理念把人类与海洋视作一个整体，通过调整人与人、人与海洋的关系来促进人与海洋的和谐共处，推动人类整体利益与海洋的健康发展。

"海洋命运共同体"是实现人类与海洋的和谐共存,实现义利兼得、义利共赢以及各国共同增进海洋福祉的现实需要。[1]"海洋命运共同体"成为中国积极参与全球海洋治理的创新方案,更是完善全球海洋法治建设的中国主张。从参与主体、目标指向和实现手段三个层面完成了对西方海权论的超越,在理论和实践上具有超越西方全球海洋治理的实践和西方国际关系理论的重大意义,必将从凝练共识、制度设计和时间指导来引导全球海洋治理,有利于维护海洋的和平与安宁,共同增进海洋福祉,也有利于促进世界各国承担保护海洋、保护地球的重要责任。

"海洋命运共同体"倡导相关各国共护海洋和平、共谋海洋安全、共促海洋繁荣、共建海洋环境与共兴海洋文化。[2]构建海洋命运共同体直面全球海洋重大问题,凝聚共识,可以促进文化互融、民心相通,推动世界各国相互尊重、平等协商、共同决策,推动海洋文化交融,以文明互鉴开创多元文明交融的新路径,形成全球海洋利益共同体、责任共同体和命运共同体。

二、构建海洋命运共同体促进全球海洋法治建设

党的十八大以来,中国海洋战略思想发展历经从"海洋强国"战略到"一带一路"倡议,再到"海洋命运共同体"的理论创新与实践创新进程,建设海洋强国是构建海洋命运共同体的历史起点,[3]建设合作共赢的新型海洋关系成为构建海洋命运共同体的逻辑起点,而打造共商共建共享的全球海洋治理新格局则是构建海洋命运共同体的着力点,构建宽领域多层次各类型的双边和多边海洋命运共同体成为中国"海洋强国"新的增长点,从而实现从价值共同体到行动共同体再到命运共同体的持续转型发展。推动全球海

---

[1] 陈娜、陈明富:《习近平构建"海洋命运共同体"的重大意义与实现路径》,《西南民族大学学报(人文社科版)》2020年第1期。

[2] 王芳、王璐颖:《海洋命运共同体:内涵、价值与路径》,《人民论坛·学术前沿》2019年第16期。

[3] 苏凯、沈家迪,构建"海洋命运共同体"思想学术研讨会在浙江海洋大学举行,2019年6月18日,http://www.gx211.com//,上网时间:2020年2月20日。

洋治理,促进人类海洋文明共同发展,具有十分重大而深远的理论意义与实践意义。

"海洋命运共同体"理念有助于国际海洋法律从传统中华文化中汲取智慧与营养。在构建海洋命运共同体的新时代,可以用"法律共享"理念取代"法律冲突"概念,具有更高的合法性与正当性,①有助于构建全球海洋法治的话语体系与价值基础。

"海洋命运共同体"理念的提出进一步推动海洋文明的可持续发展,推动建立新型海洋文明秩序。"海洋命运共同体"理念坚持全球海洋治理"共商、共建、共享"核心理念,为全球海洋法治建设提供了崭新的解决方案。

构建海洋命运共同体是共护海洋和平、共筑海洋秩序、共促海洋繁荣的中国方案,顺应时代潮流,契合各国利益。构建海洋命运共同体,必须打破霸权主义和以自我利益为中心的治理模式,②形成新型全球海洋法治体系,推动形成良好的沟通机制,及时解决涉海重大紧急问题。化解分歧、搁置争议、放眼长远,按照有利于人类发展、促进互利共赢的原则,通过协商推进海洋法治建设。

"海洋命运共同体"理念是实现有效全球海洋治理的行动指南,有助于中国推动国际海洋合作与全球海洋治理。海洋治理不仅是全球治理的重要组成部分。而且海洋法治建设也成为全球海洋治理的重要组成部分。国际海洋法的产生与发展已成为国际海洋法治的重要内容。国际海洋法是当代国际法的组成部分。国际法所包含的基本原则,与人类命运共同体、海洋命运共同体的内延相辅相成、并行不悖。

中国积极深度参与全球海洋治理,积极推动全球海洋秩序更加包容、公正、合理和可持续。在全球海洋治理领域乃至全球治理多个领域提供更多

---

① 杜涛:《从"法律冲突"到"法律共享":人类命运共同体时代国际私法的价值重构》,《当代法学》2019年第3期。
② 范恒山:《积极推动构建海洋命运共同体》,《人民日报》2019年12月24日。

的公共产品,推动海洋经济持续健康发展,在海洋环境保护、海洋科技创新与应用、海洋公共产品共享、海洋安全维护等领域不断深化与各国的互利合作,共同构建合作共赢的"蓝色伙伴关系";携手应对挑战、共享海洋发展成果,共同推进海洋法治建设。具体而言:

第一,不断完善海洋法律法规体系。

法治是构建海洋命运共同体的重要支撑,中国是现代国际海洋法律制度的重要参与者、积极支持者与推动者。作为世界海洋大国,中国应牢固树立负责任的法治大国形象,自觉遵守和坚定维护现代国际海洋法律制度的核心价值和基本原则,在国际法基本原则和现代海洋法的框架内积极参与国际海洋事务,妥善处理涉海争端;同时,通过国际法、国际海洋法积极主动地运用法律手段维护中国在海洋方面的主权、安全与发展利益。

在构建"海洋命运共同体"进程中,中国应主动适应全球海洋治理的不断深化,主动引导国际海洋法领域规则的制订与完善,引领国际海洋法发展,为全球海洋治理和建立和平公正的国际海洋秩序提供中国主张与中国方案,与世界各国齐心协力,共商国际海洋规则、共建全球海洋治理体系、共享海洋可持续发展和环境保护的成果;①坚决支持广大发展中国家捍卫海洋权益的主张,反对超级大国的操控,共同秉持基于生态系统的海洋综合管理和陆海统筹的海洋空间规划理念,保护和保全海洋环境及生物资源,共同应对海洋发展面临的多种压力,携手共同推进海洋法治建设。

当前国际海洋规则正处于制定和发展的关键时期,应不断加强中国在全球海洋治理进程中的法律体系研究,强化涉海法律的制定与补充、完善,弥补中国在国家海洋治理法律领域的不足,积极推进海洋法治建设,为国家依法治海提供法律依据。

积极研究全球海洋治理重点领域的发展历程与变革,关注并深入分析

---

① 路涛:《共和国的海洋足迹——在〈海洋法公约〉制定中积极谋求公平正义》,《中国海洋报》2019 年 4 月 25 日。

全球海洋治理主要治理领域的最新动态与变化,包括治理体系的变迁、国际制度的演进、国际海洋法治的建设、重大全球海洋问题的治理效果等,重点关注极地、深海、海洋环境、海洋安全、海洋经济等重要领域的治理情况,及时提出中国特色的全球海洋治理方案与主张。

深入研究以《联合国海洋法公约》为核心的现代国际海洋法律制度,并积极参与国际海洋法律规则的制定,进一步提升中国在国际海洋法律事务中的话语权和影响力,以推动全球海洋治理向更加公正合理方向发展,更好地服务于中国"海洋强国"目标。

借鉴《联合国海洋法公约》及相关国家海洋治理法律经验,强化海洋综合管理,以海洋资源、海洋环境和海洋安全为重点不断完善中国的海洋治理法律体系,使中国的海洋治理法律更具针对性、时效性和可操作性。

在现有国际海洋法的法律制度,包括领海主权、专属经济区和大陆架的主权权利和管辖权、公海"六大自由"以及"区域"的"人类共同继承财产"等制度框架下,以共同利益为导向,摒弃零和思维、实现和平合作、互利共赢,在相互尊重中实现权利、义务和能力的平衡,基于客观事实和科学证据,确立相适应的制度、规则和标准,实现海洋开发利用与生态环境保护的平衡,共同维护海上航行自由安全,共同推动海洋法治建设,促进海洋领域的国际法律规则向更加科学、公平、合理的方向发展。

构建"海洋命运共同体",为全球海洋法治建设进一步指明了方向。积极构建"海洋命运共同体"与推进海洋法治建设应遵守包括国际海洋法在内的国际法体系中已有的符合时代发展需要的、与海洋命运共同体对应的制度,通过各国共同努力促进国际海洋法治建设。

构建海洋命运共同体蕴含在国际海洋法治目前和未来发展之中,诸如公海渔业资源保护与可持续开发利用、国际管辖范围外海洋生物多样性养护与可持续利用、国际海底区域矿产资源勘探与合理开发、极地资源和平利用,以及海洋酸化、全球气候变化问题应对等领域,为国际海洋法治的发展提供了丰富的内涵和完善的空间,也为未来国际海洋法律的制定注入新的活力,拓展和丰富相关国际法律制度内涵。如何更体现公平、正义,将成为构建海洋命运共同体面临的法治考验。海洋相关国际法律规则制定中尚待制定、发展与完善的概念、规则和制度,应遵循海洋命运共同体理念,通过世界各国共同努力促进国际海洋法治建设。

通过不断完善中国国内的海洋法律体系,不断提高中国参与全球海洋治理的能力,不断提升中国在国际海洋法治建设中的作用,切实维护好中国的海洋权益,进一步提升和增强中国在海洋相关国际法律规则制定中的影响力与话语权,为中国与其他国家在国际海洋事务中的良性互动与国际合作提供法律保障,发挥积极的主导作用,积极参与全球海洋治理和国际海洋法规的制定,加强海洋领域立法,加快中国法域外适用的海洋法律体系建设,以海洋良法保障海洋法治共同体的善治,①促进海洋法治共同体的发展,从而为海洋命运共同体的构建提供坚实的法治保障。

第二,不断强化海洋风险管控能力建设。

中国在维护海洋权益、和平利用海洋资源等方面面临着严峻挑战,应进一步加强化解海洋开发热点、管控海洋权益风险、海洋综合执法的能力建设,加快海洋防灾减灾基础设施建设,提高管控海洋自然灾害的能力建设。在沿海地区,应以国内相关海洋制度机制为保障、以海洋信息技术为支撑、以行业监管、渔业企业和渔业船舶自控为手段,积极构建海洋重大安全风险预防预控体系,并对海洋重大安全风险实行分类评估、分级管控、在线监测、风险预警与应急联动等综合举措,加强重大风险重点监控管控,保障海洋渔业船舶生产安全。

因此,在构建海洋命运共同体进程中,应密切关注和深入研究全球海洋法治建设动向,及时总结世界主要海洋国家海洋法治建设的特点,为中国制

① 屈广清:《构建海洋命运共同体的法治进路》,《福建日报》2020 年 2 月 3 日。

定海洋法法律法规提供可参考借鉴的成功经验。

随着海洋开发和利用的不断深化,海洋环境问题日益恶化,海洋溢油、有害赤潮、海岸侵蚀、海平面上升等环境风险不断加剧,严重威胁着海洋生态安全,影响着海洋经济的可持续发展和海洋生态文明建设。[①]中国海洋生态环境同样也面临海洋环境风险的挑战。中国应加紧从环境监测和风险控制两方面制定中国海洋环境法,以不断提高海洋环境监测与风险管控能力。

而且,随着中国新一轮改革开放,中国海上航道安全与海上维权执法等面临新的挑战,中国需进一步强化海军和海上执法力量建设,整合海上安全体系内部力量,强化海上安全体系建设,不断提高中国海洋管控能力。

第三,强化与世界各国海洋法治领域的合作。

以1982年《联合国海洋法公约》为核心的国际海洋法在制度设计上存在不足,已无法满足全球海洋治理的现实需求,国际社会需要新的理念以及在新理念指导下制定新的制度来完善与发展国际海洋法。"海洋命运共同体"理念是完善与发展国际海洋法所需要的理念创新的中国方案。在"海洋命运共同体"理念引领下,国际社会应通过明确海上安全制度、制定国家管辖外海域开发规章、完善国家管辖外海洋生态环境保护制度,以及丰富和平解决海洋争端制度的方式来完善与发展国际海洋法,[②]推动国际海洋法治建设向更加公正合理的方向发展。

随着经济全球化和海洋开发能力的提高,海上传统和非传统安全、气候变化和生态环境等跨领域问题层出不穷,新的海洋问题不断涌现,成为全球海洋治理和海洋法治建设的重点。但是,现有的包括海洋法在内的国际法框架尚不能完全覆盖海洋可持续发展各个领域的问题。在海洋法治建设

---

① 许妍、梁斌等:《我国海洋生态环境监测与风险管控能力研究》,《海洋开发与管理》2015年第5期。

② 姚莹:《"海洋命运共同体"的国际法意涵:理念创新与制度构建》,《当代法学》2019年第5期。

中,具体到国际海洋规则的制定、发展与完善中,应将"海洋命运共同体"理念贯彻始终。以共同利益为导向,务实合作、互利共赢,实现海洋开发利用与生态环境保护的平衡,共同维护海上航行自由安全,共同推动海洋法治建设,促进海洋领域的国际法律规则向更加科学、公平、合理的方向发展。

在海洋资源利用、海洋生物多样性保护、海上安全保障等多方面,中国应主动加强与世界各国的对话交流,深化务实合作;加强海洋环境污染防治,保护海洋生物多样性,进一步推动海洋资源有序开发,共同维护国际海洋秩序,为世界提供更多海上公共安全产品,实现海洋资源有序开发利用。共同维护海洋和平安宁,积极应对、消除海上威胁。①坚持共同保护海洋生态环境,有序开发利用海洋资源,以平等协商的方式妥善解决海洋领域的分歧,求同存异,共同公平分配、和平利用海洋资源。

针对全球海洋法治建设在现实中面临的困境与挑战,如全球海洋公共产品的供给不足、治理体系的不完善、大国主义与强权政治依旧存在、发展中国家的发言权与民主性缺失等,积极运用海洋命运共同体理念,在国家间确立"共同体"意识,可有效减缓或消除国家间分歧,及时提出有效的应对路径,推动全球海洋法治的不断完善与健康发展。

构建"海洋命运共同体"需要海洋法治共同体保障。海洋法治共同体既是利益共享的共同体,也是共同治理的共同体。在构建海洋命运共同体过程中,海洋法治共同体具有重要的保障作用。海洋法治共同体要求平等对待主权国家的法律,各国在追求本国海洋法律利益时应兼顾他国利益,在谋求本国海洋法律适用时应兼顾他国海洋法律的适用。在此基础上,把海洋国际社会的共同价值、共同理念、共同追求具体化、固定化、法制化,推动公认的国际规则、国际惯例及共同框架落地生根,遵照执行。海洋法治共同体的构建有利于共同保护海洋生态文明。海洋法治共同体是一个保护的共同

---

① 屈广清:《构建海洋命运共同体的法治进路》,《福建日报》2020 年 2 月 3 日。

体,保护海洋生态文明是海洋法治合作的共同目标。海洋的开发、利用,既需要按照可持续发展的原则进行,也需要海洋法治的有效保护,①以形成海洋法治共同体的共同认同,促进海洋法治的深化发展,实现海洋法治的国际化,为海洋命运共同体的构建提供方案、措施与保障。

面对复杂多变的海洋变革,以习近平同志为核心的党中央审时度势,积极应对全球海洋政治、海洋安全不确定态势,主动提出构建"海洋命运共同体"理念,这是对世界走向和海洋发展未来的前瞻性思考,是积极深度参与全球海洋治理的中国理念,也是积极参与全球海洋法治建设的中国主张,有助于促进公平正义的国际海洋新秩序。而且,海洋命运共同体是建立在相互尊重、相互负责基础上的交流协作平台,有助于实现海洋可持续发展目标。

三、构建海洋命运共同体是推动全球海洋法治建设的具体实践

"海洋命运共同体"的构建离不开完善的法律制度。没有海洋法治就没有海洋命运共同体。但到目前为止,与中国的法治建设进程相应,中国的海洋法律法规等还很不完善。主要表现在以下几个方面:

第一,中国宪法中尚无关于海洋问题的明确规定,导致一些海洋立法缺乏宪法依据。

第二,中国需要尽快制定一部海洋基本法。

加紧制定和完善中国的海洋法律体系,是落实海洋强国战略的重要举措,也是构建海洋命运共同体的需要,更是贯彻全面依法治国战略的迫切需求。急需制定一部基础性、纲领性的《海洋基本法》来统领中国的涉海法律法规,提升中国海洋综合管理与统筹发展能力,更好地维护国家海洋权益。

在周边国家之中,韩国、日本、越南和印度尼西亚先后制定了具有"海洋基本法"功能的相关立法,②都具有对于国家海洋基本立场及主张的宣示功

---

① 姚莹:《"海洋命运共同体"的国际法意涵:理念创新与制度构建》,《当代法学》2019 年第 5 期。

② 董跃:《我国周边国家"海洋基本法"的功能分析:比较与启示》,《边界与海洋研究》2019 年第 4 期。

能,对国家涉海法律、涉海机构和涉海规划的统筹功能,对海洋经济及海洋开发的促进功能,对涉外海洋争端的执法活动赋予合法性的对抗功能。中国的《海洋基本法》应当是一部直面海洋争端和问题并在海洋领域发挥基础功能的综合性立法,以完整宣示中国在海洋领域内的基本立场、基本原则、基本理念和基本主张。

第三,中国涉海法律法规亟须完善。

尽管中国已出台了多部涉海法律,但各涉海领域的立法资源配置并不均衡,海洋资源管理类数量较多,海洋主权与海洋安全类数量较少。而且,在海洋执法中仍存在诸多缺陷与不足。

因此,应从国际、区域和国内三大法律层面探讨构建海洋命运共同体的路径选择,通过构建海洋命运共同体,不断健全和完善法治海洋推进机制,为加快建设海洋强国提供法律保障,真正实现法治海洋,科学合理开发和保护海洋。

中国强调的是走一条和平的人海和谐、合作共赢的发展道路,共同构建互利共赢的和谐海洋国际关系,积极发展蓝色伙伴关系,共同推动构建海洋命运共同体,促进海洋法治建设更加公正、合理。中国应将"海洋命运共同体"的理念融于海洋保护区实践,[1]积极促进国际层面、争端海域中以及管辖海域内海洋保护区的建设与合作。

面对海平面上升、海洋酸化以及海上非法捕捞、海洋污染等海洋生态问题以及海盗和武装抢劫、海上恐怖主义、武器扩散、跨国犯罪等非传统安全问题,[2]中国需要积极参与全球海洋事务,维护国家利益,为全球海洋法治建设贡献中国的智慧和中国方案。

中国在深入推进"海上丝绸之路"进程中,与相关国家共同构建海洋命

---

[1] 蒋小翼、何洁:《"海洋命运共同体"理念下对海洋保护区工具价值的审视——以马来西亚在南海建立海洋公园的法律分析为例》,《广西大学学报(哲学社会科学版)》2019 年第 5 期。
[2] 闫克:《拓展蓝色"朋友圈"建设海洋强国》,《中国青年报》2020 年 1 月 21 日。

运共同体的同时,共同积极应对气候变化、保护海洋生态环境、推动海上互联互通。

在支持《联合国海洋法公约》的基础上,中国将继续推动构建公平正义的国际海洋秩序,推动构建多层次的蓝色伙伴关系,在海洋环境保护、海洋科技创新与应用等领域开展更深层次的国际合作,不断扩大中国的蓝色"朋友圈"。

作为全球海洋治理的后来者,中国将积极参与联合国海洋事务和海洋法非正式磋商,捍卫自身合法合理的海洋权益,围绕国际社会关注的极地和深海等领域,在全球性和区域性规则制定中发出中国声音,贡献中国方案。

在维护海上安全、捍卫海洋秩序等方面,中国将继续加强自身的海上安全力量建设,在人道主义救援、打击海上犯罪、危机管理处置等领域,为国际社会提供更多的公共产品。

构建海洋命运共同体,是"人类命运共同体"重要思想在海洋领域的生动展开和具体体现,蕴含着十分丰富的内涵,为维护海上安全稳定、推进全球海洋治理提供了中国智慧与方案,为建设和平繁荣、开放美丽的海洋描绘了美好愿景和蓝图,充分体现了中国将国内海洋事业与全球海洋法治建设相统一的胸怀和担当,有助于协调世界各国共同有序开发和保护海洋,有助于全球海洋法治建设深入发展。

中国在积极加强与发达海洋国家关系基础上,主动参与全球海洋法治建设,主动为全球海洋可持续发展提供法治保障,勇于提出中国的方案、中国主张,使中国成为全球海洋法治建设的积极参与者和贡献者,不断提高中国在全球海洋法治建设中的话语权,主动应对全球海洋法治建设中的问题与突发事件,积极发挥中国快速发展的优势,主动发挥好中国负责任大国的主要作用,不断提升中国在全球海洋法治建设中的地位与影响力,不断寻求和扩大各国海洋共同利益、促进全球海洋共同发展。中国不仅要成为全球海洋法治建设的积极参与者,还要发展成为世界海洋法治建设主要的国家,发挥好中国负责任大国的引领作用。

第二节　中国新型"海洋观"的构建与实践

如前文所言,"人类命运共同体"在中国绝非一句宣传口号,在具体的政策实践中,中国切实贯彻了这一重要理念。其中,中国新型"海洋观"的构建便是对"人类命运共同体"意识的最好践行。

对于什么是"海洋观","简单地说,就是人们通过社会实践和理论思维形成的有关海洋以及与海洋相关的客观事物和人类活动的认识"[1]。也就是说,不同的"社会实践"和"理论思维"是会带来不同的"海洋观"的,因此,海洋观在不同的国家,在不同的历史时期,绝对不是一成不变的。

一、积极构建新型海洋观

那么,对当代中国而言,新型海洋观的理念构建到底"新"在哪里呢？在笔者看来,这种"新"主要体现在两个方面的比较之上:一是与中国古代、近现代的海洋观相比;二是与西方国家的海洋观相比。

中国古代长期出于封建农业文明时期,这种社会形态下,土地和人口是最重要的经济和政治基础,所谓"普天之下,莫非王土;率土之滨,莫非王臣"。海洋在封建农业文明之中并不具备突出重要的价值。近代以前的中国,几乎从来没有重视海洋的价值,自诩泱泱大国,地大物博,自给自足的小农经济完全可以保证人民的安居乐业和社会稳定,因此不需要海洋。此外,海洋活动的开放性与中国传统文化的内敛性格格不入,在以农为本的国策下,航海活动成为统治阶级极力抑制的对象和领域,甚至对于海上贸易活动

---

[1]　孙立新、赵光强:《中国海洋观的历史变迁》,《理论学刊》2012 年第 1 期,第 92 页。

也持排斥的态度。①

而从近现代的中国海洋观来看,中国的海洋观总体上是处于一个不断发展的态势。清朝时期,当中国被坚船利炮所迫,被动打开国门之后,开始积极创建海军,建设海防。然而遗憾的是,当时中国的官员并没有海权意识,只是固守着传统陆基海防观念,只重视海岸安全,而忽视了海军的机动作战能力,遭受到了严重的失败,但这毕竟把中国的海洋观往前推进了一大步。此后,海权论传入中国,中国的海洋观又获得了一定的发展。②

观察西方的"海洋强国",可以发现这些国家有着惊人的相似之处,那就是从表象来看,他们都是为了夺取更多的殖民地或者势力范围而大力发展海上军事力量,争夺"专门利己,从不利人"的海洋霸主地位,而其背后的起到支配作用的"海洋观"就是暴力至上、自私自利的。这些西方"海洋强国"只注重自身海洋力量的发展,而忽视了海洋观中应有的国际意义与对世界的贡献,自然逃脱不出"国强必霸","失道寡助"的历史怪圈。

当代中国所构建的新型"海洋观",与西方"海洋强国"的海洋观相比,有着极大的区别。

中国新型"海洋观"最大的特点及核心就在于其和平性质与合作取向。也就是说,中国在利用海洋发展自身的同时,想到的不是与其他国家的"零和博弈""排他性竞争",而是注重把自身获得的利益分享给他国,或者力图使自身的行动能够惠及他国。

那么,中国为什么会与西方传统的"海洋强国"不同,着力构建新型"海洋观"呢? 原因主要有以下两个方面。

首先,全球化的影响愈益深入,世界似乎变"小"了。全球化在给人带来方便的同时,也给世界带来了如海上安全威胁、海洋生态环境污染、跨国犯

---

① 潘新春、黄凤兰、张继承:《论海洋观对中国海洋政策形成与发展的决定作用》,《海洋开发与管理》2014 年第 1 期,第 2 页。

② 孙立新、赵光强:《中国海洋观的历史变迁》,《理论学刊》2012 年第 1 期,第 94 页。

罪等一系列全球性挑战。此外,海洋本身具有的流动性,使得某处的海洋一旦受到污染,其影响将通过海洋自身迅速扩散至世界各处,引发全球性的恐慌与危机,如2011年日本大地震引发的核泄漏事件就充分证明了这一点。因此,在当今世界,"全球海洋治理"的议题就显得愈发重要与紧迫,而"绝对的、排他的、零和的海洋安全观恐已难再"①。这就促使中国必须顺应时代,用新型的"海洋观"来处理海洋问题。

其次,中国的国情、传统文化以及近代遭受的民族屈辱史使得中国的"海洋观"与西方列强很不一样,这一点十分重要却似乎经常被忽视。中国的内因,也即中国自己的选择是其"海洋强国"战略中积极体现新型"海洋观"的根本原因。近代以来帝国主义的殖民政策给中国带来了深重的灾难,中华民族切身遭受殖民之苦,因而更能体会控制甚至奴役他国人民的罪责。中国人常言,"己所不欲,勿施于人",因此难以想象中国会像历史上的"海洋强国"一样,仅仅为了一己私欲就疯狂掠夺他国资源,而不顾他国的损失与国际社会的整体发展。此外,中国几千年来的传统文化讲究"以和为贵",因此,中国的新型"海洋观"绝非霸权的、自私利己的。

对这种中国新型"海洋观"理念最好的实践例子就是中国在印度洋上的护航行动。与西方的传统"海洋强国"相比,中国虽然也注重海军的建设,但目的却并不只是出于维护本国的海上利益,还包括承担国际责任,参与全球海洋事务等。中国积极参与印度洋亚丁湾的护航行动,为打击海盗,保护公海通道安全做出了积极的贡献。自2008年底中国海军获得授权在索马里海域进行护航以来,到2016年4月,中国已经先后派出了23批护航编队执行任务,中国海军不仅为本国的船只,而且也为他国船只保驾护航,为印度洋上的自由、安全航行贡献了自身的力量,体现出中国有意愿也有能力提供海洋公共产品,承担海洋国际责任,服务人类社会的整体利益。

---

① 张耀:《群策群力共筑新型海洋安全》,《中国社会科学报》2013年3月13日,http://www.siis.org.cn/index.php?m=content&c=index&a=show&catid=22&id=61。

　　除此之外,中国新型海洋观中所体现出的国际意义还表现在中国海洋科技事业的发展对国际社会的回馈。

　　中国大力发展海洋科技,与周边国家共享海洋技术。例如,2013 年中、韩两国于中国北京签署了《中华人民共和国国家海洋局和大韩民国海洋水产部海洋科学技术合作谅解备忘录》,这是"两国海洋管理部门间签署的首份文件,开启了中韩海洋合作的新篇章"①。又如,2014 年 4 月底,中国"大洋协会"与"国际海底管理局"签署协议,中国获得一块位于西北太平洋海山区国际海底富钴结壳矿区的专属勘探权和商业开采优先权,这也将是中国继 2001 年和 2011 年所获得的第三块国际海底区域的开发权。而同时中国将会履行开展该区域内的环境调查、资源评价等工作以及培训发展中国家科技人员的义务。②这充分显示了中国的海洋科技发展不仅可以帮助自身综合国力的提升,而且也在很大程度上惠及了其他国家及国际社会的发展。

　　中国新型海洋观中的国际意义还体现在与周边国家,尤其是海洋邻国之间的关系。2013 年习近平主席在印度尼西亚国会举行的演讲中,明确表示"中国愿同东盟国家加强海上合作,使用好中国政府设立的中国—东盟海上合作基金,发展好海洋合作伙伴关系,共同建设 21 世纪'海上丝绸之路'。中国愿通过扩大同东盟国家各领域务实合作,互通有无、优势互补,同东盟国家共享机遇、共迎挑战,实现共同发展、共同繁荣。"③来自中国最高领导层的声音表明中国的新型"海洋观"并不是封闭的,而是开放包容的,中国愿意同海洋邻国一起合作共赢,共享海洋发展的果实。

　　无论从理念构建层面,还是从政策实践层面来看,中国的新型"海洋观"

---

① 《中韩海洋科技合作备忘录签署》,《中国海洋报》多媒体数字报纸,2013 年 6 月 28 日,http://epaper.oceanol.com/shtml/zghyb/20130628/index.shtml。

② 《中国大洋协会与国际海底局签订勘探合同》,《中国海洋报》2014 年 4 月 30 日。

③ 习近平:《中国愿同东盟国家共建 21 世纪"海上丝绸之路"》,新华网,2013 年 10 月 3 日,http://news.xinhuanet.com/world/2013-10/03/c_125482056.htm。

都突出体现了其国际意义，也就是说对其他国家和世界的贡献精神。在这样一个全球化的时代之下，各国的联系空前紧密，西方传统的只重视自身发展的自私自利的"海洋观"是绝对没有发展前景的。而中国的新型"海洋观"抓住了时代的脉搏，秉持着"合作共赢，利益共享"的信念，将自身在海洋领域的发展放置在全球这个大环境下，紧紧团结一切能团结的力量，将自身与世界的利益协调统一，共同取得发展和进步。

二、中国"海洋观"的构建实践与"人类命运共同体"的实践

有关中国的新型"海洋观"与"人类命运共同体"之间的关系，一言以蔽之，前者是对后者的重要实践；后者是指导前者构建成型的重要思想理念。

具体来看，正如前文所述，"人类命运共同体"的核心乃是倡导人类共同发展、利益共享，具有十分积极的国际意义。只有人类真正把自己的同类当成是"同呼吸，共命运"的共同体，世界才会完全和平稳定下来，进而各国才能有经济、社会、政治等稳步发展的大环境。

"在追求本国利益时兼顾他国合理关切，在谋求本国发展中促进各国共同发展。""人类命运共同体"涉及一个国家发展的方方面面，想要一蹴而就地在所有的领域都实现目标显然是不可能的，必须要找到一个突破口，一块"试验田"，一个可以作为榜样的具体实践。

因此，这个实践"人类命运共同体"的"榜样"之一，就是中国新型"海洋观"的构建。毫无疑问的是，中国海洋观的内涵是丰富的，内容也是复杂的，其最终目标当然是为了实现"海洋强国"的战略而服务的，但是与西方传统的"海洋强国"所不同的是，中国在力图实现自身在海洋领域的发展之外，还注重他国的合理关切，希冀能做到不仅不让自己的发展压缩他国的战略发展空间，而且还能让自己的发展带动他国的发展。从这一点上来看，中国的新型"海洋观"在构建的过程中可以说是受到了"人类命运共同体"的指导，具备了"利益共享，合作共赢，共同发展"的国际意义。

在实践中也确实如此。中国在亚丁湾的护航编队不仅保护着本国的船只，而且也保护着他国的船只免受侵扰，中国海上力量的提升对其他国家也是一种间接的帮助。这种具有国际视野、世界情怀的海洋观充分体现了中国力图构建你中有我、我中有你的"人类命运共同体"的决心，也说明了中国的发展不是为了"分蛋糕"的，而是来"做大蛋糕"的。

此外，中国的新型"海洋观"不仅重视海洋权益维护、海洋科技提升、海洋经济发展等，还同样关注海洋生态环境的保护。由于海洋本身作为液体具有流动性，因此海洋污染问题可谓"牵一发而动全身"，有着扩散性极强，扩散速度极快的特点，所以对中国而言，保护好近海的海洋环境，整治好近海的海洋污染不仅是为自己国家的长远发展打下基础，同时也是为全球海洋生态的保护做出了贡献。在这一点上，中国的新型"海洋观"所体现出的国际意义再次与"人类命运共同体"意识相一致。

在中国和平崛起的过程中，可以说道路远非一帆风顺，遇到了极大的阻力。其中最大的阻力就是来自守成国家对快速崛起的中国的防范以及周边小国对身边突然出现一个庞然大物的恐惧。虽然中国在国际国内各种场合，反复强调自身的和平性，多次表明不会因自身的发展需要而去破坏其他国家的和平稳定，但是收效并不明显，国际社会对中国的崛起依然抱有很深的戒备之心。

探究其中的原因，固然有一部分顽固坚持冷战思维的守旧之士，其对中国本身就有极深的偏见，无论怎么解释，他们都会视而不见。但是还有很大一部分人群或出于对中国的误解或疑虑，认为中国的发展无法给自身带来好处甚至可能带来利益竞争和损害，或因为担心中国的言行难以预估等，而对中国的和平崛起持怀疑态度，他们就是我们在国际社会上需要争取的人群，要让他们对中国崛起的态度从怀疑变到欢迎，而"人类命运共同体"与中国新型"海洋观"的构建则是可以作为体现中国意愿的合适例证。

首先，"人类命运共同体"来源于中国的文化传统与外交实践，具有中国特色，符合中国和平发展的理念，将其作为今后中国外交的指导思想，体现了中国外交理念的延续性、长期性与战略性。其次，中国的新型"海洋观"可以说是对"人类命运共同体"的重要实践，这证明了中国的这一外交指导思想并不是停留于纸面上的，而是已经落到了实处，从而可以有效打消他国对中国可能的言行不一致的担忧。

由于"人类命运共同体"与中国的新型"海洋观"都着重强调中国发展的国际意义与非自私性，因此在国际场合，二者可以相互配合，互相证明中国的和平崛起绝非一句空话，中国的发展是可以促进带动其他国家的发展的，中国在追求自身利益的同时也会注重他国的合理关切。可以看到，中国不仅在指导思想层面，并且在实践层面已经这样做了。相信对于那些担忧中国言行不一致或是怀疑中国和平发展的决心的人来说，向他们阐释清楚"人类命运共同体"意识与新型"海洋观"之间统一互补的关系之后，就一定能使这些对中国和平崛起持怀疑态度的人们改变想法，了解到中国的和平发展将会为国际社会带来贡献，将会向其他国家传播正能量。

第三节　余　　论

"人类命运共同体"与中国的"海洋观"并不是两条平行的"直线"，在这看似没有关联的二者背后，隐藏的其实是同一个"交点"，那就是"合作共赢，共同发展"的国际意义。

以海洋为载体和纽带的市场、技术、信息、文化等合作日益紧密，中国提出共建21世纪海上丝绸之路倡议，就是希望促进海上互联互通和各领域务实合作，推动蓝色经济发展，推动海洋文化交融，共同增进海洋福祉。在"一带一路"倡议下，中国与参与国家和地区间以海洋为载体的交流合作日益紧密,涉海对话合作有序发展,①丰富了构建海洋命运共同体的内涵。

近年来,中国已经愈发重视海洋领域的问题,同时也正在稳步推进"海洋强国"战略的建设,而这一战略实现的前提就是必须要构建适应时代、符合中国特色的海洋观。因为一旦海洋观有所偏差,那么就必然会导致中国的"海洋强国"战略或过于激进,从而导致周边国家及世界强国的强烈反弹;或过于疲软,而使得中国的战略无法有效推进而失败。

因此,在这种情势之下,通过"人类命运共同体"这一符合中国和平发展的重要理念来指导中国新型海洋观的正确构建就显得尤为必要。同时,中国海洋观的稳步构建也证明了"人类命运共同体"意识在中国绝非只是一句宣传口号,而是已经得到了切切实实的政策实践。

构建海洋命运共同体是积极参与全球海洋治理的中国主张,彰显了中国积极打造和谐海洋的决心。海洋命运共同体是建立在相互尊重、相互负责基础上的交流协作平台,有助于实现海洋可持续发展目标。中国强调的是走一条和平的人海和谐、合作共赢的发展道路,共同构建互利共赢的和谐海洋国际关系,积极发展海洋伙伴关系,共同推动构建海洋命运共同体。

构建海洋命运共同体,从积极推动构建海洋伙伴关系、海洋利益共同体,发展到构建全球海洋命运共同体,构建和谐海洋社会成为中国海洋治理的终极发展目标。这是一项循序渐进的、全方位的、各方参与的综合性系统工程。构建海洋命运共同体不仅意味着中国与周边海洋国家和平共处;而且,中国将积极运用本国发展模式与发展经验,带动和推动周边海洋国家共同发展。中国不仅要积极发展与世界海洋大国的友好合作关系,还要积极发展与中、小海洋国家的合作关系,共同治理海洋,发展海洋经济,构建世界海洋命运共同体,使海洋造福于全人类。

---

① 王紫:《中国航海日:维护国际物流畅通践行海洋命运共同体理念》,《人民日报》2020 年 7 月 11 日。

在积极加强与发达海洋国家关系基础上,以大国方式主动参与全球海洋治理,主动经略周边地区并向海洋推进,逐步实现中国与周边海洋国家的良性互动,深化海洋合作伙伴关系,积极构建和谐友好的海洋国际关系,推动海洋外交多元化,不断寻求和扩大各国海洋共同利益、促进全球海洋共同发展;主动发挥好中国负责任大国的主要作用,勇于提出中国的方案、中国主张,使中国成为全球海洋治理的积极参与者和贡献者,不断提高中国在全球海洋治理中的话语权,主动应对海洋治理中的问题与突发事件,积极发挥中国快速发展的优势,共同构建和谐、互利共赢的海洋命运共同体,不断提升中国在全球海洋治理事务中的地位与影响力。

积极发展海上力量是构建海洋命运共同体的有力支撑。在推动构建海洋命运共同体进程中,不断发展中国的海上力量,以海军为重点,加快实现其武器装备的现代化,建设一支强大的攻防兼备的海军。将中国海警建设成为一支现代化的快速高效、行动有力、保障到位的海上综合执法力量,提升中国海上力量的战略机动能力,维护国家海洋权益,维护海上安全与治安秩序。

积极推动中国走向"陆海统筹"的海洋大国,保护海洋生态环境,提高海洋资源开发能力,扩大海洋开发领域,加快海洋可再生能源开发与利用。积极推动海洋开发方式向循环利用型转变。加强海洋产业规划与指导,重点发展海洋科学技术,促进海洋科技与海洋生态有机结合,促进海洋经济可持续发展,转变传统海洋经济发展方式,积极发展蓝色经济,积极构建海洋经济和谐发展的蓝色利益共同体;注重海洋环境保护和生态环境修复治理,推动全球海洋生态文明建设,充分利用海洋资源,有序推进海洋产业现代化发展,推动可持续发展的蓝色海洋经济。使海洋造福全人类,实现人—海关系和谐,建设和谐海洋社会,积极构建务实、互利共赢的蓝色伙伴关系。

当前海洋命运共同体建设可以重点围绕海洋经济发展、海洋科技创新、海洋能源开发利用、海洋生态保护、海洋可持续渔业、海洋垃圾和酸化治理、海洋防灾减灾、海岛保护与管理、南北极科考等开展合作。同时,要关注与之相关的重大国际议程的磋商进程。在全球、地区、国家层面,以及科研机构之间,搭建常态化合作平台,推进务实合作,构建新型海洋合作伙伴关系体系,积极打造海洋命运共同体。

积极应对全球气候变化,中国"力争 2030 年前实现碳达峰、2060 年前实现碳中和",①这是中国基于推动构建人类命运共同体的责任担当和实现可持续发展的内在要求所做出的重大战略决策。中国承诺实现从碳达峰到碳中和的时间,远远短于发达国家所用时间。中方宣布的碳达峰和碳中和目标愿景,反映了《巴黎协定》"最大力度"的要求,体现了中国应对全球气候变化的坚定决心,展现出作为最大发展中国家的担当。

中国的海洋发展,也承载着全球海洋共同发展的愿景。构建海洋命运共同体是海洋共同发展的具体实践和重大举措,推动构建海洋命运共同体有助于提高中国在全球海洋治理中的话语权。

在推动构建海洋命运共同体进程中也面临诸多挑战。实现海洋安全与海洋和平并非易事,传统的国际海洋冲突、地缘战略竞争、地缘政治挑战等无不阻碍着海洋命运共同体的建设,化解海洋冲突、避免海洋战争是构建海洋命运共同体的迫切任务。因此,中国和世界其他国家一道应积极探讨和研究建立 21 世纪的海洋国家国际协调机制的可能性。通过改变自己的方式影响世界。中国在维护领土主权和海洋权益的同时,通过强化合作积极寻求和扩大共同利益的交汇点,把中国快速发展的经济与沿线国家和地区的利益相结合,扩大共同利益,共同努力推进海洋命运共同体建设。中国的海洋利益拓展不是排他性的零和游戏,中国提出的"共同利益"理念正逐步得到国际社会广泛认可和积极回应,为解决海上问题、处理国际事务创造了条件,有利于实现维护国家主权、安全、发展利益相统一。

---

① 向秋:《为加强全球环境治理提出"中国方案"》,人民论坛网,2021 年 4 月 26 日。

21世纪是海洋的世纪。中国作为一个拥有1.8万公里大陆海岸线的海洋大国,海洋在国家新一轮发展和对外开放中的地位越来越重要。"海兴则国强民富,海衰则国弱民穷",认识海洋、经略海洋,陆海统筹,加快建设海洋强国,从观念上、规划上、机制上等战略层面上积极主动地强化顶层设计,坚决维护海洋权益,积极构建人海和谐、合作共赢的蓝色利益共同体,坚持走依海富国、以海强国之路,不断壮大海洋经济、加强海洋生态环境保护与海洋资源的科学利用。

近年来,中国积极推动"一带一路"倡议,21世纪海上丝绸之路是海洋共同发展的具体实践和重大举措,沿线国家和地区与中国在经济、资源和能源等诸多领域形成互补,成为中国海洋经济走出去的重点方向,将21世纪海上丝绸之路与参与全球海洋治理有机结合,互信、互利、共建、共享、平等、协作,深度参与全球海洋经济开发,积极打造互利共赢的蓝色伙伴关系,深化互利合作,积极妥善地应对和化解周边各种海上风险与复杂局势,为国家新一轮发展积极营造了和平稳定的环境。

全面提高参与全球海洋治理的能力,进一步理顺国内体制机制,加大对国际海洋合作的政策扶持。大力推进海洋科技发展,在全球海洋治理的议题设置、话语主导方面提供有理有据的科学依据。提高海上安全力量建设,在人道主义救援、海上犯罪打击等领域提供更多公共产品。高度重视人才队伍建设,培养一支懂政治、讲业务、具有国际视野的海洋人才队伍。

中国要成为真正意义上的世界强国,必须要从海洋上崛起,树立明确而牢固的海洋崛起意识和切实可行的方法途径。

第一,中国应全面培育和提升全体中国国民的海洋意识,利益宣传媒介积极宣传中国的海洋政策,使"海洋强国"深入人心,不断提升国民参与海洋强国建设的责任感、使命感与获得感。

第二,积极有序稳妥地制定和实施更为系统的海洋强国建设战略规划,为海洋强国建设提供强有力的指导与支撑;进一步提出和完善中国版的海洋发展观、安全观与治理观。

第三,努力推进和谐海洋建设,全面参与国际海洋事务。积极主动地塑造和引导国际舆论,不断提升中国在全球海洋治理与海洋事务中的话语权,积极参与联合国相关海洋事务,提高参与国际海洋规则制定和海洋事务磋商能力,准确把握国际海洋秩序发展形势。深入参与海洋环保、海底资源开发、渔业资源管理、海事与救助等涉海国际公约、条约、规则的制定和修订工作。积极开展与相关国家及国际组织的国际海洋合作与技术培训,主动贡献中国的智慧与中国海洋治理方案,积极主动地向国际社会阐明构建海洋命运共同体理念,积极主动地向国际社会提供更多的海洋公共产品,不断提升中国对国际海洋事务的影响力,努力实现由海洋大国向海洋强国的转型。

第四,积极推动海洋领域基础性、前瞻性、关键性技术研究与开发,不断提升和拓展走向深远海的能力。强化军民融合,努力建设一支强大的攻防兼备的海军,加强海上综合执法力量,加强海洋商船队、海洋渔船队、海洋科研船队力量建设,促进军警结合、军民兼容的现代化海上军事力量建设,维护国家海洋权益,维护海上安全与治安秩序;维护海洋安全捍卫国家主权。

第五,积极布局海上战略支点国家和地区,稳步推进中国海上战略支点建设。由点带面,稳步推进,不断扩大中国在世界海洋事务的影响力,努力形成与周边海洋国家共同发展的良好态势,积极寻找中国新的战略出海口,不断扩大中国海上战略纵深与发展空间,提升中国的战略威慑力,保护中国海上通道安全。

第六,加强海洋综合管理,积极推动海洋经济可持续发展,提高海洋资源综合开发能力。

加强海洋产业规划与指导,重点发展海洋科学技术,促进海洋科技与海洋生态有机结合,积极推动海洋科技向创新引领型转变。积极发展深海装备技术,推动中国的深海科学研究,提高深海科研成果的质量。进一步加强对海洋开发活动、海洋生态环境和海洋经济社会的监测监管。实现政府对海洋的有效治理。推动海洋生态文明治理,按照绿色、低碳、集约节约的发展理念深化加快建设海洋生态文明体系,加大海域资源和生态环境保护力度,不断完善海洋生态监测体系,转变用海方式,加强用海管理,绿色发展,减少海洋开发活动对生态环境的破坏,做好海洋防灾减灾工作,不断优化海洋空间利用布局,以最小的海域空间资源和海洋生态环境损耗推动海洋事业的可持续发展。

加快海洋生态环境保护和修复,努力实现人与海洋和谐发展。进一步提高海洋资源开发能力,保护好海洋生态环境,不断完善和提升海洋公共服务功能。加快海洋公共服务体系建设,不断加大增强海洋环境保护、海洋污染治理、海洋防灾减灾、海上船舶安全保障等方面的公共服务与社会保障能力,建设生态海洋,维护国家海洋权益。防止破坏性地开发海洋资源。开发海洋资源和保护海洋环境应同时并举,努力提高现有油田采收率和油气资源利用率,积极开发可燃冰、潮汐、温差、海流等新海洋能源,积极推动海洋开发方式向循环利用型转变。

积极推动转型升级实现海洋经济可持续发展,不断推动海洋经济向质量效益型转变,使海洋经济成为新的增长点,共享海洋发展成果。

同时,积极发展海洋文化产业,弘扬中华海洋文化,不断推进海洋文化创新、发展文化产业,提高海洋文化效益,使海洋文化更好地适应中国海洋治理建设,为中国"海洋强国"战略服务。

积极构建基于海洋合作的、开放包容的、务实、互利共赢的全球海洋命运共同体成为中国参与全球海洋治理的最终目标,不断增进全球海洋治理的平等互信,实现全球海洋人海和谐、合作共赢的可持续发展。

第二章
海洋多维合作研究

　　一直以来,海洋安全研究侧重于领土主权、海洋划界等传统安全领域的分析路径,权力制衡、地缘竞争、危机管控等构成了主要的话语体系,特别是在南海问题研究中,这一特点体现得更为明显。①同时由于海洋安全问题的复杂性、多样性,非传统安全问题的重要性不断提升,优先解决此类问题成为化解南海安全困境的可行性路径之一。尤其是自2010年以来,在美国等域外国家的强势介入下,南海问题不断升温,海上危机事态时有发生,如何寻找维护南海地区的和平与稳定的"路线图"已成为各国学者的利益汇合点。在现有的众多方案中,加强环境、渔业等非传统安全合作成为了推进南海争议逐步解决的合作性方案。②

　　海洋领域的非传统安全涵盖内容非常广,包括"海盗、海上恐怖势力泛滥""许多濒海国家面临海平面上升侵吞国土的严峻威胁""海洋环境污染的

---

① Dieter Heinzig, *Disputed Islands in the South China Sea: Paracels, Spratlys, Pratas, Macclesfield Bank*, Wiesbaden: Otto Harrassowitz, 1976. Marwyn S. Samuels, *Contest for the South China Sea*, New York and London: Methuen Publishing Ltd, 1982. 浦野起央:《南海諸島国際紛争史:研究・資料・年表》,刀水書房,1997年版。Victor Prescott, *Limits of national claims in the South China Sea*, Asean Academic Press, 1999. Robert D. Kaplan, *Asia's Cauldron: The South China Sea and the End of a Stable Pacific*, Random House, 2014. Bill Bayton, *The South China Sea: The Struggle for Power in Asia*, Yale University Press, 2014.国内学者的著作如郭渊:《南海地缘政治研究》,黑龙江大学出版社2007年版等。

② 洪农:《试析南海争议的务实解决机制——推进南海争议逐步解决合作性方案分析》,《亚太安全与海洋研究》2017年第1期。

不断加剧""海洋生态危机不断加剧""围绕海洋资源的利益分配引发国际争端"等几大方面。①在南海地区,上述非传统安全威胁普遍存在,既给沿岸国家带来了越来越严峻的国家安全难题,同时也为南海地区合作提供了有力的动力和抓手。冷战结束以来,南海域内国家就开展了种类多样、层次各异的非传统安全合作,建立起多达数十个合作机制。然而各种机制之间盘根错节甚至相互竞争,呈现出碎片化的特点,并未完全发挥出应有的功能。南海地区非传统安全进展如何? 如何进一步加强南海地区非传统安全合作的机制整合? 中国又将在其中扮演何种角色? 这些是本章试图回答的问题。

海洋安全治理如今已成为全球治理最为重要的组成部分之一,在参与全球海洋治理的过程中,新兴国家相比传统海洋国家对制度有着更明显的偏好,在积极进行制度设计、分享与扩散的同时,还在实践中注重海洋治理制度设计、海上力量发展与海洋外交的平衡、同步开展。然而,新兴国家在全球海洋安全治理实践中依旧面临传统海洋安全治理体系的影响,进而还不能完全满足地区与全球层面海洋安全治理的需要。

"全球海洋治理"是一项存在于海洋领域的全球治理行为,而与全球治理相似,全球海洋治理的主体也偏向多元化,包括国家行为体与非国家行为体、传统发达国家与新兴国家,以及个人等。当然,全球海洋治理的对象集中在海洋领域,主要涉及全球范围内的海洋危机与问题。在全球海洋治理方面,海洋安全治理是其中最重要与突出的内容,随着安全概念外延的不断拓展,涉及的具体内容逐渐增多,既包括传统海上传统安全,也包括海上非传统安全挑战。在全球化日益深化发展的过程中,全球海洋安全问题与危机不断凸显,在原有海洋传统安全问题未获解决的情况下,海洋安全的非传统安全威胁日益增多,海盗、海上武装抢劫、海上恐怖主义袭击及海洋生态危机等问题频发。鉴于此,全球在海洋安全治理方面应该付出更多努力。

---

① 刘中民、张德民:《海洋领域的非传统安全威胁及其对当代国际关系的影响》,《中国海洋大学学报(社会科学版)》2004 年第 4 期。

　　然而,与全球海洋安全治理需要各国集体行动与加强合作相悖的是全球范围内治理主体的不均衡发展,而这源于全球化进程中全球政治与经济形势呈现出两个看似矛盾、却又并行不悖的现象:一方面,全球化催生日益相互依赖的世界,世界形成"你中有我、我中有你"的局面;但另一方面,全球化也催生出传统国家与新兴国家的分野,如何处理彼此间合作与分歧如今构成了全球治理的关键,并深刻影响着全球的可持续发展。①自然,全球海洋安全治理难免受到深重影响。

　　2021年8月,联合国政府间气候变化专门委员会(IPCC)《气候变化2021:自然科学基础(Climate Change 2021:the Physical Science Basis)》(以下简称《报告》)及其决策者摘要(Summary for policymakers,SPM)获得通过,并正式发布。《报告》警示,毋庸置疑,人类活动正在引发气候变化,其引发的极端天气事件的频率与强度不断增加。除非立即采取快速的、大规模的温室气体减排行动,否则全球的1.5℃温控目标将无法实现。

　　作为IPCC第六次评估报告的第一工作组报告,为阐释人类活动与气候变化的关系提供自然科学基础,关注气候系统(包括大气、海洋、地表和冰冻圈)在气象观测中的变化过程与相互作用,以全球和区域范围内的气候建模、情景分析和预测以及气候归因为依据,阐明迄今为止驱动气候变化的自然和人为因素,《报告》再次为人类敲响警钟,为决策者制定增强的气候减缓与适应政策提供科学依据。

　　随着全球变暖、大气二氧化碳水平持续升高导致海洋酸化以及海洋自然资源的过度开发等,全球所有地区预计都将经历多重气候影响驱动因素的变化,包括冷热、干湿、雪冰、风、海岸和海洋、公海及其他领域。气候变化引起全球范围内极端天气的频度、烈度和强度不断上升,给人类社会和自然

---

① Thematic Think Piece, OHCHR, OHRLLS, UNDESA, UNEP, UNFPA, Global governance and governance of the global commons in the global partnership for development beyond 2015, UDA, Jan. 2013, pp.3—5.

生态系统造成灾难性后果。

大范围海域表面水温的持续变化会影响全球的大气环流,导致全球气候异常、极端天气频发,如厄尔尼诺现象和拉尼娜现象。厄尔尼诺现象发生时,太平洋东部和中部热带海洋的海水温度会异常升温,致使全球气候模式发生变化,使得原来干旱少雨的地方发生洪涝灾害,而通常多雨的地方反而出现长时间的干旱少雨。拉尼娜现象发生时,情况正好相反,赤道太平洋东部和中部海面温度会异常地持续降温,致使全球气候模式发生变化,使得干旱的地区更加干旱,多雨的地区暴雨成灾,亦称反厄尔尼诺现象。上述全球气候异常现象发生时,往往会诱发大量灾难性滑坡。

而且,全球气候变化对生物多样性所涉及的基因多样性、物种多样性和生态系统多样性造成了全面影响,已经成为生物多样性锐减的主要威胁之一。全球气候变化,生物多样性丧失现象频发,对自然生态系统和人类社会的冲击不断增加,世界遗产地也因此受到冲击。气温上升、冰川融化、海平面上升、海岸侵蚀、多发气象灾害等都对世界自然和文化遗产的留存和保护有着显著危害。自然环境的改变意味着生物生存环境的改变,可能造成当地物种被迫迁徙甚至灭绝。

第一节 "海上丝绸之路"与海洋多维合作

21世纪海上丝绸之路(又被简称为"海上丝路")的重点方向是从中国沿海港口过南海到印度洋,海洋环境安全是21世纪海上丝绸之路建设的重要保障。本节简要分析1940—2016年间21世纪海上丝绸之路途经海区主要海洋环境和热带气旋灾害的气候变化特征,探讨海洋环境变化和灾害风险的可能影响,并提出了有关的研究建议,以期为21世纪海上丝绸之路的海洋环境安全保障提供必要的科学依据和技术支撑。分析表明,气候变化背景下,21 世纪海上丝绸之路主要海区的海水显著变暖、海平面升高明显,其中热比容效应是主要贡献,与之相联系的各海洋气象要素变化和海洋灾害风险有可能进一步加大。其中,21 世纪海上丝绸之路沿海洪水、风暴潮等高水位事件发生频次有可能增加,进而对港口建设和航线通畅造成较大影响。

一、全球气候变化对海洋生态影响甚远

气候变化背景下,影响中国的西北太平洋热带气旋各灾害路径和强度均发生了变化,其中,20 世纪 40 年代到 21 世纪头十年,热带风暴以上等级各灾害主要集中登陆和影响厦门以南沿海地区,且其登陆路径分布和影响范围较稳定。然而厦门以北热带风暴以上等级各灾害登陆路径分布和影响范围可能存在 20 年左右的趋势变化,在 20 世纪 80 年代后登陆路径分布和影响范围向南集中推进的趋势明显,基于此,未来近 20 年厦门以北热带风暴以上等级各灾害登陆路径分布和影响范围趋于向北推进迁移,这可能会在一定程度上有利于 21 世纪海上丝绸之路建设的顺利开展和实施。然而,气候变化背景下强的热带气旋发生频次有可能增加,随后将带来更大的影响和损失,这一点不容忽视,值得我们更加关注。另外,20 世纪 90 年代后南海热带风暴等热带气旋灾害路径分布有向孟加拉湾周边地区拓展的趋势,而北印度洋热带风暴等级以上各灾害的影响范围也会向西和南部扩展,以致经常影响阿拉伯半岛和索马里半岛。而地中海西部海岸,在北大西洋飓风活动频次和强度增强的情景下,未来有可能存在风暴潮的威胁。今后,应加强开展气候变化与海洋以及海洋环境灾害风险方面的观测和基础应用研究,从而提升 21 世纪海上丝绸之路海洋环境安全保障水平。

中国是全球气候变化的敏感区和影响显著区,升温速率明显高于同期全球平均水平。中国地表年平均气温呈逐年显著上升趋势,升温速率为

0.26 ℃/10 年。[①]近 20 年是 20 世纪初以来的最暖时期,1901 年以来的 10 个最暖年份中,除 1998 年,其余 9 个均出现在 21 世纪。

2020 年,全球平均温度较工业化前水平(1850—1900 年平均值)高出 1.2 ℃,是有完整气象观测记录以来的三个最暖年份之一;2011—2020 年,是 1850 年以来最暖的 10 年。2020 年,亚洲陆地表面平均气温比常年值偏高 1.06 ℃,是 20 世纪初以来的最暖年份。

全球气候变化表现[②]为:

第一,高温、强降水等极端事件增多增强,中国气候风险水平趋于上升。1961—2020 年,中国极端强降水事件呈增多趋势,极端低温事件减少,极端高温事件自 20 世纪 90 年代中期以来明显增多;20 世纪 90 年代后期以来登陆中国台风的平均强度波动增强。

第二,全球海洋变暖加速,全球平均海平面加速上升。全球海洋热含量也呈显著增加趋势,全球海洋变暖在 20 世纪 90 年代后显著加速。1990—2020 年,全球海洋热含量增加速率为 $9.6×10^{22}$ 焦耳/10 年,是 1958—1989 年增暖速率的 5.6 倍。2020 年,全球海洋热含量为有现代海洋观测以来的最高值;2011—2020 年是有现代海洋观测以来海洋最暖的 10 个年份。全球海平面的上升速率,从 1901—1990 年的 1.4 毫米/年,增加至 1993—2020 年的 3.3 毫米/年;2020 年为有卫星观测记录以来的最高值。

第三,中国沿海海平面变化总体呈波动上升趋势。1980—2020 年,中国沿海海平面上升速率为 3.4 毫米/年,高于同期全球平均水平。2020 年,中国沿海海平面较 1993—2011 年平均值高 73 毫米,为 1980 年以来的第三高位。

1.5 摄氏度是一个至关重要的全球温度增长值,一旦超过这一水平,全

---

①② 中国气象局气候变化中心编:《中国气候变化蓝皮书(2021)》,科学出版社 2021 年版,第 4—10 页。

球气候系统将发生不可逆的变化,极端高温天气与极端干旱天气发生的频度与强度将增强,气候危机将导致海平面上升,以及后续带来的连锁反应,将严重威胁到全球几十亿人生命安全与生存环境。海平面的变化将严峻考验着全球各个国家的危机防范能力,而一些岛屿国家和地区则可能面临灭顶之灾。

第四,中国地表水资源量年际变化明显。20 世纪 90 年代以偏多为主,2003—2013 年总体偏少,2015 年以来地表水资源量转为以偏多为主。

第五,全球山地冰川整体处于消融退缩状态,1985 年以来山地冰川消融加速。2020 年,全球参照冰川总体处于物质高亏损状态,数个冰川呈加速消融趋势,物质损失强度均低于全球参照冰川平均水平。

第六,北极海冰范围呈减少趋势。1979—2020 年,北极海冰范围呈一致性的下降趋势;1979—2015 年,南极海冰范围波动上升。

2021 年全球极端天气状况频发。最新数据表明现在的温度已经比蒸汽机问世之前高了 1.1 ℃—1.3 ℃。[①]全球气候变化将彻底破坏北极冰盖。

第七,全球主要温室气体平均浓度均创新高。2020 年,主要温室气体浓度仍持续上升。

全球气候变暖也深刻影响了中国海洋生态环境:过去 30 年中国海域的活造礁石珊瑚覆盖率呈下降趋势,20 世纪 70 年代以来中国红树林面积呈先减少后增加的趋势。2010 年以来,南海珊瑚热白化现象不断出现,气候变暖对南海珊瑚礁的影响逐渐凸显。2020 年,受夏季海水温度持续偏高影响,南沙群岛、西沙群岛、海南岛、台湾岛、雷州半岛和北部湾等海域均出现严重的珊瑚热白化事件。[②]

因此,海洋非安全治理不仅聚焦海洋生态保护与修复,还要重视全球气

---

① 《经济学人·商论》2021 年八月刊深度报道。
② 中国气象局气候变化中心编:《中国气候变化蓝皮书(2021)》,科学出版社 2021 年版,第 4—10 页。

候变化及其影响,并做出相应应对预案,将损失降到最低。

21世纪海上丝绸之路的重点方向是通过海上航运从中国沿海港口过南海到印度洋,延伸至欧洲。高效的海上航线网络是促进海上互联互通,推进海上丝绸之路建设的重要基础。显然,沿途周边海洋环境的变化和海洋灾害的发生是跨国交通运输发展的关键限制。应着力尽快对其开展广泛深入的分析探讨,从气候环境和减灾防灾的角度来推动国家与国家之间的跨边界流动性,为21世纪海上丝绸之路建设保驾护航。为此,本节将以21世纪海上丝绸之路沿途海域为研究区域,分析21世纪海上丝绸之路途经主要海域上层海洋热力状况、海表温度和海平面为主的关键海洋环境要素和以热带气旋为主的海洋灾害的变化特征,探讨气候变化背景下,主要海域海洋环境和灾害风险的变化趋势,同时,提出有关的适应性研究策略,为21世纪海上丝绸之路建设提供必要的科技支撑和服务保障。

文中海表温度数据取自英国气象局Hadley中心的再分析资料,分辨率为1°×1°,分析时段为1940年1月—2015年12月。1940—2016年热带气旋数据源自美国天气信息系统。1955—2015年间上层热含量数据和海平面异常资料由美国国家海洋和大气管理局环境信息中心(NOAA-NCEI)提供。文中主要采用S-EOF时空分解、相关统计分析和线性回归等分析方法。

二、"21世纪海上丝绸之路"关键海洋环境要素的气候变化特征分析

气候变化已经成为人类可持续发展的头号问题,联合国政府间气候变化专门委员会(IPCC)的历次气候变化评估报告更是引起了人们对气候变化影响的高度关注。气候变化对海洋及沿海和海岸带的影响主要表现为海温升高和海平面不断上升,同时,各种海洋灾害发生频率和严重程度持续增加等。21世纪海上丝绸之路跨越中国南海、北印度洋以及地中海和黑海

等,1958—2015 年间,上述海区的海温发生了显著的变化,海表温度均出现升温,上升幅度显著。值得关注的是,中国东部沿海、缅甸、越南、阿曼、斯里兰卡和索马里等地区的沿海海表温度上升明显。而赤道印度洋和热带西太平洋的大幅升温也会通过海气相互作用等过程引起相关的海洋气象灾害等。有研究表明,足够暖的海表温度对热带气旋的发展至关重要。进而会严重影响海上航线运输乃至航运的安全。

海平面变化是气候影响海洋的主要表征指标,海平面变化主要受制于海水的体积变化和质量变化两个方面。其中,引起海水质量变化的主要原因是气候变暖导致的陆地冰(包括陆地冰川、格陵兰岛和南极冰盖)的融化。而海水的比容效应则是影响海水体积变化的主要因素。全球变暖背景下,海洋的增温是比容变化的主要贡献者。IPCC 第五次评估报告指出,与海水增温相对应的热比容效应导致了海平面上升。中国近海沿岸,春季、夏季和秋季主要以南海近岸热比容海平面上升为主,而冬季,则以东中国海沿海热比容海平面上升为主,这在不同季节沿海基础设施建设等经济发展活动中不容忽视。IPCC 第五次气候变化评估报告指出,气候变暖背景下海平面上升可以导致沿海洪水、风暴潮等高水位事件,危害人们的生活生产以及社会经济的可持续发展。

三、"21 世纪海上丝绸之路"主要海区热带气旋的灾害变化分析

热带气旋生成于热带或副热带海洋上,陆地东岸更集中些,主要与这里是暖流有关。它是伴有狂风暴雨的大气漩涡,在北半球沿逆时针方向旋转,在南半球沿顺时针方向旋转。热带气旋只有发生在北太平洋西部(国际日期变更线以西,包括南中国海)洋面上并达到一定级别时称为"台风",如发生在大西洋或北太平洋东部,则称为"飓风"。热带气旋按等级包括热带低压、热带风暴、强热带风暴、台风、强台风和超强台风。伴随热带气旋而来的常常是强烈的天气变化,如狂风、暴雨、巨浪、风暴潮和龙卷风,等等。21 世

纪海上丝绸之路所经海域主要有 3 个热带气旋发生区。其一是,西北太平洋海域包括南海,这里也是全年各月都可能有台风发生的唯一地区。其二是北印度洋,包括孟加拉湾和阿拉伯海,主要在孟加拉湾生成。最后是北大西洋。由于北大西洋暖流的存在,暖水层可以向北拓展至高纬的地方,超级飓风易在暖流区达到最强,并可以到达比较高纬的地区。

西北太平洋作为"21 世纪海上丝绸之路"的起点所在海域,弄清其热带气旋的发生频次、路径等气候特征及变化是保障 21 世纪海上丝绸之路建设的重要前提之一。从发生的频次来看,各类热带气旋灾害发生频次的年较差很大。同时,也存在着明显的年际和年代际变化。

西北太平洋热带风暴影响地区包括中国、菲律宾、韩国、日本、越南和泰国,其中也可以影响印度尼西亚及太平洋上各岛。南海热带风暴等灾害在 20 世纪 80 年代后会经常影响孟加拉湾东部海域及沿海地区。

中国的沿岸是全球最多热带气旋登陆的国家之一。比较而言,西北太平洋热带风暴以上等级灾害主要影响厦门以南沿海地区,热带风暴等各灾害影响规律较不明显。而厦门以北地区有较明显变化,热带风暴以上等级灾害登陆分布和影响范围存在 20 年左右的明显趋势变化特征。热带气旋的潜在破坏力(包括热带气旋的强度、维持时间和频率),与热带地区海平面高度和全球变暖有着莫大关系,预计 21 世纪,热带气旋所造成的损失会大幅增加。

近几十年来,北印度洋热带风暴等灾害路径的变化比较明显,主要影响印度、孟加拉、斯里兰卡、泰国、缅甸和巴基斯坦等国,但 20 世纪 80 年代后其影响范围逐步向西部扩展,时常还会影响索马里半岛。

北大西洋热带风暴等灾害一般影响非洲西北部和地中海西部沿海。20 世纪 70 年代后北大西洋的飓风频次和强度都在增加,强的飓风可引起沿海区域发生风暴潮,严重影响沿海地区安全。如果未来趋势保持增加,这对非洲北部和地中海西部沿海具有较大威胁。

四、"21 世纪海上丝绸之路"海洋环境关键要素和灾害风险及安全对策探讨

在经济全球化、区域一体化的背景下,海洋日益成为各国经济资源流动的重要通道。历史上的"海上丝绸之路"有三条航线,分别为东海航线、南海航线和美洲航线。"21 世纪海上丝绸之路"的构建主要围绕着南海航线展开,它跨越中国南海、北印度洋以及地中海和黑海等海域,所涉及的国家包括东盟十国,南亚的印度、巴基斯坦、斯里兰卡、马尔代夫,西亚和北非的阿拉伯联盟等。

分析表明,在气候变化背景下,21 世纪海上丝绸之路海区的海洋热力环境,主要包括海表面温度,已发生了显著的变化,绝大部分海域已明显升温,1950—2015 年间升温幅度约为 0.6—1.2 ℃,尤其是中国的东海海域、赤道印度洋和地中海等海域,由于海洋热比容效应,各海域的海平面上升明显,并可能导致沿海洪水、风暴潮等高水位事件。同时,热带气旋各等级灾害也发生了一定变化,其中强的热带气旋灾害有可能增加,其影响范围和造成的损失也会增加。热带气旋作为一种破坏力很强的灾害性天气系统,沿海地区面对其破坏力显得尤其脆弱。加强对它的监测和预报,是减轻热带气旋灾害的重要措施。其中热带气旋路径预报是热带气旋预报的核心。而根据所得到的各种资料,分析热带气旋的动向,登陆的地点和时间,及时发布热带气旋预报或紧急警报,是减轻热带气旋灾害的重要措施。

从应对气候变化以及海洋环境安全和海洋减灾防灾考虑,为保障海上航线安全,进而为 21 世纪海上丝绸之路建设可持续发展保驾护航,笔者提出以下几点措施建议:

南海是 21 世纪海上丝绸之路的重要源头海域,应重点开展主要海区,如南海、赤道印度洋海洋环境国际联合监测,提高海洋环境和海洋气象灾害预测预报水平;

建设区域海洋观测预警减灾与搜救系统,逐步构建 21 世纪海上丝绸之路海洋环境和气象灾害安全和服务网络;

进一步开展海洋领域气候变化研究与合作,稳步推进包括海洋环境与气候变化、海洋灾害和减灾防灾以及航道完全和海上搜救等在内的海上合作与交流,加强海上互联互通和海上公共服务。其中,东盟是推进 21 世纪海上丝绸之路建设的重中之重,做好东盟范围内的 21 世纪海上丝绸之路在海洋方面的合作会对其他部分的推进产生巨大的示范效应。

第二节　中国与 21 世纪海上丝绸之路
沿线国家搜救合作研究

海上搜救作为非传统安全的一个重要内容,直接关系到人的生命和财产的安全以及海洋环境的清洁和社会的稳定,被称为海上人命安全的最后一道防线。海上搜救是一个国家综合国力和公共应急管理能力的体现,代表着中国在全球海事界中的荣誉和地位。

一、中国与沿线国家加强搜救合作的必要性

中国是世界上著名的海运大国,又是国际海事组织(IMO)A 类理事国。1985 年国际海事组织在划定海上搜救责任区时,北纬 10 度以北、东经 124 度以西的南中国海以及西北太平洋共管海域为中国搜救责任区。近年来随着 21 世纪海上丝绸之路的建设,中国在海外的利益迅速扩大,与沿线国家的海上贸易、能源运输、渔业合作、人员往来等日益增多。因此为了提高中国搜救责任区以及沿线国家搜救的效率和成功率,一方面中国要不断增强自身的搜救能力,另一方面还要积极与沿线国家全面加强搜救的国际合作,这完全符合沿线各国人民的共同利益。

第一,中国与沿线国家加强搜救合作是履行国际公约的需要。中国政府分别在 1975 年、1985 年、1994 年签署了《1974 年国际海上人命安全公约》《1979 年国际海上搜寻救助公约》和《联合国海洋法公约》等有关海上搜救的国际公约,这些公约都要求缔约国应开展广泛的国际合作以提升搜救的成功率。如《1974 年国际海上人命安全公约》规定,不论遇险人员的国籍或状况如何,缔约国都有援助的义务,并强制要求政府间进行相互协调和合作以协助将遇险人员转移到安全地域。为此,在缔约政府之间应建立搜救信息共享的多边协议。①《1979 年国际海上搜寻救助公约》则明确要求各缔约国在海上搜救行动中应互相协调与合作,通过建立国际搜救计划促进各国政府之间以及参与海上搜救活动者之间的合作,鼓励各缔约国与其邻国签订搜救协定,建立搜救区,合作使用设备,建立共同的搜救程序以及进行培训和互访,以便对海上遇险船舶和人员能够提供及时、快捷的搜救服务。②1982 年《联合国海洋法公约》也规定:一方面每个国家应责成悬挂该国旗帜航行船舶的船长,在不严重危及其船舶、船员或乘客的情况下,救助在海上遇到的任何有生命危险的人。另一方面每个沿海国应促进有关海上和上空安全的足敷应用和有效的搜寻和救助服务的建立、经营和维持,并应在情况需要时为此目的通过相互的区域性安排与邻国合作。③由此可见,开展海上搜救不仅是一个沿海国家自己分内的事情,在结构安排方面还要考虑与其他国家的合作关系。而且这种国际合作能够降低成本,促进报警信号的传播和搜救服务的开展以及通信平台和设施的整合,同时在区域基础上

---

① International Convention for the Safety of Life at Sea(SOLAS), 1974, http://www.imo.org/About/Conventions/ListOfConventions/Pages/International-Convention-for-the-Safety-of-Life-at-Sea-(SOLAS), -1974.aspx.

② International Convention on Maritime Search and Rescue(SAR), 1979, http://www.imo.org/About/Conventions/ListOfConventions/Pages/International-Convention-on-Maritime-Search-and-Rescue-(SAR).aspx.

③ 《联合国海洋法公约》,中华人民共和国海事局译,人民交通出版社 2004 年版。

的培训能够更为广泛和经济地开展。①

　　第二,中国与沿线国家加强搜救合作是由海上搜救特点所决定的。一是海上搜救最大特点是实行无国界救助,即对海上遇险人员实施无差别对待。海上搜救对施救对象没有特定的限制,是沿海国家政府履行其公共服务职能的具体体现,必须超越国界、种族、意识形态甚至敌对状态等对责任区域内的搜救行动负责,就近、及时、有效实施海上救助。为此,有关国家应互相合作与支援。《1979年国际海上搜寻救助公约》对海上搜救责任海域的划分做了规定,要求各当事国单独地或与其他国家合作,在每一海区建立足够的搜救区域,并且该区域是邻接的,尽可能不重复。因此从总体上来看,沿海国责任海域的具体划分一般遵循地域原则和就近原则。一方面从地域原则来看,海域划分应优先考虑责任海域最近的沿岸国承担该海域的搜救责任。另一方面从就近原则来看,在相关国家的责任海域出现事故时,若有第三国的搜救力量距事故现场更近,则应由该第三国实施搜救。当地域原则与就近原则出现冲突时应以就近原则优先,这样才能保证时间优先,以免贻误海上人命救助的时机。如2005年5月25日国家海洋局北海分局"向阳红09"船在距菲律宾东部500海里附近的太平洋海面作业时,有一名船员突发重病急需入院治疗。中国海上搜救中心根据"向阳红09"船当时在海上的位置,决定就近向菲律宾海上搜救组织求救。最后菲律宾海岸警卫队出动直升机,将病人接走并送到医院治疗。②

　　二是海上搜救具有综合性和系统性,需要国与国之间、海陆空之间、民众与军队之间的协调配合,参与合作主体日益多元化,因而具有国际性。为了使海上搜救能够顺利高效地进行,需要广泛开展海上搜救国际合作,而且合作的层次与合作的方式日趋多样化。

---

① 陈小虎:《世界各国搜救组织架构的共同趋势探析》,《中国水运》2010年第5期。
② 李明春:《功勋船之"向阳红09"号》,《海洋世界》2007年第6期。

　　三是海上险情的发生具有突发性和不确定性,海上搜救具有复杂性和艰巨性,因此海上搜救要比陆上搜救困难得多,特别是21世纪海上丝绸之路线长、点多、面广,仅靠某个国家来保障海上安全有时很难做到,特别是在重大海上事故面前更需要有关国家进行协调与合作,广泛动员国际社会力量共同施救。如2014年3月马航MH370客机失联后,有关国家的海上搜救力量在南海、马六甲海峡和印度洋进行了广泛搜寻,而这些海域正好是21世纪海上丝绸之路所经过的主要海域。

　　第三,中国与沿线国家加强搜救合作是保障海运安全的需要。目前21世纪海上丝绸之路所经海域海损事故较多,海上搜救责任重大、任务艰巨。一方面,21世纪海上丝绸之路所经海域气象、海况复杂多变,海上大风(台风和季风)、风暴潮、大浪、大雾、雷暴等灾害性天气较多,同时暗礁较多,通航环境复杂,如南海的部分海域岛礁众多,暗礁星罗棋布,素有"危险地带"之称,特别是地震引发的海啸破坏力极大,这些都会对船舶的航行安全产生较大影响,因此海损事故频发。

　　另一方面,21世纪海上丝绸之路所经海域交通繁忙,船舶流量大、密度高。21世纪海上丝绸之路所经海域目前是世界上经济和贸易最活跃的地区之一,区域内海上贸易、能源运输和人员往来活跃。另外,21世纪海上丝绸之路所经海域又有许多重要的渔场,渔汛期间会有数以千计的各国渔船集中在渔场进行捕捞作业。在这样的情况下,各种货船、客船、油轮、渔船等密集在水域内很容易发生海损事故。因此中国与沿线国家加强搜救合作以保障海运安全和防止海洋污染,这是促进沿线各国经济安全发展和社会和谐稳定的迫切需要。

　　第四,中国与沿线国家加强搜救合作是快速增强搜救能力的需要。目前中国与21世纪海上丝绸之路沿线国家的搜救力量和装备有其各自的优势,但也有其各自的短板。通过加强海上搜救的国际合作,可以相互借鉴和取长补短,这有助于快速增强沿线国家的搜救能力和搜救效率,这是以中国与沿线各国以实际行动诠释"以人为本""关爱和尊重生命"的理念。同时积极为沿线地区提供海上搜救等安全公共产品,这充分体现了中国与沿线国家忠实履行国际公约的重要使命和国际人道主义的精神,同时有助于中国树立负责任大国的形象,体现中国积极承担国际义务的诚意,证明中国是维护地区与世界和平稳定的重要力量以及国际海洋秩序的坚定维护者和践行者。

第五,中国与沿线国家加强搜救合作是增进战略互信的需要。国际海事组织编写的《国际航空和海上搜寻救助手册》强调,由于搜寻救助是相对没有争议的人道主义行为,所以它为加强国与国之间、组织与组织之间在当地、本国和国际各个层次上的合作与沟通都提供了极好的手段。在该领域的合作将推动其他领域的合作,所以可以将搜寻救助作为推进良好合作的先导工具。[1]中国与 21 世纪海上丝绸之路沿线国家在海上虽然拥有许多共同利益,但由于各种原因也存在一些分歧,特别是中国与沿线的一些国家还存在着海上争端,导致政治互信下降。因此中国与沿线国家加强搜救合作有助于充实战略合作伙伴关系的内涵,加强信任,消除误解,推动彼此国民间好感度的上升。因为海上搜救国际合作作为非传统安全合作的一个重要内容,可有效发挥其"外溢"功能:

一是有助于增强中国与沿线国家在政治和安全方面的互信,推动和扩大在传统安全领域的合作。近年来中国与沿线大多数国家虽然在经贸和文化交流以及人员往来等方面发展迅速,并建立了各种战略合作伙伴关系,但由于政治制度和价值观的差异以及在海洋权益方面的争议,中国与沿线一些国家尚缺乏在政治和安全领域的战略互信,因而在传统的安全合作方面远远滞后于经贸关系的发展。通过海上搜救合作乃至其他非传统安全的合作,会促使中国与沿线国家形成共同的认知和共同的身份,萌生共同解决问

---

[1] 国际海事组织编:《国际航空和海上搜寻救助手册》(组织管理),中华人民共和国海事局译,人民交通出版社 2003 年版,第 8 页。

题的意愿和扩大共同的利益,以非传统安全来推动在传统安全领域的互信与合作,改善中国与沿线一些国家在传统安全合作滞后的局面,加快沿线国家搜救一体化的统合进程,进而形成稳定的合作应对海上险情的机制,这在一定程度上会改变在传统安全环境下国家之间"零和博弈"的关系态势。

二是有助于培养中国与沿线国家的国民加强区域性非传统安全合作的共同意识,增进中国与沿线各国人民的深厚友谊,改善中国与沿线各国的民间感情,为中国与沿线国家进一步推动其他非传统安全合作奠定深厚的民间基础,从而为沿线各国人民带来实实在在的利益和实惠。如 2006 年 5 月 17 日受台风影响,几十艘越南籍渔船在南海北部水域遇险,情况十分危急。越南政府照会我驻越使馆请求中国政府给予国际人道主义援救。获知越方照会后,交通部代表中国政府对越南籍遇险渔船、渔民实施了救援。在此次海上搜救行动中,中国交通部共派出 1 艘大型海事执法船、4 艘专业救助船,派出专业救助直升机 2 架次,协调香港特区政府飞机服务队派出专业救助飞机 10 架次,同时协调了 20 多艘路过的商船和大量的附近渔船,对南海北部水域进行了持续 16 天、搜寻面积达 20 多万平方千米的海、空联合搜救行动。现场搜救力量共对 15 艘越南籍渔船和 330 名渔民提供了生活及医疗救援;发现沉没的越南籍渔船 3 艘;打捞遇难者遗体 1 具和各类沉船漂浮物 11 件,搜救工作取得了巨大的成功。5 月 22 日当救助行动取得阶段性成效时,越南国家主席陈德良致电中国国家主席胡锦涛表示感谢,越方"对中国政府和人民给予越南人民的深厚情谊和高尚义举深为感动,这生动体现了越中两国人民同志加兄弟和患难与共的密切关系"[1]。24 日胡锦涛向陈德良发出了慰问电并表示,中越两国是友好邻邦,两国人民有着深厚友谊。[2]

---

[1]　浦士达:《狂风巨浪无所惧,国际救援情撼世——2006 年海上紧急救援越南遇险渔民追记》,《航海》2006 年第 9 期。

[2]　宋家慧:《实现新跨越,再铸新辉煌——写在中国救捞诞生 55 周年暨救捞体制改革 3 周年前夕》,《航海》2006 年第 7 期。

三是有助于维护中国的海洋权益和从低敏感度领域化解海洋权益的争端。由于海上搜救政治敏感度较低,而且又有充分的国际公约依据,因此一方面中国与 21 世纪海上丝绸之路沿线国家加强搜救合作,在敏感海域做出迅速反应,在关键时刻展示中国海上搜救力量和动员能力,可强化中国在有关海域的海洋权益并为将来与有关国家进一步加强海上安全合作、协商谈判解决分歧做好铺垫。因为中国作为有关争议海域的利益相关方,如果不在必要的时候展示自己的存在,那么就很难在海上安全事务中获得更多的发言权。如加强在南海的搜救力度,既可强化中国在南海海域的存在,同时又以和平与人道的方式宣示了中国在南海的主权,为将来与有关国家的海上安全合作、协商谈判做好一定的铺垫。

另一方面,在海上搜救这样低敏感度领域合作有助于化解或淡化有关海洋权益争端的敏感度,并可能为各方合作探索解决海洋争端找到新的出路。①如 2014 年 3 月马航班机失联后中国参与了多国在南海海域的海上搜救联合行动,相关国家纷纷开放己国的领海和领空,为他国舰船、飞机搜寻提供了极大的便利。虽然最后无果而终,但可以说这是在争议海域中多国摒弃地缘争端联合搜救的典范,即存在争端的国家在紧急情况下仍可搁置争端,把合作放在第一位,体现出高尚的人道主义精神,这就为未来通过协调和沟通解决海洋权益争端和海上安全问题提供了一个典型示范。

二、中国与沿线国家搜救合作的实践

2011 年 8 月 24 日世界海上人命救助大会在上海召开,时任国务院副总理的张德江在致辞中强调,中国要加强国际交流合作,携手应对风险挑战,不断提高人命救助能力和水平,切实保障海上人命安全,实现海洋平安和谐,为世界繁荣进步和人类共同利益做出新的更大的贡献。②因此近年来中

---

① 张明亮:《南海海难合作救助:经验与启示》,《新东方》2011 年第 1 期。
② 张德江:《加强国际应急救助合作,保障海上人命安全》,《中国应急管理》2011 年第 9 期。

国高度重视与 21 世纪海上丝绸之路沿线国家的搜救合作，通过与沿线各国不断进行协调和沟通，到目前已经建立了各种合作关系并开展了形式多样的合作活动，使海上搜救区域合作得到了很大的发展和加强，对保障沿线的海运安全起到了重要作用。

第一，中国与沿线国家签署协议促进搜救区域合作。《1979 年国际海上搜寻救助公约》鼓励国家间订立有关搜救的合作协议和条约。为此，早在 20 世纪 90 年代中国就开始与 21 世纪海上丝绸之路沿线各国就海上搜救问题举行定期会晤，并就搜救水域的使用等问题进行相互沟通并达成了相应的协议，为在相邻水域发生的海上险情进行快速有效地联合搜救提供了可靠的保障。如 1991 年 7 月 15—18 日中国有关政府官员和专家学者出席了在印度尼西亚万隆召开的"处理南海潜在冲突"研讨会，会上发表的《"处理南海潜在冲突"研讨会联合声明》强调"在不损害领土与管辖权声称的前提下，探索在南海合作的领域"，其中一个重要合作领域就是"协作搜查与救援"方面的合作。2002 年 11 月 4 日中国与东盟签署的《南海各方行为宣言》中也强调："在和平解决领土与管辖权争端之前，有关各方同意在合作和理解的精神下，努力寻找在他们直接之间建立信任的途径"，其中一个重要途径就是"搜查与救援合作"。①因此该宣言签署以来，中国同东南亚有关国家和地区遵循宣言的宗旨和原则，保持着密切的沟通，召开了多次高官会并成立了联合工作组，开展了海洋搜救等 6 个合作项目。2007 年 9 月 5—7 日中国—东盟海事磋商机制第三次会议在青岛举行，中国海事局与东盟各国海事主管当局的代表就海上应急反应、搜寻与救助等问题进行了协商与会谈。2011 年 7 月 20 日在印度尼西亚巴厘岛举行的落实《南海各方行为宣言》高官会，就落实该宣言指针案文达成一致，中方与会高官、外交部部长助理刘振民在会上阐述了中国积极支持开展南海合作的立场，并提出成立航行安

---

① 李金明：《南海波涛——东南亚国家与南海问题》，江西高校出版社 2005 年版，第 214 页。

全与搜救专门技术委员会等一系列合作倡议,得到了与会各方的积极响应。2012 年 1 月 14 日中国和东盟国家在北京召开的落实《南海各方行为宣言》第四次高官会上具体研究了成立航行安全与搜救专门技术委员会等问题,并决定举办海上搜救研讨会等项目。2012 年 2 月 29 日中国和东盟领导人签署了《落实中国—东盟面向和平与繁荣的战略伙伴关系联合宣言的行动计划》(2011—2015),强调在海上航行和交通安全、海上搜救、海上遇险人员的人道待遇等领域加强对话与合作。2012 年 10 月 30—31 日中国—东盟海事磋商机制第八次会议在珠海举行,会上中国及东盟与会代表就海上搜救应急合作等共同关心的热点问题进行了协商,中国海事局表示将继续加强与东盟成员国在海上搜救中的紧密协作,共同提高海上搜救能力。

到目前为止中国和越南在北部湾搜救合作机制的建立与运行比较成功,创造了良好的搜救合作关系。从 2002 年的年底开始,广西防城港海事局积极着手开展中越海上搜救合作机制课题的研究,集中专业人员编撰了《防城港至越南下龙湾航线搜救预案》,并提出了《防城港与越南广宁搜救合作会晤方案》。依据会晤方案,2003 年 9 月中旬防城港市政府有关部门以及海事局与越南有关方面代表成功举行了"防城港市与越南广宁省海上搜救合作"的第一轮会晤,就海上搜救合作问题签署了会晤纪要。11 月 18 日第二次会晤时签署了《中国防城港至越南下龙湾高速客轮线搜寻救助合作协议》,并交换了海上搜救预案备案,这就为开展北部湾海域国际合作搜救实践提供了指南,同时填补了广西跨国海上搜救合作的空白,为创造大西南海上绿色安全通道,促进中越海上经济贸易的发展,发挥防城港东盟自由贸易区桥头堡的优势起到了积极的推进作用。同时当地海事机构与越南相邻海域地区的海上搜救机构也加强了联系与合作,从而有力地推动了合作协议的成功运转。如 2006 年 12 月广西海上搜救中心组织代表团赴越南,与越南海防、广宁省等海上搜救机构就中越北部湾海上搜救区域性协作问题广泛交换了意见,形成了会议纪要,建立了海上搜救通信联系和行动协作渠道。在实践中，中越海上搜救合作机制发挥了积极作用，一次次有效化解了海上险情，为北部湾的海上运输、作业船舶提供了重要的安全保障。①

第二，中国与沿线国家开展海上搜救人员及船舶交流与互访活动。如2005年7月7日东盟秘书处和东盟各国代表应邀出席了中国海事局在上海举办的国际海事论坛"油污赔偿研讨会"，并观摩了"2005年东海联合搜救演习"。2008年5月中国最大的专业救助船"南海救101"出访新加坡，这是中国救助船首次出境访问，他向世界显示着中国政府关爱生命、关注民生的执政理念；向国际同行展示着中国救捞装备的实力和中国救捞人的精神风貌。②

第三，中国与沿线各国举办海上搜救联合演习。近年来为提高21世纪海上丝绸之路沿线国家海上人命救助和船舶溢油应急反应的快速组织、协调、指挥能力，锻炼海上搜救队伍，中国经常与沿线国家的海上搜救力量在《1979年国际海上搜寻救助公约》的框架内举行形式多样的联合搜救演习。如2004年10月中国海事局与菲律宾海岸警备队分别在北京和马尼拉举行了代号为"中菲合作2004"的联合沙盘搜救演习。2012年8月中越两国成功举行了首次海上搜救应急通信联合演习，为今后探索中越海上搜救合作新形式、更好地服务东盟海上交通安全奠定了基础。总之，通过这些联合搜救演习，中国与沿线国家的搜救部门加强了交流与合作，海上搜救部门之间的沟通能力得到了加强，共同提高了应急处置的水平。

第四，中国与沿线国家联合搜救中外遇险船只和人员。近年来中国与21世纪海上丝绸之路沿线国家合作，多次成功完成了对海上遇险人员实施搜救和信息交换以及相互转发的任务，较好地履行了所担负的职责和应尽的国际义务。如2005年9月海南一艘渔船在海上遇险，渔船随风浪漂流到马来西亚附近。应中国搜救中心的请求，在马来西亚军方和海上搜救协调

---

① 江慧楷：《中越海域船舶安全的"保护神"——广西防城港市海上搜救中心抢险纪实》，《城市与减灾》2005年第2期。
② 交通运输部南海救助局：《海上雷霆救兵——南海救助局》，《珠江水运》2010年第3期。

中心的帮助下,遇险的渔民得到了及时和必要的帮助,安全返回国内。这次救助行动为中国搜救中心与马来西亚海上搜救中心的合作做了有意义的探索,也为以后的合作打下了良好的基础。①2006 年 5 月救助越南渔船和渔民的行动,产生了积极良好的国际影响。国际海事组织秘书长米乔普勒斯认为,中国交通部救助越南遇险渔民行动完全符合《1979 年国际海上搜寻救助公约》的主旨,充分体现了国际人道主义救援的精神内涵,是一次非常成功的海上船舶和人命救助行动。国际救生联盟秘书长格里·基林(Gerry Keeling)也赞扬说,此次行动展现了专业的救助能力,在我们寻求海上国际人道主义救援的共识下,此次海上国际救援行动可谓一次伟大的胜利,同时也有可能成为近代史上最重要的一次海上群体人命救助。②2008 年初受台风影响,中国海南和越南部分渔船在西沙海域遇险,海南当地政府、越南驻华使馆向南海救助局发来紧急救援请求,对此胡锦涛总书记批示:"要采取措施,全力搜救,并注意安全,如需部队援助,可迅即联系。"南海救助局迅速派出 3 艘救助船和救助直升机赶往西沙现场全力救援,成功救助遇险渔民26 名、渔船 7 艘(其中越南渔船 3 艘),并为 79 名缺水断粮的遇险渔民提供了淡水、食品和燃油等物资。③2010 年 12 月 3 日巴拿马籍"HONGWEI"货轮途经南海水域时沉没,24 人落水。事故发生后,交通运输部、中国海上搜救中心立即协调台湾、华南四省以及菲律宾海上搜救力量,并派遣"海巡31"轮前往现场搜救,福建省海上搜救中心也积极沟通协调过往船舶及时提供相关信息。在两岸搜救力量联手菲律宾以及过往船舶全力合作救助下,落水船员在第一时间全部获救。④

---

① 吴士存:《聚焦南海——地缘政治·资源·航道》,中国经济出版社 2009 年版,第 123 页。

② 浦士达:《狂风巨浪无所惧,国际救援情撼世——2006 年海上紧急救援越南遇险渔民追记》,《航海》2006 年第 9 期。

③ 《不辱使命抢险救灾服务社会——交通部南海救助局抢险救援纪实》,《珠江水运》2009 年第 7 期。

④ 岑晓莉:《巴拿马籍货轮翻沉,两岸、菲律宾联手搜救,14 名中国船员获救》,《中国海事》2011 年第 1 期。

总之,通过上述努力,中国与21世纪海上丝绸之路沿线各国已建立了良好的搜救合作关系,提高了沟通与协作的能力,不仅全方位提升了中国海上搜救的专业技能,而且奠定了沿线各国在非传统安全领域的合作基础,对沿线国家的海运安全保障起到了重要作用。对此,2008年3月国际海上人命救助联盟第三届董事会第三次会议高度肯定了中国海上搜救在亚太地区一系列筹资、会员招募、区域合作等方面所做的工作,赞扬中国救捞为联盟在亚太地区的发展做出了重大贡献,体现了中国政府对国际海上人命救助事业的重视与支持。[①]

三、中国与沿线国家搜救合作存在的问题

近年来中国与21世纪海上丝绸之路沿线国家搜救合作虽取得一定的成效,但由于受各种因素的影响也存在一定的问题,其中有的是中国自身的问题,有的是合作对象的问题,有的是沿线各国面临的共同问题。

第一,沿线各国海上搜救通信信息沟通还不顺畅,协调不够。海上搜救要求以最快捷的速度获取最准确的信息情报,这是指导后续搜救行动的关键。如果通信不畅阻碍了信息情报的获取或提供的信息不准确,会导致搜寻范围难以确定而无法合理分配搜救力量,错过最佳救助时机,影响搜救效果,造成搜救成本增加而救助成功率下降,而且还会留下严重的安全隐患,甚至会引发国际纠纷。

一是目前沿线各国海上搜救中心还没有建立共享信息平台,在大多数情况下仍是双边沟通,缺少多边协调。

二是按照相关国际惯例和目前英语的通用性,各国海上搜救中心合作时的工作语言为英语。而中国与沿线国家的母语并都不是英语,这些国家搜救中心之间的信息相互沟通及其准确性就显得尤为关键。

---

① 蔡立:《参与国际合作,尽显负责任政府部门形象》,《中国水运报》2008年6月25日。

三是目前中国与沿线各国海上专用报警电话号码各不相同,如中国海上搜救应急电话号码是"12395",但由于中国宣传不够,许多人并不知道这个专用电话。而沿线的大多数国家并没有专用的海上报警电话。实际上船舶在海上遇难时,特别是小型船舶有时很难确定自己遇难海域属于哪个国家管辖,海上报警面临向谁报警的困惑。

四是海上船舶有关公共信息受限影响到沿线国家的搜救合作。一方面,现行的全球海上遇险与安全通信系统(GMDSS)存在误报警的现象,而且遇险报警的后续通信不稳定,同时与公众通信网络不能兼容,从而影响后续搜救的行动。另一方面,目前在 21 世纪海上丝绸之路上航行的商船基本上都装备了船舶自动识别系统(AIS)和甚高频通信系统(VHF),海损事故发生后这两种系统在协调过往船舶参与搜救行动中发挥了很大的作用,但在协调过程中由于这两种系统内部设置的限制,会造成有关信息难以共享。如通过 AIS 发现的过往船舶通信资料获取困难,这会造成搜救机构在整个通信信息核查过程中花掉大量时间,而这些信息直接影响到海上搜救行动的及时开展。

五是信息沟通不及时会留下严重的安全隐患。如 2002 年在南海发生了两起新加坡籍拖带船舶由于大风浪使拖缆断裂,导致被拖带船舶漂失。拖带船舶发现被拖带的船舶失踪后,即向附近的菲律宾海岸警备队报警,当时菲方虽派出了飞机进行搜寻,但没有发现失踪的被拖带船。后来这两艘船在海上经过 1—3 个月的漂流,最后分别在西沙群岛附近的岛礁搁浅才停住。这两艘船在漂流的过程中没有任何标志和灯光,给在南海航行的其他船舶造成了很大的航行安全隐患,特别是对夜间航行的船舶潜在危害更大。这两艘船在漂流的过程中,由于信息传递和沟通上的原因,中国海上搜救中心没有得到任何有关信息,因此也就没有发布有关这两艘船的航行安全警告,致使这两个安全隐患在南海存在了长达几个月的时间,同时也给后来对船舶实施救助带来了很多困难。①

第二,《1979年国际海上搜寻救助公约》要求各缔约国采取措施,便利其他缔约国救助设备快速进入其领水。除有关国家之间另有协议外,当事国在其适用的本国法律、法规和规章的约束下,应当批准其他当事国的救助单位,仅为搜寻发生海难地点和救助该海难中遇险人员的目的,立即进入或越过其领海或领土。但实际上该公约为了海上遇险人员能够及时而有效救助所设立的这一条款,沿线国家由于种种原因并没有很好地贯彻执行。

一是中国与沿线各国到目前为止还没有建立起跨国协调机构来组织海上联合搜救行动,既缺少常态化的机制,更缺少机制的"关联性"。特别是南海周边国家和地区间的海上搜救协调中心之间尚没有建立良好和全面的沟通和协调机制,缺乏必要的理解信任和对话交流。在这种情况下,由于受地理、海况、气象等原因的影响,在中国海域失事的船舶有时会失控进入其他国家的管辖海域,同时其他国家海域失事的船舶有时也会漂流到中国管辖的海域,但目前由于缺乏相应的合作机制,双方均不能调动最便利的救助力量进入对方的海域进行搜救,这会给搜救工作造成很大的不便。即使能够开展海上联合搜救,也多少带有"临时抱佛脚"的色彩。

二是中国与沿线一些国家之间的政治互信不足。如南海岛屿主权归属和海域划界的争议严重影响着中国搜救力量在有争议的水域和水域划分还没有完全确定的敏感海域开展搜救的行动,发生险情界限不清的现象时有发生,处理起来难度较大也比较复杂。船舶一旦在边境海域结合部发生险情或事故,由于目前没有预定的直接联系渠道,双方信息沟通非常困难,往往需要经过很多部门及繁琐的中间渠道来进行联系,可能会因搜救链的脱节而延误救助时机,给海上搜救造成巨大的阻碍,这必然会给海上生命财产的安全带来严重威胁。如2002年10月6日国庆"黄金周"期间,一艘载有

① 吴士存:《聚焦南海——地缘政治·资源·航道》,中国经济出版社2009年版,第123页。

128名游客(其中127人为中国籍游客)越南籍高速客船在距海防市约30海里处搁浅,随时可能下沉。这时船上一名中国乘客通过移动电话向中国假日办公室报告了险情。假日办接报后立即将险情转达到广西假日旅游协调指挥中心,随后被迅速转达到防城港市政府和防城港市旅游局。防城港市政府办公室将险情通知防城港海事局,要求其立即采取措施,协助组织施救。但防城港海事局接到险情报告后,由于没有得到越南方面的许可,只能组织辖区内的有关船舶做好搜救待命工作,同时通过防城港市旅游局和外事办联系越南有关方面。经过一番努力,防城港市政府与中国驻越南大使馆取得了联系,将越籍旅游船遇险情况照会越南政府,越方派出两艘援救船到达出事海域将遇险游客从搁浅船转移到救助船上。虽然最后经过中越有关各方共同努力将所有船员及游客全部救出,但由此也充分暴露了在中间海域由于缺少搜救合作机制,中越之间海上搜寻和救助中存在着信息沟通不畅和无协调配合的问题,这会严重制约搜救行为的及时性。[1]

三是如果动用军舰参与海上联合搜救,会要求被搜救方提供水文资料以及军用雷达数据,那么海上搜救有可能上升为一个危及主权安全的问题。虽然目前海军力量在海上搜救中发挥着愈加明显的作用,但由于沿线的有些国家出于对主权、安全以及国民复杂情感等因素的考量,使得各国在动用海军力量参与彼此的海上搜救合作仍是短板。

第三,沿线国家的搜救机构和搜救力量等方面的差异,在一定程度上限制了中国与沿线各国开展海上搜救的国际合作及其效果。海上险情发生后需要其所在搜救区的责任国采取综合应对措施,这是对其危机管理水平的考验。但搜救区的责任国如果在应急能力建设方面不足不仅会导致其自身搜救行动无力,同时还会拖累国际救援行动的展开。

一是从海上搜救机构来看,中国海上搜救机构比较完善,搜救力量也比

---

① 江慧楷:《中越海域船舶安全的"保护神"——广西防城港市海上搜救中心抢险纪实》,《城市与减灾》2005年第2期。

较强。中国目前主要由设在交通运输部的中国海上搜救中心负责全国海上搜救工作的统一组织和协调,采用四级险情、三级响应的管理模式,制定有国家、省、市三级反应程序,但三个层面的反应程序之间衔接性不是很好,可操作性不强。特别是在涉外搜救国际合作方面目前还缺乏具体的、可操作性的规定。因此在实际操作中基本上是按规定逐级上报,很难做到快速决策和反应,存在低效率运作的现象。另外,中国的海上搜救专业飞机目前仍未纳入国家航空器的管理序列,在执行海上搜救或演练任务时审批手续比较繁琐,往往会延误搜救时机进而直接影响到海上救助效率和效果,这与"人命救助、快速高效"的目标距离较大。[1]而 21 世纪海上丝绸之路沿线的其他国家尽管有的搜救机构设置比较完整,如西欧发达国家海上搜救组织管理比较完善,搜救力量比较强大,但由于中国与其相距比较遥远,到目前中国与西欧开展有关搜救合作极其有限。而东南亚、西亚、南亚、北非一些国家的搜救机构相对简单,专业救助力量薄弱,这在一定程度上会影响搜救国际合作的开展以及搜救区域合作的效果。

二是从海上搜救资源来看,首先,由于中国与沿线各国海上搜救部门及其职责不同,其搜救成员单位的搜救船艇更新和部署地点会经常变化,这会给其他方制订相关应急合作预案带来一定困扰。其次,中国海上搜救船舶实行动态待命值班制度,而沿线其他国家的海上救助船艇一般是被动在港内码头值班待命,再加上海上救助基地分布不合理或不到位,中国与沿线各国搜救船之间有时难以做到功能和值守时间上的互补。如在南海救助船舶出动的时间长、航行的距离远,很容易导致出现错过救助的有效时间、丧失救助最佳机会的情况。最后,中国与沿线各国对对方在应急方面所能提供的搜救资源和技术标准目前掌握得还不甚全面,使海上搜救的组织协调能力受到一定的限制。

---

[1]　翟久刚:《沧海横流,力挽狂澜——我国海上搜救工作发展记略》,《现代职业安全》2009 年第 2 期。

三是从海上搜救技能和水平来看,中国与沿线各国对参与海上联合搜救人员的专业培训还有待进一步加强,部分搜救人员缺乏在复杂和危险的条件下有效执行人命救助的技能和胆魄以及良好的身体素质、心理素质和技术素质,以至在联合搜救中出现一些因训练不到位而造成的失误现象,导致对人和船的二次伤害,这也会或多或少影响彼此间的合作水平。

四是由于沿线各国经济发展水平、搜救技术水平不一,中国与沿线各国加入的有关搜救的国际公约不太一样,如《1974 年国际海上人命安全公约1978 年议定书》,菲律宾、泰国等国家没有参加。《1979 年国际海上搜寻救助公约》,文莱、柬埔寨、印尼、马来西亚、缅甸、菲律宾、泰国等国家都没有加入。在这种情况下,沿线各国在海上搜救方面所享受的权利和应尽的义务并不对等,这在一定程度上限制了公约作用的发挥,从而影响到海上搜救国际合作程度的加深。

第四,中国与沿线国家在渔船遇险,以及客船、大型油轮、化学危险品运输船和飞机失事坠海等重大事故进行联合应急搜救方面还有待进一步加强。

一方面从渔船方面来看,由于渔船船体小,作业面广,通信及安全装备落后,渔民的安全意识和技术水平不高,中国与沿线各国渔船众多而抵抗恶劣气象和海况的能力较差,造成海损事故频发。因此渔民在海上遇险的合作救助问题是沿线各国海上搜救协调中心的主要工作,但目前渔民海上遇险后进行搜救合作受到的限制却最多,很难得到快速救助。

一是在通信方面,一方面一些小型渔船通信设备缺乏,导致合作搜救过程中联系不畅,搜救机构难于确定其遇险时间和位置。通信设备是与渔船自身安全及海上搜救最密切的安全设施,直接关系到渔船自身的安危,但沿线一些国家仍有部分较小渔船的船主对此缺乏足够的认识,不重视安全投入,能省即省,得过且过,没有按照国际规范的有关要求配备相关的通信设备。如目前在南海近岸水域作业的渔船普遍使用移动电话作为通信设备,但其局限性比较大。由于移动电话的信号不能保证覆盖所有海域,而且移动电话不是专门的海上通信设备,不能确保有效通信联系,造成渔船遇险后不能及时报警。另一方面报警信息的发送和接收渠道的不统一。沿线各国一些较大的渔船目前虽然装备了高频通信设备,但其发射的功率较小,能够通信的范围有限,而且渔船的通信频率与沿线各国搜救协调机构和商船的通信频率不同。这些渔船不善于使用统一的国际遇险频率呼救,造成渔船发生险情后无法直接向搜救中心报警,使搜救力量无法了解遇险渔船和渔民的险情状况、具体位置等信息,从而影响搜救中心对险情的判断分析,增大了搜救难度,降低了搜救效果。同时海上搜救力量相互之间也不能及时联系,结果在搜救行动中各种搜救力量基本上是各自为政,增加了搜救指挥的复杂性和协调上的困难。如上述 2006 年 5 月中国救助船在营救越南渔民过程中,一开始所面临的最大困难是越南渔船通信方式的落后。中国"南海救 111"轮多次呼叫,但是因为不知道越南渔船的发射和接受频率,均没有发现越南渔船。后来不断地交换发射和接受频率,在救助船与受灾难船距离 30 海里的时候,双方才接上头。

二是渔民对作业区域的各国搜救系统缺乏了解,当渔民在海上遇险时特别是在远离陆地的海上作业遇险时,很难及时把遇险信息发送给就近国家的海上搜救协调中心。渔民往往通过生产用的通信频率将遇险信息发回到家乡,再通过当地的报警渠道,向海上搜救中心报警,从而耽误了搜救时间。

三是语言不通。由于渔民文化水平普遍较低,精通海上救助的国际通用语——英语的人很少,造成在海上联合搜救时出现沟通上的障碍。如上述 2006 年 5 月中国救助船在营救越南渔民过程中一开始所面临的最大困难是越南渔船通信方式落后、语言不通和方位不清。我方救助船员所预备的国际通用语是英语,但一点也没派上用场。越南渔民不懂英文,我们船员又不懂越南语,最后越南渔民终于找出一个稍懂粤语的越南船员,才帮上大忙。

四是一些渔民法律意识、风险意识、自我保护意识较差,违规越界作业。一旦发生险情,由于遇险渔船是在邻国管辖的范围内,不敢报警,从而延误海上搜救的时间。

五是受海上权益争端的影响,有关国家的军警经常抓扣所谓越界捕捞的渔民,致使遇险渔民难以对前来救助的其他国家的海上搜救力量有真正的信任感,对施救人员的救助意图不明白或不理解,容易产生误会,不愿积极主动配合救助。如 2005 年 9 月海南一艘渔船在海上遇险,渔船随风浪漂流到马来西亚附近,后在马来西亚军方和海上搜救协调中心救助下安全返回国内。但在救助实施的过程中,却因为遇险者对救助人员施救意图不明白和不理解,不愿配合,导致救助过程耽搁了许多时间。[1]

六是沿线各国在救助遇险渔船时有些遇险渔民不愿离开难船。由于渔船是渔民最重要的生产资源,价值较高,失去了渔船可能意味着渔民会倾家荡产,不到万不得已渔民一般不会离开难船。因此渔民经常要求前来救助的船舶将其渔船也要拖带回港,但有时受到海况和渔船本身条件的限制无法拖航。而海上救助的最佳时机稍纵即逝,错过了救助时机,不但保不住渔船,渔民也可能因此失去获救的希望。[2]

另一方面,从海上重大事故方面来看,像客船、大型油轮、化学危险品运输船发生重大海难以及航空器失事坠海等重大事故虽然发生概率较小,但一旦发生会造成群死群伤,有时还会污染环境。如 2014 年 12 月 28 日载有 162 人的印度尼西亚亚航 QZ8501 班机在印度尼西亚泗水起飞 40 分钟后失事坠海,最后仅寻获 53 具遗体。客机失事坠海后,飞机残骸、旅客物品、受伤和遇难人员等或散落在广大的海面上,或沉入万丈深渊。这类事故救援难度较大,更要加强联合搜救的力度。

---

① 吴士存:《聚焦南海——地缘政治·资源·航道》,第 123 页。
② 卓立:《渔业船舶海上搜救现状的分析与对策》,《中国海事》2006 年第 12 期。

四、中国与沿线国家全面加强搜救合作的对策

对于目前中国与21世纪海上丝绸之路沿线国家搜救合作方面遇到的问题,还需要中国与沿线各国共同努力来加以解决,尽快制订中国与沿线各国海上搜救国际合作的长远规划,在彼此尊重对方主权和遵守《1979年国际海上搜寻救助公约》等的前提下充分进行沟通,明确中国与沿线各国海上搜救国际合作的宗旨,以及各方应履行的职责和权力义务,真正做到彼此之间配合默契,信息交流通畅,协调行动高效,从而形成中国与沿线各国海上搜救国际合作常态化的长效机制,以提高海上搜救效率和成功率。

第一,协调中国与沿线各国开展海上搜救合作的组织领导。中国与21世纪海上丝绸之路沿线各国应通过友好磋商,共同构建沿线海上搜救协调的组织机制,为沿线搜救合作提供平台和为联合行动提供支撑,共同提高海上搜救协同的管理水平。

一是中国需要对涉外海上搜救应急管理程序进行适当调整,避免逐级上报造成的中间环节过多,造成信息交流不畅。另外,中国还要简化参与涉外海上搜救飞机的审批手续。同时沿线的其他国家针对自身搜救的一些问题,也需要对其海上搜救应急体制进行改革,以适应海上国际救援工作的展开。

二是应协商成立21世纪海上丝绸之路搜救合作管理委员会或采取搜救联席会议和工作例会的方式,为在沿线海域进行搜救合作的协调进行统一部署,就沿线海域内重大搜救规划,特别是对跨境搜救问题进行协商并提出解决方案,避免出现扯皮现象。

三是应协商设立21世纪海上丝绸之路搜救合作顾问专家组或技术咨询机构,由沿线各国的海事、航运、搜救、消防、防污染以及医疗保障等各方面的专家组成,充分利用现有的先进网络技术、信息处理技术等为沿线海域应急联合搜救的远程指挥和科学决策、行动效果评估等提供参考,支持沿线

各国的搜救协调工作。

四是沿线各国应各设立一个专门的海上搜救协作办公室,具体承办有关海上搜救合作的指令和日常管理工作,以避免中间环节过多造成的信息交流不畅。

五是沿线各国应协商设立一个 21 世纪海上丝绸之路应急搜救合作秘书处来具体负责重大海难的联合行动,减少一事一议的繁琐程序。这样在沿线发生海上险情时,不仅能够选择合适的搜救资源,而且能够确保组织做出快速反应,避免各自为政以及浪费资源和时间等问题,有效解决海上联合搜救行动的需求与沿线各国海上搜救机构相分割现实之间的矛盾。

第二,确定中国与沿线各国开展搜救合作的通信联络方式和信息交流内容。海上险情信息获取是成功组织、协调联合搜救行动的前提和基础。为此,中国与沿线各国应着手解决目前搜救系统的信息孤岛、流程断裂、无法闭环等问题,建立海上联合搜救信息的共享机制。

一方面从海上搜救通信联络方式来看,一是在沿线各国目前各自建立的海上搜救预警、预控、监管和应急反应信息体系的基础上,应利用现代化的高科技手段整合有关海上搜救信息的资源,共同建立海上搜救应急指挥信息枢纽,除敏感信息外,应促进有关海上搜救信息的衔接、闭合与共享,实现异构系统之间互联和信息交换。二是应以中国海上搜救中心值班室电话与沿线各国搜救中心值班电话进行通信联络为主,建立海上联合搜救热线,以统一渠道及时发布权威、具体信息,尽量减少中间环节,保证险情报告渠道的畅通。三是在此基础上,沿线各国应协商设定统一的海上紧急报警公共电话并能对遇险人员的手机进行定位,以快速确定遇险者位置。四是要建立 21 世纪海上丝绸之路搜救资源网并及时更新相关信息,以便参与搜救的各方能及时了解和掌握彼此的搜救资源。

另一方面从海上搜救信息交流的内容来看,中国与沿线各国彼此都应注重准确、客观、透明、公开的信息发布,包括海上搜救力量的分布状况、可提供的搜救支援、搜救培训和演习计划和内容、搜救技术以及人力物力的协作费用等,及时通报通信方式的变更,努力实现各国相互之间的信息对称,同时要建立海上遇险信息传递的标准格式或规范,尽力避免因消息滞后、模糊、不充分给沿线各国海上搜救物资和人员的安排以及给搜救力量紧急应对行动带来困扰,从而为海上搜救联合行动的展开提供助力。

第三,整合中国与沿线各国海上搜救资源以弥补相互补足。中国与沿线国家在搜救资源共享方面目前还有可探讨的空间,应在立足现有沿线各国海上搜救资源的基础上,彼此优化资源配置,特别是相关职能部门更应该找准自身工作职责和海上搜救义务之间的结合点,合理部署执行任务的人力、设备和资源。

一是中国应首先设立应对沿线重特大突发事件的海上搜救专项财政资金,在此基础上,中国应与沿线国家协商设立 21 世纪海上丝绸之路联合搜救国际基金以负担重大的海上联合搜救的任务。由于沿线各国经济发展水平的限制,并非每个国家都能承担得起大规模海上搜救的开支。如果一些国家政府海上搜救资金保障不到位,必然会削弱各国在海上搜救合作的效果。因此中国与沿线各国在首先保障自身海上搜救资金充裕的同时,应尽快设立一个海上联合搜救国际基金。该基金的来源可根据一国相关管辖海域的面积、经济发展的状况等因素作为参照,按照一定的比例出资,此外还可广泛吸收沿线各国的航运公司、保险公司等其他的社会捐助。

二是中国应专门建立参与沿线搜救的国家专业队并把其作为对沿线国家援助的重要形式。在此基础上,还要不断探索海上应急搜救合作的新途径和新方法,中国与沿线各国应协商合作建立一支专业的海上联合搜救队,整合区域内最先进的技术和设备,当沿线的某国某海域发生重大险情时,能够在第一时间对遇险人员实施救助,最大限度地减少伤亡。

三是中国应加强海上搜救装备的建设,特别是要充实远洋大功率拖船和搜救飞机的数量,并提高其性能以保证全天候运行和快速反应。同时中国与沿线各国还应通过协商来优化彼此海上搜救资源的配置,在沿线各国的海上搜救责任区合理部署搜救船舶和飞机。

四是确定中国与沿线各国参与海上搜救合作的基地。海上搜救具有时间上的紧迫性,如果海上搜救基地距离出事地点太远,往往会贻误时机,因此需要在21世纪海上丝绸之路沿岸或海岛上建立搜救合作站点或资源库,使海上搜救力量能尽量部署在救助的最前沿。另外,中国还可与沿线有关国家搁置争议,共同开发,协商在有争议岛屿合作建立救助站点,设置必要的救助设施,以便为沿线各国遇险船只和人员提供就近避难的场所。如南沙海域远离大陆,当出现海损事故呼救时,从大陆出发的专业救助人员可能会因路途遥远而错过最佳的救助时机。如果能在南沙海域设置必要的救助设施,不仅可为遇险船只和人员就近提供避难场所,大大有利于及时救助,而且有助于有关争议的解决。

第四,丰富中国与沿线各国海上搜救国际合作的内容与形式。目前世界上海上搜救国际合作模式已由早先较为单一的人命财产救助模式,逐步拓展为集人命和财产救助、环境保护、清障打捞、海上保安等方面的海上综合覆盖型合作模式。目前中国与21世纪海上丝绸之路沿线国家搜救合作缺乏拓展性和延伸性的救援,因此中国与沿线各国除继续加强海上搜救情报交流和及时的应急搜救外,还应不断创新海上搜救手段,开展多元化海上搜救国际合作。

一方面从丰富海上搜救合作的内容来看,一是中国与沿线各国要重点加强在海上巨灾方面的搜救合作。首先要加强应对台风、季风、海啸的等海洋灾害方面的搜救合作。其次要加强应对客船海难、飞机失事坠海事故等方面的搜救合作。最后要加强应对溢油、危化品等事故方面的搜救合作。

二是要加强在反海盗和海上恐怖主义方面的搜救合作。近年来如何防治海盗和海上恐怖组织利用船舶施暴、确保海运安全畅通是世界各国海事界亟待解决的重大课题。在新形势下反海盗和海上恐怖主义需要国际社会共同做出集体努力,①而且这种国际合作已从传统的区域化、分散化和单一化向全球化、组织化和多元化方向发展。②一方面,21世纪海上丝绸之路所经过的海域,包括南海、马六甲海峡、亚丁湾等海域是海盗和海上恐怖主义泛滥区,过往的商船和渔船等经常会遭到海盗和海上恐怖主义的袭击,造成人员伤害和财产损失,因此沿线各国应大力加强在这方面的搜救合作。

另一方面从丰富海上搜救合作的形式来看,中国与沿线各国应协商设立海上搜救合作论坛,就海上搜救管理体系和法制的相互借鉴、海上搜救经验的相互学习、海上搜救技术的相互交流、海上搜救人员的相互培训、海上搜救专业设备的共同开发与运用等问题进行充分讨论,以求达成共识。因为这些合作既能熟悉彼此搜救的情况,又能提高海上搜救能力,从而有助于在海上搜救行动中的协调配合。如在海上遇险目标快速搜寻定位及深水打捞装备及技术方面合作研发和共享有助于增强双方的搜救能力,改进搜救服务并减少重复工作,可用最少的投入达到最好的效果。③

第五,拓宽中国与沿线各国开展海上搜救国际合作的渠道。中国一是要充分利用世界上有关海上搜救国际合作的机制,如国际海事组织、国际搜救卫星组织、国际海上人命救助联盟、国际救生艇联盟等。二是要充分利用沿线的有关海上搜救的国际合作机制,如东盟地区论坛海上搜救会间会、西太平洋海军论坛、亚太地区海事机关首脑论坛、亚太经合组织运输工作组、亚洲海岸警备机构首脑会议、亚洲地区海事调查官会议等。三是要充分利用中国与沿线各国已建立的有关海上搜救的合作机制,如中国—东盟海事磋商机制、中国和东盟"10+1"交通部长会议等。四是要充分利用在中国设

① Eric Rosand, "The UN-Led Multilateral Institutional Response to Jihadist Terrorism: Is a Global Counter Terrorism Body Needed?" *Journal of Conflict & Security Law*, Vol.11, 2006, pp.399—406.

② M. Cherif Bassiouni, "Legal Control of International Terrorism: A Policy-oriented Assessment", *Harvard International Law Journal*, Vol.43, 2002, pp.89—93.

③ 国际海事组织编:《国际航空和海上搜寻救助手册》(组织管理),中华人民共和国海事局译,人民交通出版社2003年版,第77页。

立的有关海上搜救国际合作机制,如在上海设立的国际海上人命救助联盟亚太中心、中国国际救捞论坛等。

第三节 物流业在"一带一路"倡议中的作用和地位

物流业是支撑国民经济发展的基础性、战略性、先导性产业,进一步提高物流发展质量效率,深入推动物流降本增效的必然选择,适应制造业数字化、智能化、绿色化发展趋势,加快物流业态模式创新,保持产业链供应链稳定,推动形成以国内大循环为主体、国内国际双循环相互促进的新发展格局。

2015年3月经国务院授权,国家发展改革委、外交部、商务部联合发布了《推动共建丝绸之路经济带和21世纪海上丝绸之路的愿景与行动》,指出21世纪海上丝绸之路的重点方向是从中国沿海港口过南海到印度洋,延伸至欧洲;从中国沿海港口过南海到南太平洋。由于21世纪海上丝绸之路所经海域的复杂性和海上搜救的国际性,为了全面提高21世纪海上丝绸之路所经海域搜救的效率和成功率,近年来中国与沿线国家开展了有关海上搜救的合作并取得了一定成效,但同时也面临一些问题,需要进一步采取切实有效的措施来加以解决。

在"一带一路"倡议架构下,国际间区域协作、信息交流、投资贸易等活动愈加频繁,区域间剧增的物质交流为中国物流业的迅速发展提供了重要的战略机遇期,而"一带一路"倡议推进的关键是通过物流和信息的互联互通来带动国际贸易的便利化,使得国家经济系统高效运行。因此,清楚认知和定位物流在中国"一带一路"倡议中的作用及地位,有利于"一带一路"倡议的推进和中国物流产业的发展。历史证明,物流(交通)业的发展已成为中世纪以后各个强国崛起的先决条件,是推动文明创新的原始驱动。良好的物流系统,是国家安全最重要的战略保障。

在"一带一路"倡议架构下,国际间区域协作、信息交流、投资贸易等活动愈加频繁,为中国物流业的迅速发展提供了重要的战略机遇。

一、物流业在"一带一路"中的作用

物流枢纽是集中实现货物集散、存储、分拨、转运等多种功能的物流设施群和物流活动组织中心,而国家物流枢纽则是物流体系的核心基础设施,是辐射区域更广、集聚效应更强、服务功能更优、运行效率更高的综合性物流枢纽,在全国物流网络中发挥关键节点、重要平台和骨干枢纽的作用。

2019 年,中国社会物流总额达到 298.0 万亿元,从增速看,全年社会物流总额可比增长 5.9%。2020 年 1—9 月,社会物流总额 202.5 万亿元,按可比口径计算,下降增长 2.0%。在新冠肺炎疫情对国内经济造成严重影响背景下,社会物流总额增长率高于同期国内生产总值 1.7 个增长百分点,显示出国内物流行业发展强劲。

推进"一带一路"建设,加强政策沟通、设施联通、贸易畅通、资金融通、民心相通,积极与沿线有关国家和地区发展新的经贸关系,将有助于形成稳定的贸易、投资预期,进一步深化沿线国家的经贸合作。中国应推进国际骨干通道建设,优先打通缺失路段,畅通瓶颈路段,加快互联互通、大通关和国际物流大通道建设,加强新亚欧大陆桥、陆海口岸支点建设,提升道路通达水平和贸易便利化水平,进一步降低物流成本,深化与周边国家经贸合作。

中国应推进"一带一路"建设实施陆海统筹,构筑东中西部联动发展新模式,建设连接南北东西国际大通道,同时应建立中欧通道铁路运输、口岸通关协调机制,打造"中欧班列"品牌,加强内陆口岸与沿海、沿边口岸通关合作。

第一,物流业是推进"一带一路"倡议的有力保障。

"建设海洋强国"是党中央做出的重大决策和战略部署,涉及和平走向海洋、全面经略海洋的各方面,具有丰富的科学内涵和鲜明的时代特征。加快建设海洋强国,应从推进海洋资源开发、发展海洋经济、保护海洋生态环境、发展海洋科学技术和维护国家海洋权益等方面部署任务。党的十九大提出"坚持陆海统筹,加快建设海洋强国"的战略部署,全面经略海洋,加快建设海洋强国。

2019 年 9 月,中国发布《交通强国建设纲要》,提出"提高海运、民航的全球连接度,建设世界一流的国际航运中心,推进 21 世纪海上丝绸之路建设。拓展国际航运物流,发展铁路国际班列,推进跨境道路运输便利化,大力发展航空物流枢纽,构建国际寄递物流供应链体系,打造陆海新通道。维护国际海运重要通道安全与畅通"的目标,①加快建设交通强国。

加快发展海洋交通运输业。积极实施海运扶持政策,加快港口转型升级,提升港口综合服务能力。促进海上互联互通,抓住关键通道、节点和重点工程,与周边国家共建海上公共服务设施及加强执法能力建设,促进海上交通互联互通,保障海上通道安全。积极支持沿线国家港口和码头建设,推动信息网络骨干通道建设,促进海上物流和信息流的有效衔接。②积极推动海上贸易投资便利化。

中国提出的"一带一路"倡议,积极推进互连互通,将世界连通在一起,形成了一个大家庭。其中物流业功不可没,物流畅通有力地保障了中国"一带一路"倡议的顺利推进。

2016 年,国家发展和改革委员会发布《"一带一路"建设海上合作设想》,提出加强国际海运合作、提升海运便利化水平以及信息基础设施联通建设;中国与"一带一路"沿线国家要建立协作关系和合作工作机制,打通国

---

① 王紫:《中国航海日:维护国际物流畅通践行海洋命运共同体理念》,《人民日报》2020 年 7 月 11 日。

② 王芳:《新时期海洋强国建设形势与任务研究》,《中国海洋大学学报(社会科学版)》2020 年第 5 期。

际运输通道,到 2020 年逐步建成现代高效的国际道路运输体系;建设海上物流通道,对接中国东部沿海五大港口群,通过航运连接东南亚、南亚、中东和欧洲地区。

"一带一路"倡议推动了经济带物流的发展,完善国际物流通道体系、加强国际物流信息化建设、整合中国物流基础设施资源等建议,提高跨境物流协作水平。在"一带一路"建设中,除了推动贸易畅通、自贸区建设、贸易平衡的相关措施之外,中国还出台了一系列配套政策措施,包括人民币跨境支付政策、外汇管理政策、出口信用保险政策以及加强标准合作等。这些政策共同构成"一带一路"贸易政策保障体系,促进"一带一路"贸易健康、协调、平衡发展。

第二,"一带一路"助推全球物流业发展。①共建"一带一路"给欧洲和中国企业创造了双赢机会,中国外运致力于打造以中欧班列为核心的国际多式联运体系,为"一带一路"沿线国家提供国际物流创新模式及专业服务。目前已开通俄罗斯、德国、波兰、白俄罗斯、捷克、越南以及中亚五国的国际班列线路。

在"一带一路"倡议下,中国积极推动陆上、海上、天上、网上四位一体的联通,促进政策、规则、标准三位一体的联通,努力构建开放型综合交通运输体系,②聚焦关键通道、关键城市、关键项目,联结陆上公路、铁路道路网络和海上港口网络,推动设施互联互通,为"一带一路"建设发挥先行引领作用。

2020 年 3 月,广东相关机构积极构建粤港澳大湾区港口物流新平台,促进贸易便利化,打造中国首个贯通港口、监管单位、物流商、贸易企业的贸易全流程区块链平台,并以此为切入点,建设粤港澳大湾区港口物流区块链联盟,形成港口区块链技术标准,打造可信的数字化港口生态圈,推动粤港

---

① 冯雪珺、李强:《一带一路助推全球物流业发展》,《人民日报》2019 年 6 月 10 日。
② 杨传堂、李小鹏:《"一带一路"建设　交通运输要先行》,中国交通新闻网,2017 年 7 月 5 日。

澳大湾区成为世界级的贸易和科技创新中心。

国际海运等国际运输服务网络逐步完善,不仅促进了设施联通,而且对加强与沿线国家经贸合作、便利人员往来、推动"一带一路"全面建设发挥了先行与基础作用。

2020年7月,国家发改委与国家交通运输部就加快天津北方国际航运枢纽建设提出:以天津港为中心,以区域港口协同增强发展动力,以智慧化、绿色化引领发展方向,创新多式联运体系,改善营商服务环境,努力打造布局合理、系统完善、服务高效、港城融合发展的世界一流的智慧港口、绿色港口,加快建设国际性综合交通枢纽;积极发展以海铁联运为核心的多式联运,汇聚物流、商流、信息流和资金流,拓展临港产业、现代物流等功能,以资本为纽带加快整合,实现集约化运营;提升参与区域经济一体化的广度和深度,加强海上通道与中蒙俄、新亚欧大陆桥走廊的互动联系,深化与沿线国家的务实合作,服务"一带一路"建设和陆海双向开放,推动京津冀协同发展和河北雄安新区建设,促进华北西北地区高质量发展,推动高质量发展。

应不断提升港口信息化水平,实施集装箱码头一体化操作系统升级改造,实现对全部集装箱码头生产要素的集约化管理和全程"一站式"服务。到2035年,全面建成智慧绿色、安全高效、繁荣创新、港城融合的天津北方国际航运枢纽,使天津港成为世界一流港口,国际航运中心排名进一步提升,集装箱吞吐量力争达到3 000万标箱。

围绕提高"一带一路"互联互通水平,推动"六廊一路"基础设施建设和海上合作项目等取得积极进展,海上港口建设运营成效显著,促进了国际运输便利化。中国已与"一带一路"沿线47个国家签署了38个双边和区域海运协定,海上运输服务覆盖"一带一路"沿线所有国家。中国积极推进海上互联互通,逐步构建海上运输通道,以双边、多边海运会谈为平台,加强与"一带一路"沿线国家和地区的交流,推动在海运领域的战略合作。利用沿海地区开放程度高、经济实力强、辐射带动作用大的优势,中国不断提升国内沿海港口的对外门户功能,畅通国际陆水联运通道,加强港口与综合运输大通道衔接,鼓励企业开辟新的海上航线,加密航线班次,不断拓展国际海运服务网络,在海上运输、港口物流等方面与沿线国家开展全面合作,逐步构建连通内陆、辐射全球的 21 世纪海上丝绸之路国际运输通道。

据统计,通过 73 个公路和水路口岸,中国与相关国家开通了 356 条国际道路客货运输线路;海上运输服务已覆盖"一带一路"沿线所有国家;简化了国际铁路联运办理手续,促进了中欧间国际铁路货物联运。

国际产能合作规模的扩大,推动了中国与相关国家物流系统建设、运营及依托物流企业的物流服务的发展,为物流产业的扩张发展提供了契机。中国的物流企业参与"一带一路"建设,必须要增强竞争意识,实现服务能力、服务效率、服务质量整体提升,才能有效降低物流成本和供应链成本,提高企业在国际平台的竞争力。

第三,"一体两翼"物流体系可优化国家供应链。

建设"一带一路"的目的在于优化国家供应链,打造陆地与海上物流体系。从而实现中国国际贸易的"一体两翼"发展,一体是以中国的国际贸易为主体,两翼是"丝绸之路经济带"和"21 世纪海上丝绸之路"。"一体两翼"能够促进中国多种物流体系的形成与发展。

第四,在"一带一路"倡议中发展物流系统将促进全民的创新思维。而物流业的发展又全面提高了中华民族的海权意识。发挥海上运输的作用,通过共同合作享受更多的成果,中国在区域服务贸易中发挥更好的向心力作用。中国还应加快物流信息化建设,进一步推进与"一带一路"沿线国家物流协作进程,通关信息共享,深化数字经济领域的合作,实现互联互通的"数字丝绸之路"。

"一带一路"倡议是在中国的倡导下,全世界各国各地区共同参与、共同分享的全球化。而当一个国家强大到要走向全球化时,国家供应链就会上升为国家战略。

中国政府积极鼓励中国企业建设海外物流中心,推进国际陆海联运、国际甩挂运输等发展,开拓港口机械、液化天然气船等船舶和海洋工程装备国际市场。

二、中国物流业面临诸多挑战

首先,中国物流业面临以下诸多挑战:

第一,沿线国家和地区对"一带一路"倡议的认识尚不统一,存在观望态度。历史上由于大国崛起必然会带来经济政治上对其他国家的侵蚀和压榨,因此部分周边国家始终对中国的"一带一路"倡议保持戒备态度。特别是前期中国外交政策的倾斜,与周边新兴市场国家在重要战略资源上的合作并不深入,加之"一带一路"沿线国家在经济政策、社会文化环境、意识形态等方面存在巨大差异,无疑使中国物流业发展面临重大挑战。

第二,周边国家和地区局势不稳定,风险与压力并存。一方面,由于历史原因,"一带一路"沿线国家存在诸多领土和主权问题,如印巴争端、中印边界争端、南海争端等;另一方面,丝绸之路经济带沿线国家和地区面临恐怖主义、毒品走私等犯罪活动的威胁,不仅对物流安全造成了较大冲击,也影响了沿线国家和地区之间投资贸易的顺利进行。

第三,"一带一路"倡议易引发国内相关省市区之间的恶性竞争,资源浪费严重。自"一带一路"倡议实施以来,中国国内各相关省市区,如新疆、陕西、福建、重庆乃至中部地区的河南等,积极争取成为丝绸之路经济带以及21世纪海上丝绸之路的起点,以抢占发展先机。但是,这种无序竞争容易造成区域功能重叠、资源浪费、产品同质化等一系列问题,如各省市区相继开通的中欧国际铁路货运专列就存在货源地重叠问题,会在货源上引发恶性竞争。此外,这些货运专线多数面临始发地货源充足而返程无货可运的困境,会导致物流成本的大幅提升。

第四,中国与"一带一路"沿线国家跨境物流协作存在诸多挑战。

中国与沿线国家海关国际合作程度低导致通关时间周期长、国际物流通道衔接性差且设施落后、物流信息化水平低下、中国物流基础设施建设不均衡难以保证物流协作战略的顺利推进。具体表现有以下几个方面：

（1）通关时间周期长。通关手续重复冗余，增加了货物通关的时间周期，严重影响海关通关效率。

（2）国际物流通道衔接性差且设施落后，导致国际运输效率低。

（3）物流信息化水平低下。由于世界各国物流基础设施不一，信息获取滞后，降低了在途货物监控信息的时效性。

三、物流业发展未来趋势

通过"丝绸之路经济带"和"21世纪海上丝绸之路"的建设，实现全球贸易的高效有序和便利化，保障国家能源通道安全，推动国家货币全球化，控制物流资源。完善的物流供应链系统势在必行，物流体系的安全又将促进"一带一路"倡议的顺利推进。

因此，未来物流发展将聚焦以下几个方面：

第一，促进海关国际合作和海关信息化建设，简化手续以及通关的便利性。早日实现海关信息共享，实行电子化管理、服务和监督，提高通关效率。

第二，完善国际物流通道体系。整合国际物流通道资源，提高资源利用率；促进铁路、公路、海运和航空的相互连通，构建畅通、便捷和标准化的国际综合交通运输网络，提高国际运输效率。

第三，加强国际物流信息化建设。共建统一的货物监控信息平台，提高国际货运价格竞争力；利用互联网、物联网、大数据、云计算、远程控制以及人工智能等信息技术，建设专业化的全国性物流信息网络，提升物流综合服务质量，提高物流运作效率和经济效益。

第四，数字化是未来物流业发展的关键。海运集装箱在装载和卸载期间，会从雷达中消失，最长"消失"时间可达数周。而智能集装箱装有各类传感器、测量设备和太阳能电池板,可以测量空气质量、集装箱内外气候情况、集装箱内物体的运动、噪音、气味等几乎所有环境变量,运用智能集装箱技术既可以打击走私犯罪,尤其是毒品走私,又可以准确定位,从而提高集装箱物流的安全性、减少物流成本。

物流行业数字化发展将成为今后物流业发展的趋势。人工智能、5G 移动通信标准将是未来物流业的关键技术。高质量实施物流服务,不断完善物流信息化,加快形成物流供应链一体化等,积极推动物流业服务海洋经济,提高海上运输质量与规模。

提高中国物流业的质量和规模,必须站在国家经济体的综合生态上思考。加快国家物流枢纽网络布局和建设,将有利于整合存量物流基础设施资源,更好地发挥物流枢纽的规模经济效应,推动物流组织方式变革,提高物流整体运行效率和现代化水平,为国家经济新常态时期的健康稳定发展提供基础支撑。国家物流枢纽的建设将以物流为核心,以云计算、大数据等智慧科技的发展推动物流创新,推动物流资源要素高效协同,成为支撑新时代经济社会变革的基础设施。

第四节　余　论

全球气候变暖通过改变洋流的温度与含盐量,增加了洋流的不稳定性。大西洋经向翻转环流的复杂性与全球气候变暖的不确定性,增加了人类利用海洋资源的难度与复杂性。人类活动对全球气温上升负全部责任,而且人类活动已经影响到了地球陆地、空中和海洋的每一个角落。自 19 世纪以来,人类通过燃烧化石燃料获取能源,化石燃料燃烧和森林砍伐造成的温室气体排放正在推高全球变暖,影响人类生存,全球气候危机正在进一步恶化,全世界各地极端天气的出现将变得更加频繁与明显。人为全球暖化增加了全球特定极端天气事件强度和可能性的程度。热浪、飓风、暴雨等频率增高,全球各地海平面都将上升,将导致许多主要沿海城市淹没。海平面的变化将严峻考验着全球各个国家的危机防范能力。

2015年,作为全球努力的结果,各国领导人承诺到21世纪末,将全球变暖控制在2摄氏度以内,最好是控制在1.5度以下,以阻止极端气候恶化。

2016年,联合国教科文组织、联合国环境规划署以及忧思科学家联盟共同发布报告,指出气候变化已经成为威胁世界遗产最重要的因素之一。2021年召开的第四十四届世界遗产大会通过了《福州宣言》,指出全球气候变化导致的极端天气、自然灾害和其他负面影响日益频繁,进一步加剧了人口增长、快速城市化和城市发展规划不足等文化和自然遗产保护面临的其他长期挑战,并强调生物多样性的丧失和生态系统的退化对人类生存和发展以及世界遗产保护构成重大威胁。

因此,实现气候目标,需要国际社会共同行动、协力合作,更需要世界所有国家和地区制定长期性、一致性与稳定性的应对全球气候变化政策。世界各国应共同采取应对气候变化行动,极力改善人类社会与自然系统对气候变化的适应力,并增强气候减缓的雄心与力度。同时还需要各国、各级政府、商界、金融机构、社区与个人的共同行动,在此过程中决策者的领导力至关重要。

世界各国必须实施零碳排放政策,以降低极端事件频发的风险。实现碳达峰、碳中和是一场广泛而深刻的系统性变革,需要经济社会各个领域积极行动,处理好发展与减排的关系,坚定不移走生态优先、绿色低碳的高质量发展道路。

中国是应对全球气候变化的重要贡献者和积极践行者,中国政府承诺在2030年前开始减少温室气体排放,中国将严格控制其燃煤电厂项目,并逐步减少煤炭消费。实现碳达峰碳中和的气候治理目标已经被纳入生态文明建设整体布局。

海洋是减缓和适应气候变化的重要领域,在应对全球气候变化进程中作用巨大。作为重要的气候调节器,海洋可以吸收并存储大量二氧化碳和热量。同时,海洋深受全球气候变化带来的影响。随着不断增加的温室气体和热量造成全球海洋酸化与暖化、海平面上升和海洋极端天气增多,海洋生态系统退化和生物多样性丧失等后果,严重影响到沿海城市安全,从而阻遏海洋经济发展。

"十四五"时期是中国实现碳达峰的关键期,海洋领域大有可为。中国政府应主动从以下几个方面抓好海洋治理工作:

第一,重点加强海洋可再生能源、海运业、海洋生物资源等领域的绿色低碳发展,加大海洋可再生能源开发利用力度,有序发展海上风电,推动潮汐能和波浪能等规模化利用。加强海洋生态环境保护修复。积极应对全球气候变化,力争在 2060 年前实现碳中和,优化国土空间开发保护格局。

第二,发展绿色低碳的海运业。优化船舶用能结构。建立健全船用低硫燃油、液化天然气供应体系,积极推进新能源、清洁能源动力船舶发展。积极推进船舶靠港使用岸电,提升岸电设施覆盖率和利用率。同时,加强船舶污染防治。加强船舶污染物排放监管,完善船舶压载水管理机制,强化对到港船舶污染监管力度,提升船舶排放控制水平。

第三,可持续开发利用海洋生物资源,减轻农业用地压力。

首先,加强海洋生态环境保护修复,严格围填海管控,加强海岸带综合管理与滨海湿地保护。建设连通性强的海洋保护区网络,加强海洋生物多样性养护。防治海洋环境污染,防控海洋塑料垃圾。推动建立海岸建筑退缩线制度和海洋生态环境损害赔偿制度。

其次,提升海洋应对气候变化能力。加强气候变化基础研究,加强海岸带和沿海地区适应气候变化的能力建设。加强海洋气象灾害监测预报能力建设,提高应对海洋极端气象灾害的综合监测预警能力、抵御能力和减灾能力。

第四，进一步推动"21世纪海上丝绸之路"建设。"海上丝绸之路"是中国古代东西方商业贸易和文化交流的重要海上通道，曾为中华文明走向世界作出了重要贡献。建设"21世纪海上丝绸之路"，将赋予"海上丝绸之路"在全球政治、贸易格局不断变化的时代内涵，是中国连接世界的新型贸易之路。构建"21世纪海上丝绸之路"涉及的内容众多，"五通"是"一路一带"战略首次提出时的核心内容，其中的道路连通、贸易畅通更是构建"21世纪海上丝绸之路"的重点和核心，主要包括海上港口互联互通，港口与腹地互联互通，陆上铁路、公路互联互通，空中航线互联互通，通信网络互联互通，能源管道互联互通。道路连通和贸易畅通的海上安全保障必然要求我们不断深入了解21世纪海上丝绸之路海区的海洋环境和海洋灾害风险，尤其是气候变化下，主要海洋环境变化以及带来的灾害风险变化，为实现21世纪海上丝绸之路的"五通"提供必要的海洋环境安全保障和科技支撑。

为顺利实施21世纪海上丝绸之路国家战略，保障其建设可持续发展，应在海洋领域应重点加强开展气候变化和海洋以及海洋环境灾害安全方面的基础应用研究，尤其是通过监测和系统的分析评估技术方法进行分析评估以及未来情景的预报和预估。同时，积极采取国际合作等方式，提高应对气候变化和灾害风险的科技能力和政府决策力，特别是在海洋领域的科技支撑和保障服务方面，为21世纪海上丝绸之路建设提供有利的海洋环境安全保障。

第五，积极开展海上搜救等领域的合作。通过相应平台，中国正在积极与沿线各国在海上搜救方面建立起全方位、多层次双边或多边联系，以促进沿线各国海上搜救合作一体化，切实提高事故的防范能力和提升区域内的整体海上救生能力，努力做到海上救助的及时性和有效性。

加强中国与沿线国家海上搜救的应急合作。一方面中国与沿线各国应共同研究制订《21世纪海上丝绸之路沿线国家搜救应急反应国际合作预案》。建构主义理论学者认为制度能够培养共同命运感,推动互信和集体认同的发展,从而达到增进彼此的互信和集体认同的形成,缓解各国的猜疑和恐惧。①国际合作预案体系建设是完善海上搜救合作快速反应机制的重要途径,因此沿线有关专家应加强磋商与对话,共同制定《21 世纪海上丝绸之路沿线国家搜救应急反应国际合作预案》,完善有关海上搜救应急合作的具体规则和操作程序,形成事先有准备、应急合作指挥有流程的规范化的海上搜救协调局面。

一是从预案重点内容来看,一方面要加强对渔船进行海上搜救联合行动。为此,中国与沿线各国的渔船也要像商船那样尽快完善船位通报制度,这样渔船遇险后有关国家的海上搜救力量就会很快确定遇险渔船位置并组织力量进行搜救,从而提高搜救成功率。另外,除了渔船带来的海上搜救压力外,也应该看到渔船不仅是海上搜救行动的被救助对象,而且也是参与海上联合搜救的重要辅助力量。由于渔船作业范围广、干舷低、机动性强,在一些重大海上联合搜救行动中发挥了重要作用。对此,预案应给予重视和鼓励。另一方面要加强对大规模海上险情进行联合搜救的行动,特别是应重点研究客船、大型油轮、化学危险品运输船以及航空器失事坠海等重大事故进行联合救援行动的组织、协调制度,应急反应程序以及救援方法。

二是从预案实施程序来看,根据《1979 年国际海上搜寻救助公约》的有关条款,该预案应明确在何种情况下搜救船舶(包括搜救指挥的公务船)可越过边境实施救援行动,并确定有关搜救行动的组织、协调具体步骤等。

三是从预案效果检验来看,一方面,中国与沿线各国应定期开展海上联合搜救工作交流并依据该预案开展海上搜救联合演习以检验合作机制的功能,发现问题并不断完善预案,使各方搜救力量能在联合演习中不断磨合提升,增进彼此了解,分享海上搜救经验,共同提高海上搜救水平和能力。特

① Emanuel Adler, *Security Communities*, Cambridge University Press, 1998, pp.42—43.

别是当险情发生在两国交界海域时,有关搜救机构能够密切合作。

另一方面,应提高中国与沿线各国海上联合搜救的应急行动能力。当沿线海域发生较大险情时,单靠任何一方自身力量无法完成而需要寻求其他国家援助力量的情况下,应在第一时间启动海上应急搜救合作程序。一是要及时进行海损事故的通报。当沿线海域发生严重的海损事故时,事故责任方应以最快的速度上报和下达有关方,让对方有充分的准备。同时在联合搜救行动中需要各方提供信息等方面的相互支援,如交流事故现场的气象、水文、监测等方面的信息,以及搜救人员和设备到达事故现场和入境的程序等信息。

二是要确定应急反应行动中各方所能提供的条件。为了便利搜救人员和设备等参与协作,各方应尽力在紧急情况下给予最大的方便,以最快捷的方式授权许可搜救人员和设备等进入被援救国水域。首先,援助方应向请求方提供必要的信息,以便捷搜救人员和设备的快速批准入境。其次,请求方应在搜救人员和设备等抵达前做好接待准备,并通报己方海关、军警等部门以避免误会。最后,在应急海上搜救行动中,有关人员和船舶、飞机等不得违反《1979 年国际海上搜寻救助公约》和对方的规定,并且仅能在得到明确请求和许可后才可在对方指定的行动区域内作业,以避免发生误会和纠纷。

三是要加强海上搜救应急协作现场的统一领导。海上联合搜救力量构成比较复杂,协同配合难度较大。在这种情况下,一方面为避免出现双重或多头指挥现象,缩短信息流程,加快指令传递的速度,应组成现场临时协调工作小组,具体负责策划、统筹和指挥联合搜救行动。因此参与海上搜救行动的各方应通过协商确定一方做统筹指挥,以避免现场混乱造成失误或各自为政情况的发生。指挥方可根据不同情况按照以下原则来确定:首先,以遇难船的船籍或以事故发生海域的属地来确定。其次,以第一艘到达事故现场的搜救船或以出动海上搜救力量最多方来确定。最后,在民用搜救船和专业搜救船同时在场的情况下,以专业搜救船为主。另一方面要给予现场指挥更多的自主权,使其能够做到灵活处置。海上应急搜救情况复杂多变,具有不稳定性和不可预测性,指挥时机稍纵即逝。因此必须根据搜救任务进程和现场最新动态进行协调部署,灵活变更相关力量间的指挥权限、内容、方法以及行动样式和步骤。在这种情况下,一线指挥员在不违反有关国际公约和相关国家有关规定的情况下,应根据海难现场情况及搜救态势大胆果断临机决断,把握指挥主动权。

总之,随着21世纪海上丝绸之路建设的深入发展,中国应高度重视并加强与沿线国家的海上搜救的国际合作,做到取长补短,优势互补,通过数据共享机制、通信沟通机制、组织协调机制、应急反应机制等不断提高海上搜救合作层次和促进合作方式多样化,不断提高海上搜救能力以及效率和成功率,为沿线的海运安全提供强有力的保障,筑牢海上人命安全的最后一道防线,共促21世纪海上丝绸之路的繁荣。

第六,积极发展海上交通运输业。以大型深水港为枢纽建成了四通八达的海陆运输网络是目前最重要的一种海上运输模式。如荷兰的鹿特丹港,其高速公路直接连接欧洲的公路网,覆盖了欧洲各国;铁路直达欧洲各主要城市;水上航运直通欧洲各主要水网。今天的鹿特丹港已成为储、运、销一体化的国际物流中心。除了四通八达的交通网络外,它还利用了保税仓库和货物分拨配送中心,对货物进行存储和再加工,然后再通过海陆物流体系将货物运出。

第三章
海洋经济发展研究

　　海洋是人类生存与发展的资源宝库和最后空间，也是全球经济发展新的增长点。海洋经济，包含渔业、油气业、盐业、化工业、生物医药、电力、海水利用、船舶工业、工程建筑、交通运输、滨海旅游等诸多子行业，已形成一个庞大的产业体系。1970 年海洋经济在世界经济中的比重仅占 2%，1990年占 5%，目前已达到 10% 左右，预计这一数值到 2050 年将上升到 20%。[①]

　　目前，中国海洋经济主要包括旅游业、渔业（捕捞渔业和海水养殖）、造船和航运、海上石油天然气，以及桥梁和隧道等基础设施建设。海洋可再生能源和海底采矿，以及海洋生物技术等产业正逐渐形成，有望发展成为未来的大型产业。

　　党的十八大提出"建设海洋强国"目标以来，海洋在中国地缘政治与经济建设中的地位得到了进一步提升，并成为中国未来发展和实现中华民族伟大复兴的重要依托。2013 年中国发布了《全国海洋经济发展"十二五"规划》，明确规划了未来中国海洋经济发展的总体目标，提出进一步提升海洋经济总体实力、进一步加强海洋科技创新能力、进一步增强海洋可持续发展能力、进一步优化海洋产业结构、进一步完善海洋经济调控体系等具体海洋经济发展路径。海洋经济正成为中国新一轮经济发展的"助推器"，并成为

---

① "中国海洋工程与科技发展战略研究"项目综合组撰写：《世界海洋工程与科技的发展趋势与启示》，《中国工程科学》2016 年第 2 期。

中国产业结构调整的重要着力点。

目前,中国海洋经济正处于发展的关键转型期,海洋渔业、盐业、船舶制造业等传统海洋产业得到快速发展,但日趋饱和;海洋生物医药业、海洋电力业、海水利用业等新兴产业的规模不断扩大,将成为中国海洋经济新的增长点。中国海洋经济增长方式开始从注重数量向注重质量转变,但在对海洋资源多年来的粗放型开发后,海洋生态环境问题日益突出。

滨海旅游业、海洋交通运输业和海洋渔业是中国海洋经济的三大支柱产业。但是,渔业作为海洋经济中为数不多的第一产业,当前面临附加值低、受限于环境约束的困境,发展潜力有限。

因此,确保可持续海洋经济发展、推动蓝色经济增长已成为中国各沿海省市政府日常工作的重点。打造蓝色经济需有明确的政策、健全的法律和体制框架、海上安全保障,以及充分的和可获取的海洋与海事数据。[1]进一步加强蓝色经济与旅游业等新兴海洋经济领域务实合作,并加大对非私营部门的投资[2],依靠创新技术,不断完善产业链条、提升海洋资源开发利用的附加值,是推动海洋经济持续发展的真正驱动力。提高海洋生态系统,尤其是珊瑚礁应对气候变化和海洋酸化的弹性[3],加强海洋环境治理,以"保护和可持续利用海洋、海洋和海洋资源促进可持续发展"[4]。

中国"一带一路"倡议进一步推动了海洋经济的有机发展,通过科技创新实现海洋经济升级换代。

截至 2020 年年底,中国沿海经济特区形成了以山东半岛蓝色经济区、

---

① http://shipsandports. com. ng/blue-economy-legal-and-institutional-frameworks-the-nigerian-challenge/.

② http://www.china.org.cn/world/Off_the_Wire/2017-11/09/content_41864926.htm.

③ Rio+20 Pacific Preparatory Meeting Apia, Samoa 21—22 July 2011 The "Blue Economy": A Pacific Small Island Developing States Perspective.

④ State of Sustainability Initiatives Review: Standards and the Blue Economy. Jason Potts Ann Wilkings Matthew Lynch Scott McFatridge. 2016 International Institute for Sustainable Development (IISD). ISBN: 978-1-894784-74-0.

浙江海洋经济发展示范区和广东海洋经济综合试验区为格局的国家三大海洋经济示范区,三大海洋经济示范区均制定了海洋经济产业发展的阶段性目标,并陆续出台了具体细化的政策扶持行业发展。

自然资源部发布《2020 年中国海洋经济统计公报》显示,2020 年全国海洋生产总值 80 010 亿元,比 2019 年下降 5.3%,占沿海地区生产总值的比重为 14.9%,比 2019 年下降 1.3 个百分点。海洋经济总量有所下降,但部分海洋产业快速恢复。其中,海洋第一产业增加值 3 896 亿元,第二产业增加值 26 741 亿元,第三产业增加值 49 373 亿元,分别占海洋生产总值的 4.9%、33.4%和 61.7%。[①]与 2019 年相比,第一产业、第二产业比重有所增加,第三产业比重有所下降。

从区域看,北部海洋经济圈海洋生产总值 23 386 亿元,比 2019 年名义下降 5.6%,占全国海洋生产总值的比重为 29.2%;东部海洋经济圈海洋生产总值 25 698 亿元,比 2019 年名义下降 2.4%,占全国海洋生产总值的比重为 32.1%;南部海洋经济圈海洋生产总值 30 925 亿元,比 2019 年名义下降 6.8%,占全国海洋生产总值的比重为 38.7%。

2020 年,海洋经济发展逐季恢复,结构持续优化,表现出较强的韧性,海洋经济高质量发展态势得到进一步巩固。

2020 年,受新冠肺炎疫情影响,中国海洋经济冲击很大,给国内消费市场和出口带来了不同程度的损害,海洋经济出现 2001 年有统计数据以来的首次负增长,尤其是作为中国海洋生产总值占比最大的滨海旅游业,受新冠肺炎疫情冲击最大,产业增加值与 2019 年相比下降了 24.5 个百分点,成为中国海洋经济整体下降的主要原因之一。

除滨海旅游业以外,海洋油气业、海洋渔业、海洋交通运输业、海洋工程建筑业、海洋船舶工业等海洋产业快速复苏,产业增加值实现正增长,增速

---

① 自然资源部发布《2020 年中国海洋经济统计公报》,自然资源部网站,2021 年 3 月 31 日,http://gi.mnr.gov.cn/202005/t20200509_2511614.html,上网时间:2021 年 8 月 9 日。

分别为 7.2％、3.1％、2.2％、1.5％和 0.9％。①

其中,2020 年广东省海洋生产总值超 1.7 万亿元,连续 26 年全国第一。2020 年广东省海洋生产总值占地区生产总值的 15.6％,占全国海洋生产总值 21.6％。广东海洋经济竞争力核心地位持续巩固。海洋生产总值一路领先,海洋产业结构也在持续优化。海洋三次产业结构调整为 2.8∶26.0∶71.2,基本形成了行业门类较为齐全、优势产业较为突出的现代海洋产业体系。

目前,广东省超 500 亿元的海洋产业集群数量超过 10 个,超百亿规模涉海企业数量超过 20 家,海洋战略性新兴产业增加值增速达 8.1％。全省涉海高新技术企业 406 家,同比增长 10％。

在海洋科技创新方面,截至 2020 年全省建有省级以上涉海平台超过 150 个,海洋领域专利授权超 1 700 项。广东省重点支持的海洋电子信息、海上风电等六大产业蓬勃发展,特别是海上风电发展迅猛。截至 2020 年,全省海上风电项目完成投资约 645 亿元,新增海上风电投资额 572.4 亿元,在建装机总容量达 808 万千瓦。

2020 年广东省海洋灾害直接经济损失较往年偏低,全年直接经济损失 0.49 亿元,居全国第四位,低于近 5 年广东省海洋灾害直接经济损失平均值。

"十三五"期间,广东省海洋经济不断提质增效,发展指数年均增速 1.3％。具体来看,综合质效指数、创新能力指数、经济协调指数、生态环境指数、对外开放指数、民生福祉指数年均增速分别为 1.6％、2.0％、−0.1％、0.2％、2.2％、0.9％。②

"十四五"期间,广东将继续增强海洋科技创新能力,着力提升海洋产业国际竞争力,实施海洋综合治理,推进海洋治理体系与治理能力现代化,进一步拓展蓝色发展空间,打造海洋高质量发展战略要地。

---

① 自然资源部发布《2020 年中国海洋经济统计公报》,自然资源部网站,2021 年 3 月 31 日,http://gi.mnr.gov.cn/202005/t20200509_2511614.html,上网时间:2021 年 8 月 9 日。
② 黄叙浩、冯建奎:《粤海洋生产总值 26 年全国第一》,《南方日报》2021 年 6 月 9 日。

2020 年江苏省海洋经济生产总值达 7 828 亿元,比 2019 年增长 1.4%(按现价计算),占地区生产总值的比重为 7.6%,海洋经济发展呈现恢复加快、稳定向好态势。

2020 年,江苏主要海洋产业平稳恢复。除滨海旅游业和海洋盐业外,其他主要海洋产业均实现正增长,展现出海洋经济发展的韧性和活力。海洋交通运输业、海洋船舶工业、滨海旅游业和海洋渔业作为江苏省海洋经济发展的支柱产业,其增加值占主要海洋产业增加值的比重分别为 38.1%、24.3%、14.3% 和 11.3%。海洋电力业、海洋生物医药业等新兴产业增速较快,分别增长 22%、10.9%。

从区域海洋经济发展来看,2020 年,江苏沿海地区(南通、连云港、盐城)海洋生产总值为 4 116.4 亿元,比 2019 年增长 0.9%,占全省海洋生产总值的比重为 52.6%;沿江地区(南京、无锡、常州、苏州、扬州、镇江、泰州)海洋生产总值为 3 640.9 亿元,比 2019 年增长 2.0%,占全省海洋生产总值的比重为 46.5%;非沿海沿江地区(徐州、淮安、宿迁)海洋生产总值为 70.7 亿元,比 2019 年增长 0.8%。①

2020 年,中国海洋渔业实现恢复性增长,海洋经济发展逐季恢复,结构持续优化,表现出较强韧性,海洋经济高质量发展态势得到进一步巩固。海洋捕捞得到有效控制,海水养殖实现较快发展;海洋油气业增加值取得较快增长,海洋油气产量继续保持双增长;海洋生物医药业研发力度不断加大,增加值稳步提高;海洋电力业快速发展,海上风电新增并网容量增幅较大;海水利用业保持良好发展,多个海水淡化工程建成投产;海洋船舶工业企稳态势明显,新承接订单量增加;海洋工程建筑业继续保持平稳增长,智慧港口、5G 海洋牧场平台等新型基础设施建设加快推进;海洋交通运输业总体呈现先降后升,逐步恢复的态势;滨海旅游业受到前所未有的冲击,滨海旅

① 沈佳暄:《江苏 2020 年海洋生产总值达 7 828 亿元》,《江苏经济报》2021 年 4 月 27 日。

游人数锐减,邮轮旅游全面停滞。

在中国政府积极应对下,有关部门和沿海地方政府纷纷出台了推迟缴纳海域使用金、提高供水补贴和用电优惠、加大财政奖励等一系列政策措施,助力海洋产业企稳回升,海洋经济活动单位经营效益逐步恢复,市场活力不断释放,保市场主体任务取得实效。76%的海洋经济活动单位就业人数比上年年底增长或持平。海洋能源供应逆势增长,全年海洋原油产量5 164万吨,比2019年增长5.1%;海洋天然气产量186亿立方米,比2019年增长14.5%。①截至2020年年底,在中国管辖海域11个油气开发新项目投产,为海上油气开发实现新增长奠定了基础。海洋清洁能源发展势头强劲,民生保障进一步改善。蓝色粮仓供应潜力进一步释放,全年新增国家级海洋牧场示范区26个,累计已达136个。海洋公共服务产品持续为社会公众提供便利,全年共发布海洋灾害预警230次,有效避免了人员和财产损失。

新冠肺炎疫情为海洋领域的数字经济发展带来新机遇,海洋信息在保障人民生活、对冲行业压力、带动海洋经济复苏等方面发挥了积极作用。数字渔业赋能产业振兴,国内领先运用"北斗+互联网+渔业"的一站式渔业综合服务平台"海上鲜"覆盖了41个渔港。海洋船舶实现在线交易常态化,利用"云洽谈""云签约""云交付"等模式,在保交船、争订单方面成效显著。5G、人工智能、大数据、无接触服务等技术逐步改变海洋领域传统的流通、消费和服务方式,为公众提供新体验。海上风电场向智能化方向发展,国内首个智慧化海上风力发电场在江苏实现了并网运行。

2020年海洋对外贸易在新冠肺炎疫情和逆全球化浪潮下逐季向好。中国与21世纪海上丝绸之路沿线国家货物进出口总额达到12 624亿美元,比上年增长1.2%,对稳定国家对外贸易起到重要支撑作用。海运贸易逆流而上,干散货、铁矿石、原油以及液化天然气进口量大幅增长;海运出口量逐

---

① 自然资源部发布《2020年中国海洋经济统计公报》,自然资源部网站,2021年3月31日,http://gi.mnr.gov.cn/202005/t20200509_2511614.html,上网时间:2021年8月9日。

季改善,四季度实现了正增长。①

2021 年中国海洋经济全面复苏。特别是海洋能源开发利用快速发展,成为实现"双碳"目标的"蓝色途径"。2021 年上半年全国海洋领域融资大幅跃升,上半年海洋领域首次公开募股融资企业有 24 家,比 2020 年同期增加了 19 家,比 2019 年同期增加了 18 家;融资规模是 2020 年同期的 12.6 倍,2019 年同期的 4.4 倍。②

20 年来,中国海洋经济保持了平稳发展态势,海洋生产总值由 2001 年的 9 301.79 亿元增至 2019 年的 89 415 亿元,2001—2019 年间平均增速为 13.53%。中国海洋生产总值占国家生产总值比重(GOP/GDP)在 2006 年达最高点 9.55%(区别于历史统计占比 10.01%)。2007 年后比重有所下降,2007—2009 年期间基本稳定在 9.3%。③2020 年受新冠肺炎疫情冲击和中美贸易摩擦等复杂国际环境影响,海洋经济总量收缩,海洋经济产值有所下滑。

在中国政府的积极努力下,主动寻求国际合作,加快实施科技兴海战略稳步推进"海洋强国"建设,中国海洋对外贸易发展总体向好,在新冠肺炎疫情和逆全球化浪潮下逐季向好。中国与 21 世纪海上丝绸之路沿线国家货物进出口总额达逐年增长;"边海经济"推动了海洋对外贸易恢复与发展,2021 年总产值预计将突破 9 万亿元。

第一节　"一带一路"倡议推动海洋经济发展

自 2013 年 9 月,习近平主席在哈萨克斯坦提出建设"21 世纪陆上丝绸

---

① 自然资源部发布《2020 年中国海洋经济统计公报》,自然资源部网站,2021 年 3 月 31 日,http://gi.mnr.gov.cn/202005/t20200509_2511614.html,上网时间:2021 年 8 月 9 日。
② 王立彬:《开发海洋能源助力"双碳"目标实现》,新华社,2021 年 8 月 17 日。
③ 《〈2020 中国海洋经济发展指数〉发布:海洋经济运行总体平稳　发展质量稳步提升》,《中国自然资源报》2020 年 10 月 19 日。

之路经济带"和李克强总理在印度尼西亚提出"构建 21 世纪海上丝绸之路"以来,中国的"一带一路"倡议正在沿线国家和地区如火如荼地推进。中国投入巨资积极打造这一全新的具有世界影响的工程。中国的"一带一路"倡议正在积极推动国际政治、经济新秩序的重构与发展。

"一带一路"主要是解决全球对基础设施建设的需求,其设定是为建立一个不同国际秩序奠定基础,从一开始就不附带任何政治条件,并受到沿线国家和地区的欢迎,极大地带动和推动了沿线国家社会、经济发展。

中国通过"一带一路"倡议,正在积极地以经济合作谋求与沿线国家建立友好合作的伙伴关系,通过构建人类利益共同体积极打造人类命运共同体,从而最终实现全球的发展与持续繁荣。中国通过"一带一路"倡议显著加深了与邻国之间相互依赖的关系,通过向"一带一路"支点国家政府提供基础设施建设资金,提高了中国在这些国家的影响力;并通过消弭与沿线国家的紧张关系,为中国新一轮发展创造良好的周边环境。

可以说,中国正凭借"一带一路"倡议,以地缘经济合作积极谋求地缘政治的转型,进一步巩固和提高了中国在国际和地区事务中的地位和影响力。中国正在走向世界大国。

随着中国"一带一路"倡议不断推进,全球供应链将向以中国为主的东方转移,在不断扩大中国竞争力的同时,也极大地提高了中国获取地缘政治利益的能力。在可预见的未来国际和地区事务中,中国将发挥更积极、更主要的作用。特别是在危机或冲突发生时,中国的角色将显得尤为重要和突出。中国凭借"一带一路"国家治理和发展在不断推进"一带一路"建设基础上,2018 年中国又提出了"数字丝绸之路"。这将使中国有可能成为信息科技方面的领先力量,并制定数字时代的标准。

因此,中国应积极实现"一带一路"的转型升级,更积极、开放地推进"一带一路"项目的透明度,积极发挥中资企业的综合优势,加快推进"一带一路"建设,积极与沿线国家的发展需求相结合,在全球分工体系中开拓最有潜力的市场,不断增强配置全球资源、经营全球商务的意识和能力,在国际化竞争中获得领先优势,不断扩大海外市场空间;特别注重履行企业的社会责任,积极开展海外公益事业,促进项目所在地经济社会发展;积极探索合理的商业和管理模式,促进国际产能合作,在合作共赢中与"一带一路"沿线国家实现共同发展,共同构建命运共同体。

2021 年 2 月,国家发改委提出稳步推进共建"一带一路"高质量发展,进一步提升互联互通水平。①深化基础设施互联互通,稳步推进铁路、公路、港口、能源等基础设施合作项目建设。加快丝绸之路建设。深化合作,继续有效发挥比雷埃夫斯港、瓜达尔港、汉班托塔港等合作港口建设运营作用。

2016 年,国家发改委公布了中国"一带一路"若干节点城市名单,在《中欧班列建设发展规划(2016—2020 年)》首个顶层设计中,国家发改委首次确定了 43 个铁路、港口、陆路口岸枢纽。部分城市具有双重职能。其中,包括大连、营口、天津、青岛、连云港、宁波、厦门、广州、深圳、钦州等 10 个沿海重要港口节点城市。该名单的确立,将极大地带动这些沿海重要港口的海洋经济发展。

根据 21 世纪海上丝绸之路的重点方向,国家出台了《"一带一路"建设海上合作设想》,明确提出"经南海向西进入印度洋,衔接中巴、孟中印缅经济走廊,共同建设中国—印度洋—非洲—地中海蓝色经济通道"、"经南海向南进入太平洋,共建中国—大洋洲—南太平洋蓝色经济通道"和"共建经北冰洋连接欧洲的蓝色经济通道"。从中国东南沿海出发,向南向西的地中海蓝色经济通道,是自东亚到印度洋往欧洲的海洋运输航道,也是目前世界上最重要、最繁忙的航道,涉及东亚、东南亚、南亚、西亚和非洲、欧洲。通过此条蓝色经济通道,大量中东、非洲的原油、天然气、新能源汽车所必需的钴、镍等矿产以及战略物资铀被运往国内。三条蓝色经济通道本质上是以中国

---

① 国家发展改革委开放司:《国家发展改革委稳步推进共建"一带一路"高质量发展》,国家发改委网站,https://www.sohu.com/a/448308934_731021,上网时间:2021 年 7 月 22 日。

沿海经济带为支撑,以与沿线国家共建畅通安全的海上大通道为基础,促进以海洋为纽带和载体的资源、技术、信息和商品的流通、集聚和扩散,加强产业合作,共同发展海洋经济为先导的区域一体化发展模式,积极推动经济全球化。

加强与沿线国家蓝色经济通道建设的合作,将合作的海洋经济产业和当地急需发展的陆域经济融合起来;与"一带一路"沿线国家进行产业对接合作。沿线国家有着共同的海洋经济和沿海经济带发展诉求,与中国的发展优势高度互补和契合。因此,在"一带一路"建设深入推进阶段,中国要重点推动与沿线各国战略规划中的蓝色经济发展需求的对接,从全球布局出发,同海陆连接通道上的关键缺失港口和有潜力成为区域航运中心的港口国家优先合作,①发展积极务实的蓝色伙伴关系。

加快推进 21 世纪海上丝绸之路建设,促进海上互联互通。加强重要节点建设。支持沿线国家港口和码头建设,推动信息网络骨干通道建设,促进海上物流和信息流的有效衔接。在海洋合作政策和机制方面加强交流沟通,推动海上贸易投资便利化。

加强海洋经济和产业合作。合作建立一批海洋经济示范区、海洋科技合作园等,辐射带动区域合作进一步深化。

同时,中国还应全面考虑"一带一路"项目的商业可行性和市场化运作。决策前,应对每一个"一带一路"项目进行深入的实地调研,从发展战略、当地经济发展水平、市场规模、营商环境、风险因素、投资回报等角度,研究项目的商业可行性。及时了解和掌握沿线国家的产业投资环境,以提高项目的效益与效率,树立强烈的风险意识,高度重视风险识别和评估,评估项目所在地国家政治、安全、法律、社会和经济等方面的风险;评估项目在市场、成本、原料、物流、员工、管理等方面的经营风险;积极实施有效的项目金融

---

① 张远鹏、张莉:《提升海洋经济,推进"一带一路"陆海统筹建设》,《陆海统筹推进"一带一路"建设探索》,《太平洋学报》2019 年第 2 期。

风险监管机制、项目政治风险和经济风险评估机制等管控措施,评估企业的承受与化解能力,做好风险防范预案,实现中资企业资产的保值增值;同时,及时提出各种应对预案,努力防范和化解风险,有效管控项目的风险,使"一带一路"建设健康、有序地推进下去。

同时,中国企业在推进"一带一路"建设进程中,必须严格遵循当地环保标准和规定,加大对"一带一路"项目的环境保护力度,使"一带一路"项目与生态环境保护同步推进。

在继续推动经济全球化进程中,中国可以发挥更突出的作用。中国发展的一些成功经验可以通过"一带一路"推广到世界其他地区,中国的发展模式可以值得世界其他发展中国家借鉴和学习。但在涉及根本利益的地方,中国必须牢牢站稳立场;采取更务实的方式,更积极、主动地推进"一带一路",使中国迅速成为更加强大、繁荣、民主的国家。

"一带一路"倡议极大地推动了中国海洋经济发展,在"陆海统筹"向"海洋经济"转型与发展的进程中,中国各地不断创新,加快了港口等基础设施建设,沿海港口发展经历了恢复发展、快速发展及高速发展三个时期,2050年要建成世界一流港口,并形成若干世界级港口群。①但也面临着一些挑战,"一带一路"倡议的实施为中国港口转型升级和一体化发展带来了新的机遇,建设绿色港口和智慧港口将成为中国沿海港口发展的主要方向,以推动中国海洋经济高质量快速发展。

第二节　中国积极推动海洋经济升级

近年来,中国海洋经济发展较为稳健,势头良好。从产出规模来看,以

---

① 陈洁:《六大措施力撑我国世界一流港口建设》,《21世纪经济报道》2019年11月14日。

环渤海、长三角、珠三角三大经济区为主力的海洋经济产出规模呈现逐年增加趋势;从产业结构来看,目前海洋三次产业结构初步实现三二一的格局,海洋新兴产业发展前景不断向好;从产业空间布局看,三大经济区产业发展参差不齐,但海洋经济发展单一、粗放的模式等发展中出现的问题成为各地区所共同面临的问题;从国际空间格局看,沿海地区海洋经济政策力度大、速度加快,中国海洋经济和国际涉海企业竞争力都相对偏弱。

一、中国海洋经济总体运行良好

2018 年全国海洋生产总值 83 415 亿元,比上年增长 6.7%,海洋生产总值占国内生产总值的比重为 9.3%。2009—2018 年,中国海洋经济生产总值由 31 964 亿元增至 83 415 亿元,年复合增长率达 6.73%左右。自 2015 年来,中国海洋经济增速及占国内生产总值比重基本上处于相对稳定的状态,在 7%—9.5%左右,中国海洋经济在经历 2004—2006 年及 2010 年前后的高速增长后,现阶段已进入与国内生产总值保持相对同步的增速进入较为稳定的增长时期。

2019 年全国海洋生产总值 89 415 亿元,占国内生产总值的比重为 9.0%,生产总值比上年增长 6.2%,海洋经济对国民经济增长的贡献率达到 9.1%,拉动国民经济增长 0.6 个百分点。①《2020 年中国海洋统计公报》显示,2020 年中国海洋经济的生产总值为 80 010 亿元。

发展海洋经济是实现中国经济高质量发展的重要支撑。中国作为全球最大货物贸易国和第二大经济体,海运航线和服务网络遍布世界主要国家和地区,9 成以上国际贸易货物量通过海运完成,海运在促进世界经贸发展方面发挥着重要的桥梁和纽带作用。②

①② 王紫:《中国航海日:维护国际物流畅通践行海洋命运共同体理念》,《人民日报》2020 年 7 月 11 日。

第一，中国海洋产业结构趋于好转。

中国海洋经济产业结构不断优化，新兴产业和新业态快速成长，海洋经济的"引擎"作用持续发挥，推动国民经济高质量发展。中国海洋经济产业结构不断经历着动态演进与优化调整。海洋产业三二一结构基本成型，但彼此之间差距较小，格局尚不稳定，还需要进一步调整完善。

第二，中国海洋经济主要产业构成。

滨海旅游业、海洋交通运输业和海洋渔业已成为中国海洋经济发展的三大支柱产业，占主要海洋产业增加值的比重分别为 47.8%、19.4% 和 14.3%。海洋生物医药业、海洋电力业等新兴产业增速领先，分别为 9.6%、12.8%。

2018 年，中国主要海洋产业保持稳步增长，全年实现增加值 33 609 亿元。其中，滨海旅游业占比最大，为 47.8%，继续保持较快增长。全年实现增加值 16 078 亿元，比上年增长 8.3%，海洋交通运输业增长为 19.4%，全年实现增加值 6 522 亿元，比上年增长 5.5%。

第三，全国各沿海地区海洋经济稳步增长。

沿海地区受益于优势的自然资源与贸易条件，是海洋经济最先起步的地区，也是近年海洋产业转型升级创新的前沿。中国海洋经济主要集中在环渤海、珠三角、长三角等地区，经过多年发展，现已形成各具特色的主要海洋产业结构。中国所有沿海城市的海洋经济二级行业中，深圳、上海以交通运输业为主，天津以海洋油气业为重点，青岛、烟台在海洋装备、生物医药产业上拥有优势，其余大多数仍然以传统渔业为重。北部沿海城市普遍拥有极高的渔业企业占比，东部的浙江、江苏开始在交通运输、装备制造等领域发力，南部各省份中，除了福建依然以渔业为主，其余省份都开始倾向发展服务业。

在海洋渔业方面，各沿海省份加快生产结构调整，努力使粗放型渔业转型为新型高效渔业，并加强对海水健康养殖、远洋渔业、海洋牧场、休闲渔业模式的推广。

在海洋油气业领域,中国积极发展海洋油气业,加大对海洋钻探开发的投资。2021年上半年,中国海洋原油、天然气产量分别同比增长6.9%和6.3%,①海洋传统行业全链条加快绿色转型。相关地区不断运用新技术,提高勘探开采水平,增加海洋油气开采量。同时开展科技攻关,不断提升海洋自主勘探开发技术装备水平,并进一步带动相关产业发展。

在海洋交通运输业方面,各地不断完善港口集疏运系统,加快港口基础设施升级改造,积极推进港城一体化建设,努力开辟新的远洋国际航线,加强海上通道建设,促进海洋交通运输业高质量发展。

在海洋生物与海洋制药方面,沿海各省份陆续加大了对海洋生物医药行业的投入,加快海洋生物与海洋药物研究开发,海洋生物医药业飞速增长,成为中国海洋经济中增长最快的行业之一。但目前海洋生物医药业多集中在粗放型的、技术要求低、处于产业链底端的各种原料加工层面。

在海洋能源利用方面,各地区加大了对海上风电、潮汐发电、海洋温差发电、波浪能发电、海流发电和海水盐浓度差发电等海洋新兴产业的投入,使海洋电力产业成为中国海洋经济中增速最快的行业。这些海洋清洁能源为中国经济发展提供了可持续的能源保障。海洋可再生能源蕴藏量丰富、绿色清洁,具有广阔的发展前景,是国家未来持续重点支持的新能源行业。

二、粤港澳大湾区蓝色经济大有可为

当今世界,湾区经济已成为全球经济发展的增长极和技术变革的引领者。湾区以创新为驱动力推动高科技、新技术产业发展,对本地和本国经济发展注入了新的动力。

粤港澳大湾区、长三角城市群、环渤海湾经济圈海洋产业发展活跃,发

---

① 王立彬:《开发海洋能源助力"双碳"目标实现》,新华社,2021年8月17日电。

挥了沿海拉动内陆发展的重要功能,其中粤港澳大湾区是中国开放程度最高、经济活力最强的区域,拥有较强的产业配套能力与创新能力,在互联网、信息技术、人工智能、先进制造等领域走在了发展前沿,在国家发展大局中具有重要的战略地位。

与一般意义上的城市群相比,粤港澳大湾区城市群拥有湾区经济的独特优势。两种不同社会制度在大湾区内存在,三种货币可以使用,市场经济发挥主要作用。

粤港澳大湾区的开放优势和天然的创新优势是其他湾区无法比拟的:粤港澳大湾区开放程度最高,成为中国经济活力最强的区域之一。

香港拥有国际化创新资源和成熟的国际金融市场,国际化营商环境很高,熟悉国际经贸规则的人才很多,而广东已成为中国高科技制造业中心。香港的专业化服务和国际化营商环境优势与珠三角的人才、产业和科技相结合,以进一步推动体制和生产要素的更优组合。

2019 年 2 月,中共中央、国务院印发《粤港澳大湾区发展规划纲要》,①强调加快发展先进制造业,支持传统产业改造升级,加快发展先进制造业和现代服务业,促进产业优势互补、紧密协作、联动发展,优化制造业布局。加快制造业结构调整,推动制造业智能化发展,大力发展再制造产业,增强制造业核心竞争力,积极构建具有国际竞争力的现代产业体系。积极发挥香港、澳门、广州、深圳创新研发能力强、运营总部密集以及珠海、佛山、惠州、东莞、中山、江门、肇庆等地产业链齐全的优势,推动大湾区产业对接,增强协同发展能力。建设国际一流湾区,打造世界级城市群。

中共广东省委十二届四次全会确定了以海洋电子信息、海上风电、海工装备、海洋生物、天然气水合物、海洋公共服务业六大海洋产业为抓手,培育壮大海洋战略性新兴产业,将大湾区建设成为全国海洋经济的发展高地。

---

① 《中共中央国务院印发〈粤港澳大湾区发展规划纲要〉》,《人民日报》2019 年 2 月 19 日。

全面建设海洋经济强省,打造沿海经济带,拓展蓝色经济空间。

以蓝色经济为驱动力,建设粤港澳大湾区具有十分重要的现实意义和经济价值。中国应充分发挥粤港澳大湾区港口、金融、贸易、制造业等优势,助力"一带一路"建设。建设粤港澳大湾区也将带动全国形成全面开放新格局,在未来中国经济发展中发挥支撑引领作用。

（一）积极推动大湾区海洋经济升级换代

优越的海洋地理区位和独特的资源禀赋使得粤港澳大湾区具有了发展海洋经济的良好基础条件。作为中国海洋大省,海洋经济一直在广东省经济发展中举足轻重,并逐步成为全省经济发展新的增长极。"大力发展海洋经济,拓展蓝色经济空间,加强海洋资源环境保护,提升海洋空间资源开发利用水平,率先建成海洋经济强省"成为《广东省国民经济和社会发展第十三个五年规划纲要》的主要目标,[①]也是广东省海洋经济发展的主要内容。在海洋产业方面,粤港澳三地各有特色,产业互补性较强。广东形成了以海洋渔业、海洋生物、海洋油气、海洋工程装备制造、海上风电等为重点产业的海洋第一、第二产业集群,海洋交通运输、滨海旅游等海洋服务业发展较快。香港拥有发达的港口物流、航运服务、海洋金融保险、科研教育及其他专业服务等综合海洋服务优势。滨海旅游已成为澳门的特色。海洋经济发展应充分发挥粤港澳三地在海洋产业上的互补优势,强化海洋产业分工与合作,共同打造具有国际竞争力的现代海洋产业体系。

粤港澳大湾区海洋经济合作是海洋开发、对外开放与生态保护三位一体的综合发展过程,[②]推动海洋科技协同创新,充分发挥香港海洋基础研究、深圳全球海洋中心城市建设的优势,以及南沙、前海、横琴等重大合作平

① 《广东省人民政府关于印发〈广东省国民经济和社会发展第十三个五年规划纲要〉的通知》,2018 年 7 月 26 日。http://drc.gd.gov.cn/sswgh/content/post_854165.html,上网时间：2020 年 2 月 20 日。

② 陈明宝：《促进粤港澳大湾区海洋经济合作发展》,《中国海洋报》2019 年 7 月 23 日。

台的作用,着力构建粤港澳海洋科技创新共同体,实现海洋资源深度开发,培育壮大海洋新兴产业,共筑海洋经济发展新动能。

构建现代海洋产业体系,优化提升海洋渔业、海洋交通运输、海洋船舶等传统优势产业成为粤港澳大湾区建设的重中之重,培育壮大海洋生物医药、海洋工程装备制造、海水综合利用等新兴产业,集中集约发展临海石化、能源等产业,加快发展港口物流、滨海旅游、海洋信息服务等海洋服务业是推动粤港澳大湾区升级换代的有效路径。

提升国家新型工业化产业示范基地发展水平,以珠海、佛山为龙头建设珠江西岸先进装备制造产业带,以深圳、东莞为核心在珠江东岸打造具有全球影响力和竞争力的电子信息等世界级先进制造业产业集群。

通过粤港澳大湾区内部的海洋经济合作,中国可以探索不同体制下海洋经济合作与产业协调发展、科技创新与制度协调、生态保护与人海和谐,促进区域间海洋要素流动,推动粤港澳大湾区一体化发展。

进一步对接国际上处于海洋产业价值链中高端的科技、管理、供应链、人才等优质要素,并借助于"一带一路"倡议推进的有利机遇,全面提升海洋产业和企业的国际竞争力,提升中国在开发海洋、利用海洋、保护海洋、管控海洋等方面的综合实力,形成更具广度与深度的开放型海洋经济体系。

1. 加快建设互联互通的水运基础设施,促进大湾区基础设施建设。

第一,加强航道网络建设,形成干支衔接、区域成网、江海贯通、连接港澳、沟通水系的高等级航道网络。

第二,加强港口网络建设。巩固提升香港国际航运中心地位,增强广州、深圳国际航运综合服务功能。推进沿海港口专业化码头和深水泊位建设;推进大型石油储备基地、液化天然气接收站、国家煤炭储备基地等能源储运项目配套码头建设;加快实施内河主要港口、区域重要港口建设和升级改造,进一步优化港口资源配置,提升内河港口的支撑能力;形成布局合理、功能完善、集约高效的现代港口体系。

第三,推进多式联运体系建设。优化完善物流枢纽布局与建设,加快推进东莞、深圳集装箱等多式联运示范工程建设,大力发展集装箱、煤炭等货类江海联运;推进疏港铁路建设,强化重要港区的集疏运体系建设。

第四,加快水运信息化建设。积极推进粤港澳智慧港口、智慧航道、智能船舶和智慧海事建设;加快推进智慧港口工程建设,推进粤港澳智能航运研发和应用示范,促进北斗导航系统、物联网、云计算、大数据等信息技术在水运领域的集成应用,推进基于区块链的全球航运服务网络平台研究应用;建设完成珠江水运综合信息服务系统拓展工程。

2. 打造现代航运服务业,促进大湾区运输服务高质量发展。

第一,全面提高水运服务能力。推进珠江口港口资源优化整合,与香港形成优势互补、互惠共赢的港口、航运、物流和配套服务体系;支持航运企业做优、做强,创新技术、管理与商业模式,加强港航人才和船员队伍培养;支持企业依法发展珠江水上高速客运、旅游客运、空水联运,开拓水上客运航线,促进企业规模化、集约化、高端化发展;促进发展深圳、东莞等珠江口东岸城市往来澳门的海上客运。

第二,打造现代水运体系。优化运输组织方式,推进干线航道集装箱班轮化运输;优化升级船舶装备,引导船舶大型化、专业化发展;依托大型公共交通枢纽,加快推进以铁公水联运为主导的对外运输物流体系建设,构建干支衔接的水运网络,着力打造以水上快巴为载体的货运和客运快速通道;形成层次分明、功能清晰、有机衔接、协同配套、结构合理的水运体系。

第三,全面推进传统航运服务业的转型升级,推进"互联网＋航运"发展,进一步提升航运交易服务能力,推动粤港澳在航运支付结算、融资、租赁、保险、法律服务等方面实现服务规则对接,提升粤港澳大湾区港口航运服务国际化水平,支持香港发展高端航运服务业。

3. 优质发展海上旅游业。

第一,积极发展邮轮经济,推动邮轮和游艇产业健康发展。

在粤港澳大湾区合适区域建设国际游艇旅游自由港。配合澳门建设世界旅游休闲中心,高水平建设珠海横琴国际休闲旅游岛。

加快完善软硬件设施,共同开发高端旅游项目。支持澳门与邻近城市探索发展国际游艇旅游和国际游艇大赛,合作开发跨境旅游产品,发展面向国际的邮轮市场。积极发展粤港澳大湾区邮轮产业,有序推动大湾区国际邮轮港协调发展。支持拓展粤港澳大湾区面向国际的邮轮航线,支持航运企业依法拓展东南亚等地区国际邮轮航线、丰富邮轮航线产品。积极推动粤港澳游艇自由行政策实施工作,为游艇自由行提供便利。

第二,加快开发潜水、海上直升机旅游项目。积极利用澳门和珠海濒海优势,将珠海和澳门打造成国内外潜水爱好者和深海旅游者的乐园。加快推动海上直升机旅游,以珠海和澳门为基地,加快建设珠海直升机机场,将珠海建成全球一流的直升机观光旅游中心。

第三,积极发展以海上观光旅游为主的大湾区旅游业,在完善大湾区各节点城市交通线的基础上,进一步形成以广州、深圳、珠海为龙头的大湾区海上深度旅游圈,加上香港与澳门两个成熟的旅游热点,可进一步提升粤港澳大湾区海上旅游业的质量,更多地吸引国内外游客,进一步推动大湾区海上旅游业成为大湾区全面发展的驱动器。

第四,进一步优化珠江水运对外开放营商环境。深化"放管服"改革,加快转变政府职能,推进营商环境法治化。以"双随机、一公开"监管为手段,以重点监管为补充,以信用监管为基础,建立新型监管机制,规范监管行为。进一步完善珠江水运对外开放营商环境,积极构建珠江水运对外开放新格局。充分发挥港澳在对外开放中的优势和作用。鼓励内地与港澳开展基础设施建设、航运、港口经营、服务等领域的合作,实现内地与港澳水运的优势互补。

第五,加快水运技术创新,促进大湾区创新发展。优化水运创新环境,完善珠江水运科技创新制度建设,依托广深港、广珠澳科技创新走廊建设,探索有利于人员、物资、资金、信息、技术等创新要素在珠江水系和粤港澳大湾区便捷高效流通的政策举措,积极推动粤港澳大湾区水运领域重大科研基础设施和大型科研仪器开放共享,依托珠三角科技建设成果转移转化示范区,推动粤港澳大湾区水运科技成果供需对接,促进科技成果转化。

第六,积极推进绿色水运基础设施建设。加强生态环境保护和防治技术交流,落实生态环境保护的有关要求,加快绿色港口和航道建设。推进珠江水系码头岸电设施、船舶液化天然气(LNG)加气站、散货堆场防风抑尘设施建设,推动新能源和清洁能源动力船建造以及船舶受电设施改造,着力提高绿色水运基础设施建设水平;大力宣传珠江水运助力粤港澳大湾区建设取得的成效,开展形式多样的宣传活动,畅通公众意见反馈渠道,营造社会共同参与粤港澳大湾区建设的良好氛围。

4. 提升珠三角港口群国际竞争力。

第一,培育对外开放新优势,促进大湾区扩大开放。经济体制的差异性可以在区域合作中产生制度互补收益,也成为粤港澳大湾区建设的优势。但与此同时,这种差异性也可能在区域合作中产生制度摩擦与成本。因此,在"一国两制"框架下,积极追求制度互补的收益最大化、力争使制度摩擦导致的成本最小化,成为粤港澳大湾区合作体制机制创新的重要目标。粤港澳大湾区的建设应着重促进要素流动和人员往来,积极构建连接三地的体制通道,实现资源高效配置,充分发挥自贸试验区制度创新的叠加优势,推动珠三角与港澳体制机制有机对接。

第二,多方位推动粤港澳大湾区基础设施建设:加快对粤港澳大湾区现有航空枢纽升级改造,进一步巩固并提升香港国际航空枢纽地位,强化航空管理培训中心功能,强化广州和深圳机场国际枢纽的竞争力,增强广州、深圳国际航运综合服务功能,提升澳门、珠海等支线机场效能,推进大湾区机场错位发展和良性互动。加快建设一批支线机场和通用机场。优化调整空域结构,提高空域资源使用效率,提升空管保障能力。深化低空空域管理改革,加快通用航空发展,稳步发展跨境直升机服务,建设深圳、珠海通用航空产业综合示范区。进一步扩大粤港澳大湾区的境内外航空网络,积极推动开展多式联运代码共享。依托香港金融和物流优势,发展高增值货运、飞机租赁和航空融资业务等。支持澳门机场发展区域公务机业务。加强空域协调和空管协作,优化调整空域结构,提高空域资源使用效率,提升空管保障能力。深化低空空域管理改革,加快通用航空发展,稳步发展跨境直升机服务,建设深圳、珠海通用航空产业综合示范区。推进广州、深圳临空经济区发展。

第三,尽快在粤港澳大湾区形成一体化、网格化的城际快速交通网络:依托以高速铁路、城际铁路和高等级公路为主体的快速交通网络与港口群和机场群,构建区域经济发展轴带,形成主要城市间高效连接的网络化空间格局。更好地发挥港珠澳大桥作用,加快建设深(圳)中(山)通道、深(圳)茂(名)铁路等重要交通设施,提高珠江西岸地区发展水平,促进东、西两岸协同发展。

第四,湾区经济是临海的区域性开放型经济,濒海区位优势明显,面向海洋和全球市场,是打通内陆与沿海、国际与国内两个市场、两种区域发展模式的重要载体和关键节点。可依托港口进一步发展对外贸易,推动产业经济下海,依托贸易带动制造业发展,依托制造业催生湾区金融业,逐步成长为全球资源和要素的配置中心。

第五,建设港口物流通道,加快港口物流建设,促进贸易出口。使大湾区成为中国最大的进出口贸易基地;以沿海主要港口为重点,完善内河航道与疏港铁路、公路等集疏运网络。巩固和进一步提升香港国际航运中心地位,进一步提升广州、深圳等地的港口、航道等基础设施服务能力,与香港形成优势互补、互惠共赢的港口、航运、物流和配套服务体系,增强港口群整体国际竞争力。支持香港发展船舶管理及租赁、船舶融资、海事保险、海事法律及争议解决等高端航运服务业,并为内地和澳门企业提供服务。

第六,推进湾区金融服务业发展,以香港为中心,以广州、深圳、澳门、珠海为依托,打造引领泛珠、辐射东南亚、服务"一带一路"的粤港澳大湾区金融核心圈。提升粤港澳大湾区在国家经济发展和对外开放中的支持引领作用,促进粤港澳大湾区跨境贸易和投融资便利化,提升本外币兑换和跨境流通使用便利度,探索建立跨境理财通机制、开展本外币合一的跨境资金池业务试点、支持银行开展跨境贷款业务、稳步扩大跨境资产转让业务试点、支持设立人民币海外投贷基金、支持内地非银行金融机构与港澳地区开展跨境业务、开展私募股权投资基金跨境投资试点、完善保险业务跨境收支管理和服务等具体措施;扩大金融业对外开放,深化内地与港澳金融合作,优化金融资源配置,提高资金融通效率,促进金融市场和金融基础设施互联互通,提升粤港澳大湾区金融服务创新水平,防范跨境金融风险。

粤港澳大湾区可以借鉴香港地区国际化营商环境与人才的优势,特别是在国际金融上的专业化、技术化、标准化,充分发挥港澳地区金融人才在粤港澳大湾区海洋经济与金融一体化转型中的作用,带动和提升内地金融人才在海洋金融领域的能力,共同参与全球绿色金融体系建设。

第七,进一步提升大湾区国际竞争力。完善和升级大湾区交运产业链。基础设施建设是大湾区产业融合的重要前提,铁路、高速公路、航运、机场建设等领域,升级改造大湾区港口产业链。随着国家"一带一路"战略推进、对外开放水平不断提高,相关贸易港口及供应链领域将会持续受益;积极增强澳门国际航运综合服务功能,进一步提升港口、航道等基础设施服务能力,与香港形成优势互补,进一步增强澳门国际竞争力。

(二) 大湾区建设具体路径

首先,在大湾区要倾力打造透明高效、竞争有序、具有全球竞争力的国际化营商环境。

其次,应以发展海洋经济为中心,加强粤港澳合作,不断拓展蓝色经济空间,共同建设现代海洋产业基地,使大湾区成为全国蓝色经济的"领头羊",引领全国蓝色经济高质量发展。

第三,应积极构建现代海洋产业体系,优化提升海洋渔业等传统优势产业,培育壮大海洋生物医药等新兴产业,加快发展港口物流等服务业,加强海洋科技创新平台建设等,使大湾区成为全国现代化的海洋产业基地,并辐射全国,提升全国蓝色经济质量和效益。

具体而言,粤港澳大湾区建设路径应主要以下几个方面为突破口,加快实施。

第一,积极推进湾区战略性产业发展。

首先,抓紧推动海洋生物医药产业升级换代。

充分发挥国家级新区、国家自主创新示范区、国家高新区等高端要素集聚平台作用,联合打造一批产业链条完善、辐射带动力强、具有国际竞争力的战略性新兴产业集群,增强经济发展新动能。

加快横琴粤澳合作中医药科技产业园等重大创新载体建设;推进国家自主创新示范区建设,支持粤澳合作中医药科技产业园发展。

其次,尽快在粤港澳大湾区形成现代海洋产业链。

坚持陆海统筹、科学开发,加强粤港澳合作,拓展蓝色经济空间,共同建设现代海洋产业基地。强化海洋观测、监测、预报和防灾减灾能力,提升海洋资源开发利用水平。优化海洋开发空间布局,与海洋功能区划、土地利用总体规划相衔接,科学统筹海岸带(含海岛地区)、近海海域、深海海域利用。构建现代海洋产业体系,优化提升海洋渔业、海洋交通运输、海洋船舶等传统优势产业,培育壮大海洋生物医药、海洋工程装备制造、海水综合利用等新兴产业,集中集约发展临海石化、能源等产业,加快发展港口物流、滨海旅游、海洋信息服务等海洋服务业,加强海洋科技创新平台建设,促进海洋科技创新和成果高效转化。

第二,积极稳步发展新兴海洋产业。

粤港澳大湾区应大力发展海洋经济。[①]加强粤港澳合作,拓展蓝色经济

---

① 《中共中央国务院印发〈粤港澳大湾区发展规划纲要〉》,《人民日报》2019 年 2 月 19 日。

空间,进一步构建粤港澳海洋经济合作圈,共同建设现代海洋产业基地。

以海洋经济为重点建设粤港澳大湾区,坚持陆海统筹、拓展蓝色经济空间,积极构建现代海洋产业体系,优化提升海洋渔业等传统优势产业,培育壮大海洋新兴产业,共筑海洋经济发展新动能。通过引入高端产业要素提升优化海洋产业结构;着力扶持海洋生物医药、海洋工程装备制造、海水综合利用等发展潜力大、带动性强的海洋新兴产业,提升海洋产业核心竞争力。

推动海洋生物医药产业发展,培育壮大海洋生物医药等新兴产业,加强海洋生物医药技术创新合作,发挥广东的产业创新优势以及香港、澳门的生物科技基础研究优势,搭建海洋生物医药技术合作研发平台。吸纳港澳科研人员共同实施海洋生物医药技术重点突破专项计划,开展海洋生物活性物质筛选、重要海洋动植物和微生物基因组及功能基因工程、海洋水产品功能性食品药品等重点领域技术研发,加强海洋生物制药合作研发与产业化。

发展壮大海洋工程装备制造业,加快研发制造深海勘察和开发设备、海洋新能源开发设备等,创新发展无人船、水下机器人等智能化海洋工程装备。

在海洋经济领域,深圳是最快、最全面地转型进入中高端产业的城市之一。在 2019 年深圳的海洋生产总值构成中,海洋高端装备产业、海洋金融服务业、海洋信息服务业和海洋技术服务业的增加值占全市海洋生产总值的比重已超过 20%。

在深圳的战略性新兴产业名单中,新一代信息技术、数字经济、高端装备制造、绿色低碳、新材料、生物医药,都是深圳当地具有较高产值且技术领先优势明显的产业类型。海洋经济与这些优势产业交叉,产生了大量新兴、垂直的"海洋+"行业后,随之也成为深圳海洋经济体系中创新浓度最高、创新产品最为丰富的领域。

海洋装备制造是先进制造业在海洋经济中的集中展现。深圳"中集集团"研发的自升式钻井平台,提供了适用于全球主流钻井包系统供应商产品的平台接口,能大幅提升油气开采的效率。汇川科技的工业机器人、招商重工的海洋多功能平台等都是深圳在远洋自动化作业领域的创新。

新一代信息技术的发展则为海底探测、深海传感、无人和载人深潜等新领域奠定了技术基础:研祥智能的海洋船舶导航测控、云洲创新的无人船舰等产品,都是新技术在海洋经济中延伸出的新应用。

加快发展港口物流等服务业,推进珠江西岸海洋工程装备制造产业带建设,培育壮大一批具有国际影响力的海工装备制造支柱企业。加强海洋科技创新平台建设,逐渐成为一个从海洋研发到成果孵化、再到技术交易的海洋创新生态圈。

积极发展海水综合利用业,加快研发和推广海水综合利用的技术、工艺和装备,推进海水综合利用关键技术产业化,建立海水直接利用、海水淡化利用示范工程和示范区。

进一步加快澳门金融服务业发展,打造引领泛珠、辐射东南亚、服务"一带一路"的粤港澳大湾区金融核心圈。

从全球生产网路到全球创新体系,未来大湾区要在全球创新体系中找准自身定位,可成为"全球首席供应商"。港珠澳大桥的开通为香港提供了新的腹地和拓展空间,香港与珠三角要实现优劣互补、协同合作,可以共同发展"金融＋科技"模式。

大湾区产业部门齐全程度和竞争力优于其他湾区,未来的全球影响力非常可观。大湾区应在重要领域提升全球竞争力,在重构全球经济秩序的过程中发挥区域力量。

逐步建成以海洋文化和海洋旅游为一体的粤港澳大湾区海洋城市群,并带动大湾区内其他中小城镇的海洋文化建设,最终形成全国首个以海洋文化为主题的城市集群,作为示范,推动全国其他沿海地区海洋城市群的发展。

(三) 大湾区建设面临的挑战

目前,粤港澳大湾区存在着海洋经济普遍不强、海洋产业规模较小等问题。海洋经济低质化也始终存在:

一是大湾区海洋产业结构较为单一、新兴产业发展后继乏力,科技创新对海洋经济发展的支撑能力不足。二是大湾区海洋产业转型压力较大。战略性海洋新兴产业增速需求明显。三是大湾区金融支撑明显不足。广东省内部分地市金融服务业现代化程度不高,金融人才短缺。

上述挑战涉及央企、港资、地方政府等多方利益的博弈。中央政府应统筹安排和处理好这些现实挑战,按照全国发展一盘棋的要求,努力消除和治理解决好这些问题,使大湾区建设走上正轨,逐步转型,充分利用现有航道泊位避免重复建设投资,优化港口集疏运及后方陆域物流体系,形成有梯度的港口体系,实现大湾区整体港口效率和竞争力的提升。

另外,大湾区核心城市与节点城市港口功能也面临利益冲突的挑战。因此,粤港澳大湾区内各城市各有特色,应强化协同发展,实现优势互补,努力促进人力、资金、货物的自由流通。①加强人才培养,注重帮助提升现有的人才技能。

在大湾区经济联动进程也存在诸多实际障碍。整体而言,目前,大湾区产业科技创新水平尚未对提升湾区科技竞争力形成有效支撑作用,广东境内企业也尚未形成有机的科技创新协同发展体系,创新能力有待提高。

中央政府应加强通道走廊基础设施建设,实现产业关联和产业互补。打造出海大通道,构建以粤港澳大湾区为龙头,实现其与海峡西岸城市群和北部湾城市群联动发展。加强海洋科技创新平台建设,构建海洋科技创新体系,探索产学研一体化合作机制,鼓励科研机构依靠专利排他性获取发明创造收益,提升运用研究和产业化积极性。设立企业科技成果评估机制,从

① 袁勇、于浩:《粤港澳大湾区:优势互补 协同发展》,《经济日报》2018 年 9 月 18 日。

市场需求和产业发展角度评估专利转变为新产品的可能性,确保科研成果产业化落到实处。搭建技术转移资讯化平台,把大湾区有商业潜力的基础科学研究成果、待转化科研成果及专利等放至该平台,实现科研资讯共用。达到大湾区产业分工与利益分享的公平、公正与最优化。

强化海洋基础和应用研究,积极培育海工装备、海洋生物、海上风电、天然气水合物、海洋公共服务业五大海洋产业。促进海洋科技创新和成果高效转化,推动实现海洋经济高质量发展。

积极推动互联网、大数据、人工智能与实体经济的深度融合,建设智慧城市、数字湾区,打造国际一流的营商环境,共建广州人工智能和数字经济试验区,①建立数据资源开放共享和交换监管制度,试点公共数据开放利用和政企数据互通共享,加强与港澳和国际通行规则及先进标准的对接。

发展海上风电及其他海洋可再生能源不仅有利于提升能源供给,而且有助于加快绿色发展,早日实现碳达峰、碳中和的远景目标。近年来,广东省大力推进海上风电等可再生能源,促进海上风电实现平价上网,走出一条绿色低碳发展海洋经济的转型之路。

经过近年来的发展,粤港澳大湾区海洋经济已初具规模,海洋产值连续几年一直名列全国前列。粤港澳大湾区应充分发挥香港的国际化营商环境与人才优势,积极参与全球绿色金融体系建设。

广东省应进一步发挥在海洋经济体系、海洋科技创新、海洋人才汇聚和构建全球海洋中心城市的多重优势,依托粤港澳大湾区,积极发挥大湾区海洋优势以蓝色经济+绿色金融推动海洋科技创新与发展。吸引更多的国内外投资者和贸易商,带动科创产品进出口、智慧财产权贸易和技术交易以及科创企业并购活动。建立严格的生态环境保护制度与合作机制,建设绿色低碳的大湾区。注重维护生态环境和生物多样性,确保大湾区环境治理有

---

① 申卉、黎慧莹:《粤港澳大湾区 2020 年"一号文"发布,广州这个试验区未来可期》,《广州日报》2020 年 2 月 22 日。

序、良好。

2021年8月,广东省人力资源社会保障厅出台了支持粤港澳大湾区发展的重点人才项目,所采用数据来源于粤港澳大湾区内地城市16 959家规模以上和国家高新技术样本企业,详细披露了新一代信息技术产业、高端装备制造产业等26类产业的人才需求情况。

从整体来看,目前粤港澳大湾区内地9市,有57 720个急需紧缺人才职位,涉及316类职位和403类专业,需求人才总量达33万余人,其中制造业人才最为紧缺,人才缺口近20万人,占总需求人数的61.93%;其次是新一代信息技术产业,紧缺人才数量超过2万人。

从学历层次来看,大湾区企业对高学历人才的需求越来越高,本科学历的需求比例由现在的14.55%提升至20.90%,研究生学历需求占比由现在的2.08%提高到3.33%。

从产业来看,金融业、科学研究和技术服务业、教育培训业对本科及以上学历人才需求分别达到85.48%、62.13%和54.65%,科学研究和技术服务业、金融业对研究生人才学历需求最高,分别达到22.93%和21.82%。与之对应,服务业、制造业对大专及以下人才学历需求最高,分别为93.53%和92.93%。

目前,大湾区对技术研发特别是海洋技术研发岗位最为紧缺。涉海洋技术研发与海洋贸易销售等方向的岗位需求最高,专业包括还有工程机械设计制造及其自动化、信息与计算科学、机械工程等。

因此,加快大湾区涉海科技人才培养成为大湾区还有产业转型升级的重要路径。科技创新是大湾区新一轮发展的关键支撑。

2021年7月,广东省政府印发《广东省数据要素市场化配置改革行动方案》,积极推动深圳先行示范区数据要素市场化配置改革试点,建设粤港澳大湾区大数据中心。

《方案》提出推动粤港澳大湾区数据有序流通,建设粤港澳大湾区大数据中心。推动深圳先行示范区数据要素市场化配置改革试点。支持深圳数据立法,推进数据权益资产化与监管试点,规范数据采集、处理、应用、质量管理等环节。支持深圳建设粤港澳大湾区数据平台,设立数据交易市场或依托现有交易场所开展数据交易。

作为中国首份数据要素市场化配置改革文件,《方案》提出在中国率先启动首席数据官制度试点,鼓励试点单位在首席数据官的组织体系、职能体系及考核体系等方面先行先试。支持广州南沙(粤港澳)数据要素合作试验区和珠海横琴粤澳深度合作区建设,探索建立"数据海关",开展跨境数据流通的审查、评估、监管等工作。

该《方案》涵盖多项创新举措,包括落实广东省数据要素市场化配置改革思路,加快构建两级数据要素市场结构。其中,一级市场以政府行政机制为主,二级市场以市场竞争机制为主。

深圳市作为国家建设中国特色社会主义先行示范区两年来,努力建设科技创新高地,"十三五"时期市级科研资金投入基础研究和应用基础研究的比重,由12%增至30%以上;未来5年,深圳的目标是研发投入强度跻身世界一流。深圳市启动了光明科学城项目,主体结构已经完工,大科学装置2021年底可投入使用。该科创新城包括了海洋生物学等新型产业入住,汇聚了中国科学院深圳理工大学、国家超级计算深圳中心、深圳湾实验室等高端创新资源。

努力建设人文湾区。粤港澳大湾区不仅是一个经济概念,也是一个文化概念。大湾区9城在文化上同源同根,[1]有利于进一步推动粤港澳大湾区文化的整体融合发展,香港和澳门是长期实践着文明多样性和谐的地区,应以中华文化为主流、多元文化并存,加强香港青年在历史、人文、乡情等方面的培养,进一步推动香港、澳门与内地之间文化交流与创新发展,通过优

---

① 　贺林平:《大湾区三地融合加快推进》,《人民日报》2020年2月2日。

势互补,相互促进文化产业升级,提升粤港澳大湾区文化认同,加快粤港澳大湾区文化融合发展,尤其是弘扬海洋文化,创新海洋文化产业,加快数字海洋文化产业发展,促进海洋文化产业深度发展。

三、天津市积极推动海洋经济发展

天津市管辖海域面积约 2 146 平方千米,海岸线北起津冀海域行政区域界线北线,南至津冀海域行政区域界线南线,岸线全长 153.67 公里,自然岸线长 18.63 公里,天津市拥有港口、油气、盐业和旅游等优势海洋资源,为海洋经济发展提供了良好的基础条件。

在"十三五"时期,天津市积极贯彻落实国家加快建设海洋强国战略部署,推进海洋经济转型升级,培育海洋经济新动能,提升海洋治理能力和水平,高水平建设现代海洋城市,支撑天津经济社会高质量发展。

(一) 天津市海洋经济成就显著

围绕打造全国海洋经济科学发展示范区目标,天津市着力促进海洋经济高质量发展。经过五年的努力,天津市海洋经济总体实力得到了有效提升,海洋产业结构调整效果明显,海洋科技创新不断推进,天津市在全面提升海洋生态文明建设的同时,提高了各级人员的海洋治理能力。

第一,天津市海洋经济总体实力不断提升,海洋生产总值从 2016 年4 046 亿元上升到 2019 年的 5 268 亿元,年均增速达 5.1%,占天津市生产总值比重年均 30% 以上,海洋经济已成为本市经济发展的重要支柱。单位岸线海洋生产总值 34.3 亿元,居全国领先地位。滨海旅游业、海洋油气业、海洋交通运输业、海洋科研教育管理服务业已成为天津市主导产业,有力推动了天津市海洋经济高质量发展。

第二,高标准建设滨海新区,进一步优化布局海洋产业。近年来,天津市按照以陆促海、以海带陆、优势集聚、合理分工的原则,积极优化布局海洋产业,高标准建设滨海新区,使滨海新区成为天津市海洋经济"核心区",并带动了沿海蓝色产业发展带和海洋综合配套服务产业带的建设,直接推动了南港工业区、天津港保税区临港片区、天津港港区、滨海高新区海洋科技园、中新天津生态城五大海洋产业集聚区发展,"一核两带五区"的海洋经济总体发展格局基本形成。区域海洋经济发展格局初步形成。天津港保税区临港片区获批全国海洋经济发展示范区。

第三,积极推动海洋现代服务业发展。港口引领作用持续增强,2020年天津港集装箱吞吐量近1 900万标准箱,增幅继续位居全球十大港口前列。以中新天津生态城为核心的高品位海滨休闲旅游区初步建成,国家海洋博物馆开馆试运行,邮轮旅游发展势头强劲,全国首家国际邮轮母港口岸进境免税店正式对外营业,邮轮母港综合配套服务能力进一步提升。

第四,海洋先进制造业稳步发展。以天津港保税区临港片区为核心的海洋工程装备制造基地初步形成,以中船重工、博迈科、海油工程等企业为龙头,高端海洋装备产业集聚。海洋先进制造与新兴产业发展态势良好。船舶海工租赁产业加速聚集,国际航运船舶和海工平台租赁业务分别占全国的80%和100%。截至2021年3月,天津共拥有海洋油气企业164家,其中高新技术企业20家,发明授权专利843项。这三项数据在所有沿海城市中均大幅领先。

天津在海洋油气领域聚集了一批龙头企业:中海油管道、海油工程、中海国际等企业,实现了油气核心装备部件、工程承包和投资服务的全产业链覆盖。

第五,积极推动海洋科技创新,不断提高海洋科技研发能力。加快建设海洋科技平台,临港海洋高端装备产业示范基地获批成为全国科技兴海产业示范基地。五年来,天津市已获涉海发明专利、实用新型专利等知识产权近400项,省部级以上海洋重点实验室、工程中心、研发中心达到35家,建设科技兴海示范工程39个,培育产生海洋领域亿元以上科技型企业58家。

第六,加快海洋生态整治与修复,打造美丽海湾。天津市紧紧围绕渤海综合治理，加快近岸海域污染防治，天津市提出了打好渤海综合治理攻坚战三年计划，严格按照国家相关要求，制定了 12 条入海河流"一河一策"治理方案和打好渤海综合治理攻坚战强化作战计划，渤海综合治理全面提速升级，"十三五"期间近岸海域优良水质面积平均占比提升至 51.1%。

加快海洋生态环境整治与修复，积极推进"蓝色海湾"整治修复工作。天津市先后制定了《天津市"蓝色海湾"整治修复规划（海岸线保护与利用规划）(2019—2035)》、修订了《天津市海洋环境保护条例》《天津古海岸与湿地国家级自然保护区管理办法》等涉海文件，加快实施岸线生态修复和综合整治工程。强化海洋环境监测，进一步提升防灾减灾能力，推动海洋绿色发展。

天津市先后制定和出台了涉海法规文件，不断提升海洋治理能力。不断健全和完善海洋法规体系，严格围填海管控，加强海洋执法监察，海域岸线资源从规模开发向集约利用转变。深化海洋管理体制机制改革，坚持陆海统筹，重组建立市规划资源局，进一步提升海洋治理能力和水平。

（二）加快天津市高质量海洋经济发展

1. 天津市海洋经济面临的挑战

天津市海洋产业结构升级进展缓慢。海洋油气、海洋化工等传统海洋产业仍然占据主导地位，海洋战略性新兴产业虽然增长速度较快，但总体规模不大，海洋服务业水平偏低，难以满足高质量发展需求。

天津市海洋经济较先进省市仍存差距，海洋经济总量规模偏小。海洋经济发展活力有待提升。天津市海洋经济发展仍以国有企业为主，民营企业数量少、规模不大，经济活跃度和创业活跃度不高。海洋产业发展零散，产业链条不完整，配套产业发展滞后，产业集聚发展水平不高。海洋自主创新能力亟须增强。海洋领域科研经费投入不足，产学研用结合不够紧密。

同时，海洋资源环境问题突出，岸线资源稀缺，海洋环境承载力较弱。陆源入海污染压力持续存在。天津港受到周边港口的冲击，面临着先行优势减弱、竞争形势严峻的双重压力。

2. 天津市海洋经济发展方向

天津市积极建设全球海洋中心城市,加快构建现代海洋产业体系,促进区域海洋经济优化布局,推进海洋绿色低碳发展,深化海洋经济开放合作,打造国内大循环重要节点、国内国际双循环战略支点,为高质量建成经济领先、技术创新、区域协调、开放合作、生态宜居的现代海洋城市提供坚强支撑。

加快提高陆海资源要素统筹配置效率和陆海经济联动发展水平,推进陆海科技创新、现代金融、人力资本等生产要素的协同发展,加快形成资源整合、设施对接、产业联动、生态共建、管理高效的陆海统筹发展新格局。

以海洋资源环境承载力为基础,着重海洋资源集约节约利用,强化入海污染源控制和综合治理,恢复并维护海洋生态功能,着力推动海洋经济绿色低碳循环发展,促进经济发展与海洋生态环境保护协调共赢。

扩大海洋公共产品和公共服务供给,引导海洋资源供给利用向消费服务型转变,提升海洋防灾减灾能力,防范环境灾害和安全生产风险。

建设北方国际航运核心区。发挥天津港在京津冀协同发展中的海上门户枢纽作用,对标世界一流港口,以智慧港口、绿色港口建设为引领,推进世界级港口群建设,加快建成航运基础设施完善、航运资源高度集聚、航运服务功能齐备、资源配置能力突出的天津北方国际航运枢纽。

建设国家海洋高新技术产业集聚区。依托天津海洋科教人才优势和先进制造业基础,加快搭建海洋科技创新和成果转化平台,健全完善产学研用相结合的科技创新体系,重点突破海洋装备、海水淡化、海洋油气等领域关键技术,推动形成以海洋装备、海水利用、海洋油气为核心的海洋高新技术产业集群。立足天津市新兴海洋产业的发展基础和潜力,重点培育海水利用业、海洋装备制造业、海洋药物与生物制品业、航运服务业等新兴海洋产业,积极谋划海洋经济发展新动能。

建设国家海洋文化交流先行区。依托国家海洋博物馆、航母主题公园等文化旅游设施,加强海洋文化与海洋意识的宣传普及,扩展与"一带一路"沿线国家和地区航海文化、海洋贸易文化、海洋文物遗产等海洋文化交流合作,形成国家海洋文化与旅游深度融合发展的新高地。

建设国家海洋绿色生态宜居示范区。深度融合京津冀大生态格局体系,依托河、海、湿地等生态资源,大力推进蓝色海湾修复和绿色生态屏障建设,以生态倒逼产业结构优化升级,高质量营造美丽海岸、碧净海水、洁净海滩的亲海亲水生态空间,打造京津冀地区重要的生态宜居家园、绿色发展高地、生态旅游目的地。

四、山东省"海洋强省"建设成效显著

山东是海洋资源、海洋科技、海洋人文大省,海洋是山东的最大优势,海洋经济已成为改革开放新时期山东经济社会发展的亮点。改革开放以来,山东立足于自身的区域位置、资源条件和社会基础,走出了一条发展海洋经济的独特之路,海洋经济始终走在全国前列。

山东省海洋产业发展迅速,海洋捕捞业、制盐业、海洋运输业持续稳定增长,海水养殖、海洋化工、海洋医药、海洋机械以及滨海旅游业蓬勃发展,形成了海洋一、二、三次产业全面发展的格局,到 20 世纪末,海洋经济已成为山东全省国民经济新的增长点。[①]科技支撑作用不断增强,海洋科技创新能力步伐加快,以加速海洋科技成果向生产领域转化为突破口,推动传统产业升级,拉动技术储备,培育新兴产业,成为山东发展海洋经济的动力支撑。目前,山东拥有全国现阶段唯一的试点国家实验室—青岛海洋科学与技术国家实验室,形成了学科配套齐全、人才梯队优化、基础设施精良的海洋科

---

① 张舒平:《山东海洋经济发展四十年:成就、经验、问题与对策》,《山东社会科学》2020 年第 7 期。

学研究与技术开发体系,海洋科技与经济结合日趋紧密,海洋科技创新引领支撑海洋产业发展成效显著。

海洋经济结构不断优化,现代海洋经济体系逐步建立。海洋产业结构不断优化,海洋渔业、海洋盐业、海洋生物医药业、海洋电力业、海洋交通运输业等连续多年位居全国首位。

2018年,山东省委、省政府制定印发了《山东海洋强省建设行动方案》,①召开全省海洋强省建设工作会议,坚持陆海统筹,向海图强,发展海洋经济、建设海洋强省,加快推动海洋经济高质量发展。2017年,全省海洋生产总值达到1.48万亿元,占全省国内生产总值的20.4%,海洋经济成为山东最活跃的经济板块之一。

山东省着力优化海洋空间配置,海洋综合管理能力显著提高。目前,已建省级海洋特色产业园区18个,聚集海洋企业5 190余家,海洋新兴产业年产值达3 500亿元。海洋产业结构持续优化,海洋渔业、海洋生物医药业、海洋盐业、海洋电力业和海洋交通运输业等规模位居全国前列。青岛西海岸、烟台东部、潍坊滨海、威海南海等4个海洋经济新区和青岛中德生态园、日照国际海洋城、潍坊滨海产业园等3个产业园以全省2.2%的陆域面积,贡献了全省约12.8%的海洋生产总值。

山东省坚持环保优先,积极保护海洋环境,海洋生态文明建设不断发展。把海洋环境保护作为生态省建设的重要内容,纳入政府环保工作考核目标。率先建立全海域生态红线制度、海洋生态补偿制度,加强海洋环境监测,初步建成了省、市、县三级监测业务体系。实施了胶州湾、莱州湾生态整治工程,青岛、烟台、日照、威海入选国家"蓝色海湾整治行动"城市,积极开展海域生态整治修复。初步建立起海洋预报减灾体系。

着力推进"海上粮仓"建设,渔业转型升级成效显著。山东省委、省政府

---

① 宋继宝:《山东省海洋经济发展前景展望》,《海洋开发与管理》2017年第2期。

高度重视"海上粮仓"建设,并设立了"海上粮仓"建设投资基金和发展基金,全面推进"海上粮仓"建设。同时,加快"海上牧场"建设,积极培育海洋生态牧场综合体,并建立了省海洋牧场观测预警预报数据中心,建设海洋牧场多功能平台,对海洋牧场实施"可视、可测、可控、可预警",不断提升海洋牧场装备化水平。

海洋渔业稳步发展。山东省坚持质量兴渔,不断加强水产品质量监管。立足源头治理、标准化生产,强化全程监管,建设了省级水产品质量追溯系统。坚持科技创新,推进渔业科技支撑服务。海洋与渔业规范化管理水平显著提升,在全国率先试点休闲海钓渔船、海洋牧场平台规范化管理,取得新突破。全面建成"数字海域"工程,实现全海域展示数字化、海域使用审批网络化、动态监管可视化管理。积极发展休闲渔业,拉动相关产业发展,并成为新的旅游热点。

近年来,山东省积极推进海洋旅游与文化产业协同创新发展,主动发展海洋旅游产业链,不断优化海洋旅游产业结构,推动海洋旅游向度假、健身、娱乐、增知为一体方向发展。

山东省位于中国东部沿海、黄河下游,历史文化悠久,具有独特的海港渔人文景观。山东半岛突出于渤海与黄海之中,有3 100多公里黄金海岸,占全国海岸线的六分之一,仅次于广东省,居全国第二位,近海海域中散布着299个岛屿,岛屿岸线总长668.6公里。海岸自然景观奇特,适合推广滨海特色旅游,结合海洋历史资源与海洋人文景观资源,在欣赏祖国美丽海滨风光的同时,达到增长海洋文化知识与健身强体的目标。

积极整合滨海旅游资源,打造山东海洋特色旅游项目,创建新的海洋旅游品牌,积极推进海洋旅游资源开发与海洋文化协同创新发展,积极推动以海洋观光旅游、休闲渔业旅游、海岛度假旅游等为主体的新型海洋旅游业,不断提升海洋游钓、邮轮旅游等海洋旅游新兴产品规模和质量,加大海洋体育活动招商力度,开展以海上体育活动为主题的海洋体育旅游,加强安全监管力度,规范海洋特色旅游市场环境。

加大对山东省海、岛、渔、港的地方特色研究,以具有地方特色的海洋环境、人文环境为基础,以文化产业推动当地海洋旅游的发展,积极推动海洋旅游向海洋文化旅游、海洋体育旅游等现代海洋服务业转型,以体育＋旅游＋文化＋民俗为一体深化海洋特色旅游,开发差异化海洋体育主题产品,开发山东半岛的谷雨节、鱼灯节、祭海节、渔民节等民俗文化资源,加大海洋休闲体育活动与海洋体育旅游宣传力度,形成具有山东地方特色的海洋休闲体育旅游商品体系。

海洋旅游应打破传统的海洋旅游产品结构,逐步形成高中低档多层次结合的海洋旅游产品结构,将海洋旅游产品逐步向主题多元化、个性化方向发展,建立多部门海洋旅游综合信息平台,不断提升海洋旅游品牌的知名度。发挥山东海洋大省优势,实施文旅融合,规划打造"仙境海岸旅游带",创建精品海洋旅游区,发展文化创意产业园旅游,精品海洋旅游产品品牌,不断提升山东海洋主题旅游竞争力。

山东远洋渔业船队规模、装备水平、作业空间和冷链建设等方面均取得了很大进展,综合实力居全国前列。全省专业远洋生产区域分布于太平洋、大西洋、印度洋,基本实现多渔场全年连续生产和产业化发展。

(一)青岛海洋经济飞速发展

青岛中心城区拥有国家海洋科学研究院、黄海水产研究所、海洋涂料重点实验室和中国海洋大学等一批国内顶尖的海洋科研机构,周边也有大量海洋经济企业聚集:这些企业多属于技术密集型的海洋生物医药、海洋信息服务、海洋技术服务行业。

以山东大学青岛校区、青岛海洋科学与技术试点国家实验室等科研机构为中心,打造青岛"蓝谷",在周边定向引进与专业特色相匹配的行业要素。

2011年,山东半岛蓝色经济上升为国家战略,至2017年,青岛市实现海洋生产总值2 909亿元,同比增长15.7%,占国内生产总值比重达到26.4%。其中西海岸新区定位先进制造业集聚区,集聚了近200家科研机构,其中国家级科研机构24家。2018年,蓝色经济重点建设项目25个,总投资超一千亿元。中国"蓝谷"定位以海洋为主要特色的高科技研发及高科技产业集聚区,主要集聚海洋科技成果转化平台。红岛经济区(高新区)定位以蓝色经济引领转型升级的自主创新示范区,累计引进建设"国字号"创新平台超15个。2019年,青岛市为加速科研与企业生产的融合,牵头实施了一个"蓝色药库"的计划:从项目支持、研发资助、平台建设、基金设立、人才培育等方面支持海洋生物医药行业的发展。

2016年,青岛获批国家"十三五"首批海洋经济创新发展示范城市,市政府连续出台了《"海洋+"发展规划》《建设国际先进的海洋发展中心行动计划》,推动海洋新旧动能转换能够促进沿海城市孕育新产业,引领新增长。青岛市作为国家新旧动能转换综合试验区"三核"引领城市之一,加强青岛市建设全国蓝色领军城市,为全国海洋城市建设发挥示范作用。

2018年7月,青岛市出台了《大力发展海洋经济加快建设国际海洋名城行动方案》,加快发展海洋交通运输、海洋船舶与设备制造、海洋生物医药等十大海洋产业;全面提升海洋科技创新、海洋特色文化、海洋生态文明、海洋对外开放等四大领域发展水平;实施海洋新动能培育、重点区域率先突破、项目园区企业建设、国家军民融合创新示范区建设、"放管服"综合改革等五大支撑保障工程。2019年青岛市出台了《新旧动能转换"海洋攻势"行动方案(2019—2022年)》,提出了全面开展海洋产业转型跨越、海洋科技创新引领、高水平对外开放、海洋港口提质增效、海洋生态环境保护、滋养海洋文化六场硬仗,努力推动海洋经济高质量发展和国际海洋名城建设全面起势。

"十三五"以来,山东省青岛市围绕"建设世界一流的海洋港口、完善的现代海洋产业体系、绿色可持续的海洋生态环境"的要求,全面落实海洋强省建设各项工作任务,持续推动海洋经济高质量发展,努力打造国际海洋名城。①2019 年青岛市海洋生产总值年均增长 14％以上,占国内生产总值比重由 2015 年末的 22％提升至 2019 年的 28.7％。青岛市多措并举,积极发展海洋经济。②具体做法主要如下:

一是不断加快海洋领域科技创新,顶尖创新平台支撑进一步增强。青岛市着力加快建设海洋试点国家实验室和国家深海基地等顶尖高端海洋科技创新平台,推进海洋大数据中心建设,加速推进中科院海洋大科学研究中心建设,现已正式启用了国家海洋设备质量检验中心。加快深海资源保藏与开发、海洋人工智能与大数据协同创新等平台建设。

二是进一步提升全市海洋科研创新能力。青岛以海洋技术为特色,将港口、海洋生物资源等传统优势,转化为在海洋服务、海洋装备制造、海洋生物医药等新兴行业的拓展。海洋生物医药已成为青岛的一大优势产业。全球 15 种海洋药物中,有 3 种诞生于青岛,并在国内成功上市。

青岛市已初步形成了以"三龙"——蛟龙、海龙和潜龙为代表的系列深海运载装备体系。海上试验场、载人深潜器等国家大型科技设施群建设顺利推进。青岛市已建成国内首个海洋特色冷冻电镜中心环境适配系统。"东方红 3"号、"蓝海 101 号"等先进科考船入列。万米级水下滑翔机在全球首次突破水下 8 000 米持续观测,大洋钻探船大科学装置项目获得了国家立项支持。

加快海洋生物医药发展,培育壮大海洋战略性新兴产业。实施"蓝色药库"开发计划,搭建智能超算海洋创新药物研发平台,推动青岛海洋生物医药研究院药物合成平台建成运营,青岛市建立了海洋药物中试基地和蓝色

---

① 陈嘉楠:《青岛市"十三五"海洋经济发展纪实和"十四五"展望》,《中国自然资源报》2020 年 5 月 25 日。

② 《山东自贸试验区青岛片区多措并举发展海洋经济》,中华人民共和国商务部网站,2021 年 5 月 18 日。http://qdtb. mofcom. gov. cn/article/shangwxw/zonghsw/202105/20210503062177. shtml,上网时间:2021 年 7 月 22 日。

药库研发生产基地，积极打造国际海洋药物协同创新中心。

在全国率先开展海洋经济统计制度和监测评估体系创新，为完善国家海洋经济统计工作体系探索经验。

加快金融机构与海洋经济相融合，发挥财富管理金融综合改革试验区平台优势，聚焦国际航运贸易金融创新中心建设，探索以支持海洋经济发展为主题的金融改革创新，积极引进培育国内外知名海运企业、航运服务企业和码头运营商，推进青岛港环球航运中心、前湾港区自动化码头等重点项目建设，落实招商引资、项目支持等政策，组建"中国蓝色药库开发基金"和两支总规模近百亿元的海洋产业基金。积极支持金融机构设立海洋专营事业部（业务部），支持重点涉海企业上市，推动海洋经济发展。

2021年7月，山东省海洋科技成果转移转化中心联合北京泰有系创业投资管理有限公司和广东创新创业科技服务有限公司，发起成立了海洋共同体基金暨青岛泰广赋能基金，首期规模2亿元，聚焦海洋硬科技，对标科创板，重点支持原始创新、海洋成果转化和高端海洋科技产业化项目培育，重点关注海洋仪器仪表装备、海洋大数据和信息技术、海洋医药与生物制品、海洋环境保护、现代海洋农业等领域，为打通海洋科技成果转化"最后一公里"、建立海洋科技成果转化完整链条提供多元化资金支持。

2020年以来，在青岛市科技局支持下建设的山东省首个海洋科技成果转化创新创业共同体，在海洋高端装备研发、高新技术企业对接及与本地园区协同发展方面取得了阶段性进展。海洋共同体依托中国科学院海洋研究所和青岛国家海洋科学研究中心建设，通过促进"政产学研金服用"创新要素集聚和优化配置，建成融合发展的海洋产业技术创新体系，培育孵化新技术、新装备、新模式和新业态。中国科学院海洋研究所研制的装备"深海海洋要素垂直剖面实时测量系统"和"海床基垂直剖面立体观测系统"等技术已通过验收，标志着海洋所在海洋装备领域获得了技术新突破，将为海洋共同体推动该领域的成果转化提供了技术支撑。海洋共同体深入企业调研产业需求,组织科研人员,开展精准对接与交流,达成了 14 个项目(水产新品种改良与培育、健康养殖体系构建、免疫防治、环境修复、生物资源精深加工与高值化利用、海洋食品与保健品开发、海洋高端装备制造、海洋大数据产品应用)合作签约意向。与海洋领域内 38 家高新技术企业开展对接帮扶活动,重点围绕技术研发、成果转移转化、产业链、供应链和资金链资源等方面进行沟通交流,目前已与 6 家企业达成合作或初步意向。海洋仪器仪表研究所金刚石基薄膜电极海洋盐度传感器等 8 项成果将在共同体转化,预计年产值 7 550 万元。

海洋科技孵化器建设取得重要进展,通过招投标确定了孵化器设计、监理、运营公司,运营人员负责孵化器入驻企业招商储备工作。海洋共同体将在促进产学研融合、创新创业等方面加大力度,构建"政产学研金服用"融合创新生态,从而全面提升科技创新供给能力,为经济高质量发展提供动力源泉。①

发挥科技优势,不断科技创新,提升航运服务能力。探索运用创新技术打造一流智慧码头,创新自动化码头无人卡口监管模式,实现码头现场监管零干预、卡口监管零驻守、实货监管零等待;刷新自动化码头装卸新纪录。自贸区海洋经济发展初见成效,片区新注册涉海企业近 500 家。

争创全球海洋中心城市,加快建设国际海洋名城。不断深化海洋国际合作,加强海洋领域交流合作。海洋试点国家实验室与香港和澳门的高校签署了《港澳海洋研究中心合作研究框架协议》。青岛市还成功举办了东亚海洋合作平台青岛论坛与中国国际渔业博览会等高端展会。

积极推进涉海领域开放。加快上合示范区海洋合作中心建设。积极推动涉海项目落户上合示范区。积极推进全球生物基因组大项目和"数字化

---

① 《山东省首个海洋科技成果转化创新创业共同体取得进展》,青岛市科技局网站,2020 年 9 月 9 日,http://qdstc.qingdao.gov.cn/n32206675/n32206706/200909105136521347.html,上网时间:2021 年 8 月 8 日。

海洋"计划建设。加快口岸服务效能,简化口岸窗口业务程序,压缩集装箱查验时间,改善口岸营商环境。

加快青岛航运中心建设,构建起以海铁联运为重点的全程现代物流体系,不断优化提升港口资源。建成青岛港全自动化码头二期,并投产运营,其中6项科技成果全球首创。不断增强港口集疏运能力,拓宽航线数量。启动了董家口港区干散货国际中转业务。

加快发展多式联运,设立多功能国际中转集拼仓库,青岛集装箱海铁联运量连续5年位居全国沿海港口第一。青岛市被国家发改委列为首批国家物流枢纽城市,欧亚班列青岛运营中心正式投入使用。

积极发展海洋特色产业。加快海洋制造业升级转型,提升海工装备制造高端化水平,集聚北船重工、中船重工(青岛)海洋装备研究院等一批行业骨干企业和研发机构,承建了多个世界最大、中国第一的重大装备项目。

在海洋装备制造领域,烟台和青岛也是中国最强的两座城市。威海、烟台在海洋生物医药领域分别拥有334家、188家企业,在所有沿海城市中仅次于青岛。但这些城市共同面临着产业升级的压力。

不断提高海水淡化能力和淡化海水利用率。加强海洋环境治理,加强海洋资源保护与利用。青岛市在全国率先制定了海域使用管理条例,率先在全市全面推行湾长制,加强海洋环境保护,强化海洋生态保护修复,深入实施"蓝色海湾"、生态岛礁等生态修复工程,加快建设胶州湾、西海岸国家级海洋公园,鳌山湾省级海洋公园等海洋保护区。启动海湾保护总体规划编制和胶州湾环境容量及入海污染物总量控制试点。积极推进胶州湾、灵山湾等"蓝色海湾"整治工程。

创新发展现代渔业。推动海洋渔业转型升级,加快海洋渔业从传统型向精细化发展,积极发展深海渔业,推进海洋牧场综合体新模式项目建设;实施远洋捕捞、海上运输、冷链运输、陆上加工等一体化发展,重点推进中国北方(青岛)国际水产品交易中心和冷链物流基地建设;建设国家级海洋渔业生物种质资源库、青岛市水产苗种研发中试基地，推动中鲁远洋渔业产业园等项目落地。

加快海洋服务业发展，积极发展邮轮经济，不断提升青岛海洋服务业水平。不断拓展涉海主题特色旅游线路，推动滨海旅游业向开发海岛游、海洋牧场综合游等高端旅游产品转型。弘扬海洋历史文化，建成并运营了国家文物局水下文化遗产保护中心北海基地。推进海军博物馆新馆、贝壳博物馆新馆建设。加强海洋特色教育，全国首套从学前到高中的海洋教育地方课程教材在青岛开始使用。积极开展海洋科普教育。青岛市现共有 28 个全国海洋意识教育基地，100 多所海洋特色教育学校。加快青岛涉海国家会展业和海洋赛事活动发展，办好中国国际渔业博览会，形成青岛特色的海洋品牌。

2021 年 7 月，青岛公示了建设全球知名海湾都会的方案，并公示了最新国土空间总体规划（2021—2035 年），综合考虑了青岛市人口分布、经济布局、国土利用、生态环境保护等因素，科学布局生产空间、生活空间和生态空间等要素，到 2025 年，将青岛基本建成开放、现代、活力、时尚的国际大都市。基本形成绿色低碳生产生活方式，山海林田等自然资源得到全面系统保护，国土空间开发格局得到优化，蓝绿相依、山海城相融的一流生态基底更加稳固，滨海生态宜居品质进一步提升；基本形成新动能主导的经济发展格局，现代化经济体系建设取得重大进展，城乡发展更趋协调，国际航运枢纽地位进一步增强，国际贸易和交往水平显著提高，"一带一路"国际合作新平台功能凸显，胶东经济圈龙头作用充分发挥，城市能级和核心竞争力日益增强。

目前，青岛港正在努力实践"港通四海、陆联八方、口碑天下、辉映全球"的愿景，助力青岛建设国际航运中心。

尽管青岛市海洋经济快速发展，但投资拉动、资源消耗型特征仍较明显，科技创新对经济增长的拉动作用不显著，各功能区海洋创新链与产业链错位严重,海洋开发空间结构性矛盾突出。①青岛市应从提升全国"海洋科学城"地位,建设全国高水平的海洋大科学装置平台,加大创新要素引进力度和启动离岸海洋新兴产业试验区等方面推动全国蓝色领军城市的建设。

(二) 烟台市积极推动海洋经济高质量发展

烟台市横跨黄海、渤海,海域辽阔,岛屿众多,海岸线长 1 038 公里,生态环境优良,生物资源丰富。北纬 38 度附近,光照充足、波流平缓,浅海和潮间带海洋生物 1 000 多种,其中鱼虾贝藻参等资源近 400 种。近年来,烟台市累计投入海洋牧场专项建设资金 10 亿元,带动社会投资 100 亿元,海洋牧场建设总面积达到 110 万亩,居全国首位。

烟台是全国优质水产品主产区。全市有大小岛屿 230 个,沿岸分布有莱州湾、龙口湾、芝罘湾、丁字湾等 7 处较大海湾,是众多海洋生物重要的产卵场、索饵场和洄游通道。近海渔业生物品种有 200 多个。目前,烟台市已建成国家级海洋牧场示范区 11 处、省级海洋牧场示范区 12 处,是拥有国家级海洋牧场最多的地级市,全市海洋牧场产业链产值达到 520 亿元。

烟台市积极推动海洋牧场建设,让海洋渔业从"猎捕型"向"农牧型"转变。烟台发挥本地海工装备企业科研优势,在全国率先研发建造了一系列半潜式、自升式海洋牧场多功能管理平台以及深远海智能网箱、管桩大围网等离岸海工装备,推动渔业养殖从浅海向深海、从近岸向离岸、从单一向多元、从传统向现代转变。目前,烟台拥有省级以上海洋牧场 30 处,海洋牧场总面积发展到 105 万亩。

烟台扎实推进产业强海、生态护海、科学管海,全力打造海洋牧场示范之城、海工装备制造之城、海洋旅游品牌之城、海洋环境优美之城,推动海洋经济高质量发展。

培育优势主导品种,发展生态高效养殖,烟台市已建成 21 处省级以上

---

① 李大海、翟璐、刘康、韩立民:《以海洋新旧动能转换推动海洋经济高质量发展研究——以山东省青岛市为例》,《中国海洋大学学报》2018 年第 3 期。

水产原良种场,其中,国家级水产原良种场 7 处,数量居全国地级市首位;各类苗种年产值 25 亿元以上。名贵鱼年产量达到 2.7 万吨、产值 12 亿元,烟台成为全国最大的名贵鱼陆海接力养殖基地。2018 年,烟台市明确了建设海洋经济大市的目标定位,全市凝心聚力推动蓝色经济高质量发展,现代渔业、滨海旅游已成为年产值超千亿的大产业,通过深耕海洋牧场,强化水产品质量监管,建设生态海洋。

积极推动海洋生物、海洋医药产业发展。近年来,千亿级的烟台生物医药健康产业逐渐崛起,其中海洋生物医药及制品产业异军突起。山东国际生物科技园累计引进海洋生物与医药领域的创新创业项目近 100 项,在孵中小微创新型企业 60 多家,成为"国家综合性新药研发技术大平台烟台基地";荣昌生物医药在研国家一类新药 9 个,总投资 10 亿元的荣昌生物医药园已投用,成为在生物医药行业具有国际领先水平的顶级园区。海洋生物医药产业的兴起,①为烟台海洋经济高质量发展注入了新动能。

第三节　国外海洋经济治理研究

随着世界范围内陆地资源受制约现象愈演愈烈,海洋开发越来越受到广泛关注,随着全球海洋经济快速发展,大力发展海洋经济也成为世界多数沿海国家争先发展经济的先动力。提高海洋资源开发能力,推动蓝色经济可持续发展。

世界主要发达国家积极开展海洋经济治理,在不断提升海洋经济效能的同时,保护海洋生态和环境。世界各国积极推动海洋经济升级转型,海洋战略性新兴产业不断涌现,向海而兴,依海而立,从陆地经济到海洋经济的

---

① 王金虎、张行方:《山东烟台——做好海洋经济大文章》,《经济日报》2019 年 12 月 27 日。

转变、从浅海到深海的转变、从近海到远海的转变,多维开发海洋,保护海洋环境,实行海洋经济可持续化发展。

全球海洋渔业过度捕捞问题十分突出,渔业资源总体可持续性显著下降。世界主要海洋国家大多集中在"投入控制"政策和"产出控制"政策上,较好地控制了近海渔业滥捕问题,有效保护了近海鱼类资源。

一、美国

2017年2月,美国出台了《美国海洋渔业工业指南》,提出确保渔业和鱼类种群可持续发展、培育和保护濒危物种和优化组织管理能力的三个战略目标,以指导和督促海洋从业人员遵循渔业可持续发展要求加快完成全国海洋渔业管理执行计划。2018年美国又发布了《美国海洋科技与技术十年愿景(草案)》《关于促进美国经济、安全和环境利益的海洋政策的行政命令》等,①就海洋经济与产业发展规划提出了顶层设计,有力地推动了美国海洋经济和海岸带地区社会经济发展。

美国海洋管理部门积极按照国家相关海洋管理法案要求,实行公平有效、灵活的管理模式,不断完善渔业管理系统,提高渔业数据收集的质量,提高鱼种存量评估的质量和及时更新,通过国家科学研究院及第三方审查,有效提升评估方法。积极发展海洋休闲渔业。在渔业管理计划和渔业生态计划中增加了对生态系统供给的关注,积极推行基于生态系统的渔业管理政策和路线图,实施更有针对性的栖息地保护行动,加强对气候变化研究,制定涉及其湖变化影响因素的珍稀鱼类种群保护指南;推动对全国范围内海水养殖进行高校、稳定的监管,增加海水养殖许可证的申请与审查数量,提升海洋捕捞技术,大幅提高捕捞能力。美国联邦海洋渔业管理局通过修订的渔业法案,实施捕捞许可制度、建立美国商业渔业和休闲渔业的管理规

---

① 韩杨:《全球主要海洋国家渔业资源治理经验及启示》,《中国发展观察》2020年第1—2期。

则,实施总可捕捞量控制,实施渔业捕捞配额管理项目,并取得了较好成效,降低近海渔区过度捕捞,近海渔业资源得到较好修复。早在 2006 年,美国就建成了世界上最大的海洋保护区,有针对性地加强海洋渔业资源保护,恢复全球野生渔业资源,促进鱼量增长。积极落实进口海洋食品检测及《海洋哺乳动物保护法》中的进口条款,减少国际范围内的非法捕捞。

同时,美国放宽了游艇准入条件,加快海洋旅游经济发展,美国降低了游艇产业税率,简化游艇销售程序,刺激游艇销售,为游艇产业提供政策和金融支持,加大游艇运输与航道基础设施建设,积极支持游艇产业参与国际竞争,扩大国际市场占有率,在完善国家移民政策和高技术人才引进计划、加强游艇产业高技术人才引进力度的同时,开展游艇安全立法研究,加强游艇无线电安全,提升游艇参与水上技能,不断提高和完善休闲渔业发展政策,支持清洁发动机生产、改进游艇业工艺和制造标准,[1]积极推广可再生能源在海洋渔业和休闲渔业上的应用。

二、英国

海洋经济在英国国民经济中占有十分重要的地位,作为传统海洋强国,英国海洋经济规模在欧洲首屈一指,[2]其发展模式及产业规划等值得中国学习借鉴。

英国海岸线长达 1.145 万千米,拥有丰富的海洋资源。作为世界海洋经济发展的代表性国家,船舶业与航海业发展早、起步快。20 世纪 60 年代,英国将海洋经济发展战略重心转型到北海地区的海洋油气开发,英国政府利用优惠税收政策鼓励海洋石油与天然气行业发展。

进入 21 世纪以来,英国在世界的海洋地位受到挑战,传统的航运、船舶制造、捕捞等海洋开发活动已不再具有竞争力。为在世界海洋发展中争得

---

① 何广顺等编著:《国外海洋政策研究报告(2018)》,海洋出版社 2019 年版,第 75—86 页。
② 韦有周、杜晓风:《英国海洋经济及相关产业最新发展状况研究》,《海洋经济》2020 年第 2 期。

一席之地,英国政府、社会各界将英国的海洋发展侧重点转向海洋经济领域和海洋科技领域,以培育新的海洋产业。

英国积极发展海洋可再生能源产业。[1]英国政府把海洋可再生能源产业提升到战略高度,并制定了较详细的发展规划,在政策法规和资金方面给予大力扶持,建立了充分开放的市场机制和合理的产业结构来支撑海洋再生能源产业的发展。注重开展国际合作,建立充分的公众参与机制。

英国通过庞杂、繁复且交叉的法律系统来限定各类海洋活动,由中央管理机构、地方管理机构和半官方机构管理海洋与海岸带。确立规划政策和海洋许可证制度、实现海洋保护区网络化,以保护海洋环境和促进海洋可再生能源产业发展。英国从国家层面将全国划分成了 11 个海洋规划区,[2]分别进行地区级的海洋规划,标志着英国海洋与海岸带管理政策迈出了国家统筹、统一规划和综合管理的重要一步。目前,英国已将海洋能相关权力下放给苏格兰、威尔士和北爱尔兰政府,积极支持非政府组织推动海洋能科技创新,以提高海洋技术水平,降低商业风险,带动私人投资。

2018 年 3 月,英国发布《海洋未来》报告,分析英国在海洋开发与科技创新方面未来的重要发展趋势、创新机遇与挑战。报告提出英国全新的国家海洋发展战略,优先提升对海洋及其价值的研究与认识,积极寻找英国海洋发展的关键领域与行业,发掘海洋可再生能源领域的巨大潜力,以海上风力发电为突破口,促进能源创新,推动经济增长与减排;解决生物多样性和海洋生态系统长期可持续发展的主要挑战。加强国际合作,以提高海洋监测和渔业管理能力。利用英国的科学技术优势,与发展中国家建立海洋合作;与热带发展中国家合作进行渔业管理;与全球发展中国家合作减缓气候变化;推广英国的水文监测和可持续海洋管理经验。支持并实施稳定而有

---

① 丁娟、刘元艳:《英国海洋可再生能源产业发展现状及政策借鉴》,中国工业经济年会论文集,2013 年 12 月。

② 罗昆:《英国海洋与海岸带管理政策研究》,《海洋开发与管理》2018 年第 2 期。

效的全球海洋治理措施。保障英国的领导地位,保护国家利益。

英国政府非常重视经济增长与环境保护并行政策,在追求经济增长的同时,将环境保护作为一种责任,努力提升油气开发与环保的协调性。在保护海洋环境顺利实施的情况下,使新能源战略与环境保护共同发展,从而达到稳步双赢的新局面。

三、澳大利亚

澳大利亚海岸线漫长,长约两万千米,其管辖海域面积位居全球第三。面积广阔的海岸带和管辖海域,为澳大利亚海洋经济发展提供了优越的先天条件。海洋经济整体发展态势良好,是世界上率先采用海洋经济政策引导海洋发展的国家。海洋产业是澳大利亚的支柱产业,近年来呈现出强劲持续的增长势头。澳大利亚政府通过制定海洋产业发展战略,实施海洋综合管理,促进海洋新兴产业发展,加强海洋渔业资源的开发和养护,大力发展滨海旅游业,形成了一套系统全面的发展模式,推动了澳大利亚海洋经济与海洋生态环境的协调可持续发展。

澳大利亚非常重视政府在海洋经济发展中的作用。通过区域资源整合与分管体系制定管理海洋经济发展规划,在规划中注重利益分配,有效兼顾了海洋各个产业协调发展,从而更大程度上保持了生物多样性和利益分配,促进海洋可持续发展。

澳大利亚十分重视海洋经济发展,并重视海洋环境的建设和保护工作,通过建立生态保护区和海洋生态环境质量监测体系,对重点环境监测点和海域环境实施定期跟踪监测,[1]在维持海洋生态功能、保护海洋生态环境方面发挥了重要作用。

澳大利亚积极推动海洋经济发展的主要举措有:

---

[1]　韩杨:《全球主要海洋国家渔业资源治理经验及启示》,《中国发展观察》2020 年第 1—2 期。

第一，制定海洋产业发展战略。澳大利亚政府于1997年、1998年分别公布了《澳大利亚海洋产业发展战略》《澳大利亚海洋政策》和《澳大利亚海洋科技计划》3个政府文件，提出了澳大利亚21世纪海洋战略与海洋经济发展的政策措施。①其中，《澳大利亚海洋产业发展战略》的目的是统一产业部门和政府管辖区内的海洋管理政策，为保证海洋可持续利用提供框架，并为规划和管理海洋资源及其产业的海洋利用提供政策依据。

第二，重视科技在海洋经济中的推动作用。提高科技含量，促进海洋新兴产业发展。澳大利亚政府于1999年出台了《澳大利亚海洋科技计划》，2009年又出台了《海洋研究与创新战略框架》。这些政策为澳大利亚海洋新兴产业发展提供了强大的政策和技术支持。从计划制定机构、出台背景与制定过程、计划目标、优先支持领域、执行支持5个方面对比前后两部海洋科技计划发现，澳大利亚海洋科技计划发生了诸多变化。近年来，澳大利亚海洋科技研究成果丰硕：建立了海洋综合观测系统，开发了世界上最好的海洋生态系统模型，发现了可能影响澳大利亚气候的海洋气温变化，绘制了世界第一张海底矿物资源分布图，建立了海洋渔业捕捞机制、海洋天气预报系统、保护海上大型工程的模型等。海洋高科技的发展，为澳大利亚海洋产业的可持续发展提供了强大发展动力。发展海洋科技的目标不再局限于认识海洋环境，保护与开发海洋资源，而是以支持国家蓝色经济为核心。科技研究重心也从海洋自然环境领域，向海洋科技在政府、产业及社区中的应用转变。从没有具体化建议与专项资金支持，发展成为了目前的海洋科技具体行动指南。②

第三，积极实施海洋综合管理。综合管理模式是澳大利亚海洋产业发展的"护航舰"。澳大利亚实施的海洋综合管理模式有助于实现不同涉海组

---

① 《澳大利亚：多措并举推动海洋产业发展》，海洋在线，2017年8月18日，https://www.cafs.ac.cn/info/1053/25139.htm，上网时间：2021年8月9日。
② 袁蓓：《澳大利亚海洋科技计划比较分析》，《全球科技经济瞭望》2009年第9期。

织间、管理组织间的协作,避免造成多部门、多层次齐抓共管使管理结构混乱分散、管理权威丧失、管理效率低下、权责不清的现象。

其一,澳大利亚联邦政府合理划分联邦政府与各州、领地之间的海洋管理管辖权利,实现海洋资源的有效、合理利用。1979 年,澳大利亚政府出台《海岸和解书》,划分了联邦政府与各州、领地之间的领海控制范围权,使政府在海洋管理中处于管理控制有效地位,以最终实现海洋的统一管理。

其二,积极转变政府部门职能,实现产业与产业之间、部门与部门间的有序衔接。澳大利亚于 1997 年颁布的《海洋产业发展战略》明确规定了各部门间的管理职能和权责划分,改变了海洋产业管理的无序和重叠现状。

其三,依据法律法规,进一步加强海洋管理。澳大利亚政府依据法律条例,使联邦政府和州政府之间互相帮助、协同合作。凡涉及外交、国防、移民、监管等的海洋工作通常由联邦政府处理,其他的海洋工作则由州政府或者地方政府管理。联邦政府通常只负责 3 海里以外的海域管理,而各州政府负责管理 3 海里之内的海洋事务。

其四,重视海洋渔业资源的开发和养护。澳大利亚政府长期致力于海洋环境保护、可持续应用和生物多样性保护,目前共有 194 处海域属于保护范围,总面积近 65 万平方千米,包括海洋公园、鱼类栖息保留地、禁渔区和鱼类保护区等。此外,澳大利亚政府对渔业实行配额管理,建设人工鱼礁,保护海洋渔业资源;设立海洋生态保护区,对珊瑚礁、海草、湿地等海洋生态系统进行保护;重视发展水产养殖业,以减少捕捞量,保护海洋渔业资源。

澳大利亚实行生物多样性保护策略,明确提出建立一批不同类型、具有代表性的海洋生态保护区,依据各区域特点,整合不同种类的海洋资源。通过对不同特点的海洋区域进行分析,澳大利亚将本国海域划分为 12 个海洋生态区域。如珊瑚礁保护区、海草保护区、海上禁渔区以及沿海湿地保护带等,在西澳大利亚及昆士兰两个州还建设了人工鱼礁区。这种以海洋特性为基础、对整个海域进行区分管理的方法,更有利于了解各海洋生态区的共性和特殊点,进而实现海洋资源开发与利用的合理化。这些举措对于维持海洋生态功能、保护海洋生态环境发挥了重要作用。2007年,澳大利亚实施了一项全新的大堡礁"分区保护计划",让大堡礁成为受到高度保护的最大礁脉群。新的分区保护计划实施后,三分之一的大堡礁地区禁止捕鱼。

第四,大力发展滨海旅游业。澳大利亚海洋旅游活动项目众多,包括潜水、垂钓、冲浪、划船、海滩度假等。据澳大利亚旅游研究局估算,海洋旅游占国内旅游娱乐业的35%—40%,仅海上垂钓的直接从业人员就达8万人,年产值30亿澳元。[①]

因此,借鉴世界其他海洋国家海洋经济发展经验,有效推动中国海洋经济可持续发展。不断完善中国海洋政策法规,加强海洋立法,尽快建立海洋生态损害补偿赔偿制度的法律体系,保护海洋生态资源。注重海洋经济长远发展,积极利用海洋高新技术,科学利用海洋,真正实现海洋经济可持续发展。

第四节 余 论

海洋经济是指开发、利用和保护海洋的各类产业活动,以及与之相关联活动的总和。海洋经济由海洋产业和海洋相关产业构成,包括12个主要海洋产业、海洋科研教育管理服务业和海洋相关产业。传统海洋产业包括渔业、近海油气、旅游业和海运等,新兴海洋产业活动包括海洋可再生能源利用、深水油气资源开发、海底采矿、海洋生物技术以及海洋新材料研发等。[②]

---

① 《澳大利亚:多措并举推动海洋产业发展》。海洋在线,2017年8月18日。https://www.cafs.ac.cn/info/1053/25139.htm,上网时间:2021年8月9日。
② 林香红:《面向2030:全球海洋经济发展的影响因素、趋势及对策建议》,《太平洋学报》2020年第1期。

影响全球海洋经济发展的主要因素，包括：全球经济的增长前景、技术创新与进步、人口增长及城镇化和老龄化问题、世界能源结构变化、地缘政治风险、气候变化与海洋的相互作用和海洋经济政策的实施等。

海洋生物资源是海洋资源中的重要部分。水产增养殖业成为海洋经济新的增长点。在近海建立"海洋牧场"也已经成为世界发达国家发展渔业、保护资源的主攻方向之一。各国均把"海洋牧场"作为振兴海洋渔业经济的战略对策，投入大量资金。通过投放人工鱼礁、改良海洋环境、人工增殖放流等一系列措施，大大提高了海域生产力。

中国提出的"一带一路"倡议，以经济合作为主，互利共赢，旨在推动中国新一轮发展。"一带一路"倡议以地缘经济战略促地缘政治发展，推动构建地区治理与国际政治、经济新秩序。积极构建从"利益共同体"到"命运共同体"的目标，推动中国与广大发展国家的关系，与周边国家一道共同打造开放、包容、均衡、普惠的区域经济合作架构，为加强地区与全球治理提出中国的具体建议与方案。

中国提出的"一带一路"倡议为周边国家提供了一个包容性、开放性强、互利合作的发展平台，可以把快速发展的中国经济与周边沿线国家的利益相结合，互利共赢，促进和深化了中国与周边国家的合作关系。尤其是促进了中国与东盟之间的关系，使中国与东盟之间的经济更为紧密。东盟经济体成为中国"一带一路"倡议的一个重点地区，也是中国周边外交最重要的地区。近几年来，中国和东盟经济体之间的经济关系迅猛发展。中国与东盟的双边贸易额大幅增加。

中国提出的"一带一路"倡议将中国与中亚、东南亚、南亚、西亚、东非、欧洲经贸和文化交流的大通道连通起来，在传承和提升沿线国家对古丝绸之路的同时，致力于与周边国家发展睦邻友好关系，努力为地区间的和平发展不断注入新活力，极大地提高周边国家对中国的认同感和亲近感，促进了中国与周边国家关系的可持续发展，为实现互利共赢局面创造了有利条件，有助于实现中国提出的构建利益共同体到命运共同体的伟大目标。

互利共赢,筑牢和夯实周边命运共同体根基,推动中国与周边地区政治、经济、安全、文化合作实现全面发展,从而实现中国与周边地区的共同繁荣。

2019 年,中国海洋生产总值近 9 万亿元,同比增长 6.2%。海洋经济对国民经济增长的贡献率达到 9.1%,拉动国民经济增长 0.6 个百分点。海洋经济结构持续优化,海洋产业转型升级步伐加快,智能船舶研发、绿色环保船舶建造取得了新突破;以海洋生物医药、海水利用为代表的海洋新兴产业快速发展,增速达到 7.7%,高于同期海洋经济增速 1.5 个百分点。涉海工业企业效益保持稳定。涉海市场主体数量大幅增长。中国与“海上丝绸之路”沿线国家海运进出口总额比上年增长 4.6%。海洋对外贸易总体向好发展,2019 年海运出口贸易总额为 16 601 亿美元,比上年增长 0.2%。

在海洋经济发展方面,针对海洋经济开放性、国际性、全球化的特征,共建“合作之海”应成为中国发展利用海洋经济的总目标。

中国政府在 2021 年“十四五规划”中明确提出要“积极拓展海洋经济发展空间”。促进区域协调发展,优化海洋经济空间布局,完善海洋产业结构,提高中国海洋经济产业链的韧性,努力培育高端产业集群,积极发展海洋生物制药、海洋装备制造、海水淡化与综合利用、海洋新能源、海洋新材料等新兴战略产业,同时推动涉海领域消费升级,加大开放力度,开发拓展滨海旅游、海洋融资,不断做大可循环的“蓝色经济”。①在全面融入世界海洋经济的过程中壮大自己、保护自己。

中国积极推动海洋经济发展,并积极推出示范区建设指导、金融扶持等激励政策。而且,中国政府全面加强海洋资源开发利用监管力度,着力促进自然资源集约开发利用和生态保护修复,加强监督管理。坚持严管严控新

---

① 傅梦孜、陈旸:《大变局下的全球海洋治理与中国》,《现代国际关系》2021 年第 4 期。

增围填海和积极稳妥处理历史遗留问题并重,强化了对海洋资源的管理与保护。持续推进海洋生态保护修复及预警监测工作。中央财政支持 10 个城市开展"蓝色海湾"整治行动。渤海综合治理攻坚战深入实施,海岸带保护修复工程启动。深化黄海跨区域浒苔绿潮灾害联防联控机制,强化源头治理。不断提升海洋科技创新能力,全面推进金融服务海洋经济高质量发展。海洋产业基金投入不断加大,山东西海岸海洋产业基金、深圳海洋新兴产业基地基础设施投资基金相继设立。涉海债券、融资租赁等多元化融资渠道不断拓展。航运金融服务加快发展。积极深化海洋经济对外合作。

在建设粤港澳大湾区进程中,可以将海南全岛纳入粤港澳大湾区建设中,形成大湾区$^+$规模,在为粤港澳大湾区建设锦上添花的同时,带动海南全省联动发展;在总结自贸试验区试点经验的基础上,通过积极与国家有关部门沟通协调,不断提高海南自贸港效能,争取在粤港澳大湾区范围内进行自由贸易港扩容扩围的先行先试,逐步形成"大湾区＋自由贸易港"的发展模式,可以更加有力支撑粤港澳大湾区成为国际标准和全球贸易规则的引领者。

同时,将福建西部纳入大湾区建设规划中,为大湾区深度发展提供空间。以粤港澳大湾区核心区为核心,以海南为西南翼,福建为东北翼,双翼齐飞,形成粤港澳大湾区经济带,推动粤港澳大湾区全面发展。

在大湾区有条件的银行可开展人民币拆借、人民币即远期外汇交易、人民币相关衍生品、理财产品交叉代理销售;大湾区内的企业可发行跨境发行人民币债券。推动大湾区基金、保险等金融产品跨境交易。支持粤港澳保险机构合作开发创新型跨境机动车保险、跨境医疗保险产品;内地与港澳保险机构开展跨境人民币再保险业务。

中央统筹领导,协调消除湾区内影响人员、资源自由流动的制度壁垒和政策障碍。加快实现港澳居民"同等待遇"的充实化和先行先试,比如报考公务员、参军等,解决港澳居民对国家的认同问题;实行湾区内居住证制度,逐步取消户籍。便利子女就业、就学、就医;在大湾区内实现"一卡通",金融、交通和服务便利化—同城化;加快港、澳两市对内地的合理开放。

通过区际协议解决港澳居民在内地以及内地居民在港澳的重复征税与税负合理化问题;有序引入香港在社会管理与专业服务方面的先进制度安排与技术标准,整体提升大湾区社会服务标准化与优质化,形成对港澳及全球人才更大的吸引力;加强内地与港澳法律事务合作,完善仲裁中心建设和争端解决机制整合,推动湾区法治化。

给予大湾区更优惠的政策。加快大湾区产业结构调整,加强大湾区公共交通建设与公共服务均等化建设,实现城市群更高水平与更高质量的联动发展。

立足于互补短板,以香港全球顶尖的基础研究能力去补珠三角基础研究不足的短板;以珠三角高超的科技运用研究和产业化水准去补香港的短板,全力协助香港实现科研成果产业化。

加快粤港澳大湾区现代货运物流服务,实现铁路—水运、公路—铁路、航空—铁路、江河海联运和"一单制"联运服务。

粤港澳大湾区建设应分层展开。广深港澳为中心城市,珠海、佛山、中山、东莞、惠州、江门、肇庆为节点城市,并加快建设广东的特色城镇。强化广州、深圳等核心大城市对外围地区的辐射与带动效应的都市圈与城市群发展战略,促进区域经济协调发展,有效阻止城市过度膨胀,改善单中心规划模式,保障和谐宜居生活环境。大湾区建设应与国家"一带一路"倡议相结合,聚焦东南亚,联动东南亚各所高校,提高并船出海的成功率。发展粤港澳大湾区的灵魂和主旋律是创新,将创新科技与产业化结合,加强创新金融生态链等方面的建设。

避免大湾区内各个城市同质化竞争,规划好产业分工、发挥好各自产业优势,香港继续加强商贸产业和金融业,广东主要以制造业为重,进一步整合并全面发挥香港的优势,积极利用香港拥有全球顶尖基础科研力量与原始创新能力居亚太区前列的优势,加快推动粤港澳大湾区科技创新,加快创新科技与创新金融的深度融合,促进科技创新产业加快崛起,提升创新科技发展水平,推动产、学、研联动发展,将大湾区建设为一流国际创科中心。健全高端人才引进机制,优化深港两地在居住条件、研究经费和产业化服务等条件,吸引全世界科技创新人才到深港两地发展。完善两地合作研究跨境经费管理办法,以方便科研经费跨境拨付和使用为目标制定实施细节,为两地开展科研合作创造更好条件。

中国政府制定了"十四五"期间中国海洋事业发展的重点任务是:牢固树立新型资源观,积极推动海洋资源合理开发与海洋经济绿色转型,在保护海洋生态前提下,全方位开发利用海洋资源,建设海洋生物资源、海洋能源、海水资源、金属矿产资源和空间资源等战略性资源基地,进一步提升海洋经济对国民经济的贡献率。①积极推动海洋渔业产业结构优化,大力发展远洋渔业。在近海地区严格实施"海洋渔业资源总量管理",继续实行最严格的"伏季休渔制度"。积极推动海洋休闲渔业发展,促进海洋渔业的一二三产业融合发展。进一步推动"海洋牧场建设",积极转变海洋渔业发展方式。加快推进海水养殖绿色发展,继续推进海水健康养殖示范活动。同时,中国还应积极参与国际海洋渔业资源规则的制定,深入开展与沿岸国、各大洋国际渔业组织的合作,积极参与国际海洋渔业资源评估和开发利用规则的制定。

积极推动海水淡化规模化应用。加强统筹协调,将海水淡化水纳入国家水资源战略体系,从国家战略高度对海水淡化进行科学定位,实现淡化水与其他水资源的统一调配。不断提升自主创新能力,国家对自主技术的产业化应用、工程示范等给予引导资金,地方政府给予资金匹配。将海水淡化水引入市政管网,政府对海水淡化水给予一定的财政补贴。进一步加快海

---

① 王芳:《新时期海洋强国建设形势与任务研究》,《中国海洋大学学报(社会科学版)》2020年第5期。

水淡化与综合利用产品标准、方法标准、管理标准等的编制,建立健全海水淡化与综合利用标准体系。①加强宣传力度,不断提高民众利用海水淡化水的意识。

国家应大力扶持海洋生物医药发展。加强海洋生物医药科技人才培养及科技研发力度,鼓励并支持高校、科研院所及企业联合培养相关专业人才。加大海洋生物医药业技术研发投入,不断优化海洋生物医药产业发展市场环境,持续完善知识产权保护制度,拓宽海洋生物医药企业的融资渠道等,重视在海洋生物医药产业中以"互联网+"发展模式助力其快速发展。

但与此同时,中国海洋经济发展也面临诸多挑战,主要有:

第一,海洋经济发展模式陈旧,海洋传统产业比重高。粗放式、掠夺式海洋资源开发和集约利用率低下等问题普遍存在。渔业资源利用效率和效益低下,海水养殖业污染过度,近岸海域整体污染状况较重,渔场生态环境退化严重,生态承载力持续下降。近海渔业资源枯竭。河流排污量大,给海洋生态环境保护带领严峻考验。

第二,海洋产业结构不合理,亟待调整优化。海洋服务业发展动力不足,海洋产业工业化现代化水平不高,海洋高新技术产业质量较低,且分布不合理。海洋高新科技发展仍处于起步阶段,沿海地区海洋产业普遍存在结构同质性问题,区域海洋产业结构缺乏有机联动性。

第三,科技创新能力不够,海洋基础研究较为薄弱,海洋专业人才结构及培养机制存在诸多问题,国际海洋法律、航运金融、航运保险等高端海洋服务业的人才十分匮乏;与国际一流技术相比,目前深圳在国际海缆布局、深海通信等领域仍有一定差距。

第四,海洋经济空间布局有待优化,陆海统筹发展水平整体较低,海洋开发利用层次不高,对深远海资源认知和开发利用的能力有限。

---

① 王芳:《新时期海洋强国建设形势与任务研究》。

　　世界其他国家积极以海洋经济带动其他产业发展,这些海洋国家的海洋经济治理模式对中国海洋经济发展具有一定的学习和借鉴意义。如:美国、英国等海洋强国十分注重海洋产学研的结合,并积极培养创新型人才。美国将海洋保护与开发作为今后一段时期国家经济发展的驱动器,在积极发展海洋经济的同时,加快海洋生物、海洋矿产、海洋综合利用、海洋环境保护等领域的技术产品开发,通过高科技战略,广泛利用海洋科技园区带动蓝色经济发展。[①]而英国政府非常注意与海洋经济企业保持动态、有效的沟通。政府与协会之间良好协作是英国海洋经济发展的成功经验之一,为其他国家发展海洋经济提供了可借鉴的经验。

　　中国通过与"一带一路"沿岸国家进行海洋生物资源开发利用的合作,发展水产养殖,改善近海环境,将中国的成功经验传授给这些国家,通过务实合作,推动全球海洋治理,与国际社会一起推进海洋经济可持续发展。

　　中国应加大海洋经济创新型人才的培养,加快推进海洋产学研一体化进程,积极促进海洋企业与科研院所的紧密合作,积极打造全国范围的海洋科技创新平台,加大海洋产业科研经费投入。加快海洋产业科研队伍建设,不断提升中国海洋经济自主研发能力。中国应加快全国涉海研究技术及资源的有效整合,积极推动海洋科技系统性研究与开发,加快海洋应用技术研究。

　　因此,国家应积极推进海洋环境污染控制和海洋资源保护。继续实施海洋渔业资源捕捞总量控制制度,积极发展海洋深水养殖和生态养殖,严格执行休渔与禁渔制度。进一步加强敏感、脆弱生态系统和珍稀濒危物种的保护,特别是加强红树林、珊瑚礁等重要生态区保护工作,建成和完善海洋国家公园体制机制。重视和加强近岸海域污染防治,实施以质定量、以海定陆的总量控制和许可证制度,全面推进入海污染源综合整治。在全国范围

———————————

① 韩杨:《全球主要海洋国家渔业资源治理经验及启示》,《中国发展观察》2020 年第 1—2 期。

内建立陆海统筹联动的污染防治机制,不断提高海洋生态环境预警和应急处置能力。①进一步加强海域与海岛资源监管和海洋生态环境保护力度,全面实施常态化全国海洋督查。

加强海洋资源环境监测工作。构建和完善海洋资源环境监测"一张网",逐步优化监测机构业务布局,监测范围以近岸海域为重点,由近岸向深海大洋渐次推进,力争早日形成海洋资源环境监测全覆盖。建立健全海洋资源环境承载力监测预警的长效机制,同时制定差异化、可操作的管控制度。加强国际海底区域和极地大洋科学考察,加大力度开展公海生物多样性调查、海洋垃圾(微塑料)监测等,积极参与《国家管辖范围以外区域海洋生物多样性养护和可持续利用国际协定》谈判、《国际海底区域矿产资源开发规章》制定和《联合国海洋法公约》的履约工作。

进一步提高海洋生态修复产业化水平,促进海洋生态修复工作健康有序开展,应尽快建立全国海洋生态修复产业化模式,建立生态修复产业化、市场化体系,改变以景观修复为主的模式,转为以生态功能修复为主新的生态修复模式。建立吸引社会资本投入生态修复的市场化机制,积极支持社会资本进入,建立生态基金和发行债券等形式吸引社会投资,并给予投资者一定比例的利润。提升企业参与海洋生态修复项目积极性。②推行环境污染第三方治理,加强专业监管机构监管修复过程。

在推进中国海洋生态保护与治理进程中,应学习和借鉴国外海洋生态保护与治理成功经验与实践,不断提升海洋生态保护与治理的质量。美国、日本、欧盟等主要海洋国家的海洋生态环境治理起步较早,积累形成了各具特色的经验。中国应积极借鉴世界海洋大国海洋生态环境治理的先进经验与教训,探索和完善具有中国特色的海洋生态环境现代化治理之路。

---

① 王芳:《新时期海洋强国建设形势与任务研究》,《中国海洋大学学报(社会科学版)》2020年第5期。

② 江洪友、张秋丰、朱祖浩:《对海洋生态修复产业化的思考》,《海洋开发与管理》2020年第10期。

作为世界最大的海洋大国,美国海洋治理起步较早。美国在进行海洋资源开发利用的同时也关注海洋生态环境问题,高度重视海洋立法、执法、规划与战略行动计划制定、管理体制完善、科学技术创新、人才培养和全民教育、区域合作等,建立协调一致的海洋管理体制机制,积极推进基于生态系统的海洋综合管理,并取得了诸多成果,已基本形成较为完备的海洋生态环境现代化治理体系,海洋科技处于世界领先地位。日本在海洋生态环境治理方面成效显著,从立法、制度完善、管理机构设置、治理详细计划制定等方面取得了积极成果。日本重视海洋环境教育与公民参与,实行区域海洋污染联防联治,加强海洋环境教育与公民参与。丹麦在海洋环保方面走在世界前列,其高度完善的水资源保护机制和成功经验值得借鉴。尤其是它对污水处理系统现代化的科学改造,几乎消除了污染海洋的废物排放,组织专业人员对海洋水质进行精密监测,[1]海洋生态环境显著改善。

同时,中国应积极实现由"蓝色经济"向"绿色经济"转型,促进海洋经济绿色可持续发展,逐步实现区域内海洋产业政策、海洋生态与海洋环保政策、节能减排政策有效衔接,全面有效提升海陆两大生态系统的可持续发展能力,不断拓宽海洋绿色养殖空间,发展现代绿色海洋渔业,以现代海洋产业体系来引领海洋经济高质量发展。推动海洋产业结构向中高端发展,积极打造蓝色、绿色经济链,加快海洋空间规划与布局,推动陆海协调发展,加快推动海洋产业区域间的合理分工与合作,积极培育支撑海洋经济发展的具有国际知名度的海洋龙头企业,推动海洋产业集群化发展,积极建设"智慧海洋",加快现代化的海洋信息体系建设,加快海洋信息领域核心技术突破,积极运用云计算、大数据等新一代信息技术,并积极推动其在海洋领域的深度融合。积极推动和升级"海洋＋互联网""海洋＋大数据"等发展模式,通过推动海洋传统产业逐步向智能生产、智能销售等新模式转变,引导

---

① 杨敬忠、宣敏:《丹麦:海洋生态治理创造新经济"绿色港湾"》,《经济参考报》2012年3月19日。

海洋产业技术创新,不断完善人才培养机制,引进国外先进海洋生产技术,逐步实现海洋高端制造领域的关键设备、关键零部件的国产化。建设一批产业技术创新平台和国家级海洋重点实验室,有效提升海洋高技术水平和海洋产业化能力,形成完善的海洋高技术产业体系。加快现代海洋服务业向集团化、网络化、品牌化、国际化发展。

中国政府高度重视大湾区经济发展和开展全球湾区合作,推进粤港澳大湾区建设是国家一项重大战略,未来粤港澳大湾区在中国对外开放和参与世界经济分工中将发挥更重要的作用。

加快发展海洋服务业和滨海旅游业,制定滨海旅游资源保护与开发条例、滨海旅游区规划建设导则、滨海旅游服务质量标准、滨海旅游功能区项目准入与管理办法等。加快发展海洋交通运输业。积极实施海运扶持政策,加快港口转型升级,提升港口综合服务能力。加快发展涉海金融服务业。加大对海洋经济的信贷支持力度,拓宽涉海企业融资渠道;建立市场化、专业化的涉海权益交易平台;①建立海洋政策性融资担保体系。

大力推动扶持海洋装备制造业发展。继续强化技术研发投入,提高核心技术创新能力。促进产业集群发展,化解产能过剩。大力推进海洋装备制造领域的产业联盟构建。重视配套产业发展,完善产业链条,推动海工企业从中低端配套向附加值更高的核心高端配套转型,探索进口替代和自主研发的有效途径。加快人才队伍建设,积极探索海工装备制造业专业人才的培养模式,加大产业内部科研人员的激励力度。

推动智慧海洋工程建设。积极探索创新产学研联动体制机制,积极推进海洋信息基础设施共建共享和产业共融,探索政府购买服务的管理运营模式。整合各类海洋调查资源,全面提升海洋信息自主获取能力和覆盖全球海域的自主通信能力。深入开展海洋大数据技术攻关,制定海洋信息资

---

① 王芳:《新时期海洋强国建设形势与任务研究》。

源管理共享政策,整合国家层面海洋大数据资源体系。建立完善的海洋信息产品研制与应用服务的标准体系,①建立多层次、一体化的海洋信息安全管理体系。

海岛开发是很多国家推动海岛经济发展的重要途径。②从 20 世纪末开始,美国就实施了包括"海岛纳入联邦贸易行动项目"等的一系列行动。通过给予海岛宽松的税收政策,促进海岛对外开放,以吸引投资者,从而推动了美国海岛经济和社会的发展。印度尼西亚对外资开放了 100 个岛屿,建成了一批国际知名海岛旅游和度假产业基地。马尔代夫根据本国不同岛屿的具体情况,制定了不同的开发模式,并利用国外资金成功地开发了颇具特色的海岛经济,被称为海岛开发的"马尔代夫模式"。

中国在推进海洋经济绿色发展进程中,可借鉴国外海岛保护与开发治理的经验与不同模式,因地制宜,加快中国海岛经济发展。创新海域海岛资源市场化配置方式及配套制度。借鉴海域审批管理模式,建立和完善省级资源交易平台,充分发挥市场与政府在海域资源配置中的作用,健全评估机制,建立海域海岛储备制度,实行优化配置。

---

① 王芳:《新时期海洋强国建设形势与任务研究》,《中国海洋大学学报(社会科学版)》2020 年第 5 期。

② "中国海洋工程与科技发展战略研究"项目综合组撰写:《世界海洋工程与科技的发展趋势与启示》,《中国工程科学》2016 年第 2 期。

第四章
海洋环境保护与治理研究

　　海洋环境保护是海洋强国建设，尤其是海洋经济强国建设的基础。保护人类赖以生存的海洋环境，是中国政府和人民义不容辞的责任。保护海洋，对流域海域进行协同治理，对近岸海域空间的开发与生态修复进行顶层设计，积极探索以沿海、流域、海域协同一体的综合治理体系，以"陆海统筹"原则积极推动海洋可持续生态环境保护与功能性修复。

　　海洋开发、保护与利用和管控成为海洋强国建设的重点，海洋环境保护则是中国海洋生态恢复的关键。

　　党的十九大提出"坚持陆海统筹，加快建设海洋强国"，提出打造"美丽海湾"，到 2035 年建成"美丽中国"，已成为出台的"十四五"海洋生态环境保护规划的重点主题，这是中国首次针对提升海洋生态环境制定专项五年规划，以"十四五"为开端，中国将在 2035 年将大大小小 1 467 个海湾都变成"美丽海湾"，这也与 2035 年建成"美丽中国"的目标相一致，以此带动和改善近岸海域生态环境质量。为此，国家指定锦州、连云港、上海、深圳四个城市先行开展规划编制试点，从北到南，它们分别毗邻渤海、黄海、东海和南海海域。

　　为提高生物多样性，中国将在"十四五"期间继续推进一批生态修复工程，以保护关键物种栖息地。沿海地区也相继出台海洋环境保护五年规划，在涉海物种、自然岸线保有率、新增岸线修复长度、滨海湿地保护修复面积上都设置了约束性和预期性的指标。

长期以来,公众海洋生态保护意识薄弱,过去几十年间因围填海、人为污染等活动造成中国海岸带受到破坏。一些沿海地区为了追逐单纯的经济利益而过度开发海洋的活动导致中国大陆自然岸线比例不断降低,海洋生物多样性不断削减。近年来,一些地区开展的海岸带修复工程只注重景观修复,而忽视了海洋生态保护。尽管中国的海洋环境状况有所改善,但总体情况依然不容乐观。海洋环境污染依然成为我们环境保护的重中之重。中国海洋环境面临严峻的挑战,海洋环境保护与治理迫在眉睫。海洋环境问题可能同时面临市场机制失灵、政府机制失灵和社会机制失灵的风险。海洋环境保护要从单中心管理模式转向多中心治理模式,从单一管理模式转向多元化治理模式,从碎片化管理模式转向系统性治理模式。积极推动海洋环境治理体制创新,按照陆海统筹的理念推进海洋环境体制建设,以海洋功能定位及规划确定海洋环境保护的体制性分工,以"大部制"涉海机构改革扫除"五龙治海"障碍。[①]

中国应加强海洋环境保护的法治建设,积极推进海洋保护技术的发展,加强对海洋养殖捕捞污染的管理,完善海洋环境污染的生态补偿,不断推进海洋环保技术进步;加快建立项目环评信用监管体系,加快形成以质量为核心、以公开为手段、以信用为主线的建设项目环境影响报告书(表)编制监管体系。

目前渤海仍然处于污染排放和环境风险的高峰期,陆源和农业面源污染物入海量较大,辽东湾、莱州湾、渤海湾等部分海湾存在一部分劣四类水体,海洋环境保护与治理仍然面临诸多挑战。各地区在风险防控等方面成效不平衡,生态整治修复成效不明显,部分地区的水质改善有一定成效,但是距离目标还有较大的差距。

---

① 沈满洪:《海洋环境保护的公共治理创新》,《生态环境与保护》2018 年第 8 期。

海洋环境污染治理应强化从陆上抓起的基本思路,陆海统筹、河海联治,陆海污染联防联控;在开展沿海地区规划环评、工程项目环评的过程中,建立部门间协调联动机制,重点做好沿海陆域产业布局与海域资源环境承载能力相衔接,注重加强海洋生态环境保护方面的审查,逐步实现产业布局方面的以海定产。

近几年来,中国积极推进河长制、湾长制试点工作,这是中国海洋生态环境保护的一项制度机制探索,以建立陆海统筹的治理协调机制和党政同责的海洋生态环境保护长效治理机制,着力解决近海治理体制不健全、监管缺位等长期存在的问题,打好污染防治攻坚战,积极构建现代化的环境长效治理机制。

海洋垃圾与塑料污染已成为国际社会普遍关注的热点问题,其治理涉及生产、流通、消费多个环节,需要政府、企业、公众共同参与。中国高度重视海洋垃圾和塑料污染治理,积极采取一系列的措施,持续加大海洋垃圾和塑料污染的防治力度。治理好海洋垃圾污染,将有效保护海洋环境,维护好全球海洋环境安全。

近年来,中国海洋环境质量有所改善,海洋生态状况持续向好,海洋污染防治工作成效显著。但是,入海河流水质状况不容乐观,近岸局部海域污染仍然严重,海洋环境保护工作任重而道远。

大部分沿海省份的水质级别无明显变化,典型海洋生态系统、海洋自然保护地与滨海湿地的明显变化,海洋自然保护区的增设与海洋自然保护区面积增加,有利于改善中国海洋动植物的栖息环境,有利于中国海洋生物多样性的保护。[1]在海洋生态领域利用卫星遥感监测等技术、人工智能和大数据技术,可及时有效监测海洋生态环境变化。

海水富营养化问题成为中国海洋生态保护的重点,需要各地积极防治

---

[1] 李龙飞:《中国海洋环境保护现状及其智能化趋势》,《浙江海洋大学学报(人文科学版)》2020年第6期。

与应对。海洋油气区是中国海洋污染物的主要排放源之一，导致海水中的石油、汞和镉含量升高，对海洋水质以及海洋沉积物质量影响较大，也严重威胁到海洋动植物及其生存环境。①中国应该加大污染物排放量控制力度，加强污染物排放监测，在控制污染物排放量的同时，合理利用污染物处理技术与手段，使排放的污染物污染程度降到最低。

第一节　海洋环境保护研究

随着全球经济快速发展，人类对海洋的开发与利用成为世界经济发展的主旋律，海洋在人类社会中的作用也越来越重要。中国是一个海洋大国，由于地理位置的先天优势，海洋环境占据了地球总面积的 71%，蕴藏着十分丰富的资源，是一个高风险与高利益并存的天然宝库。中国不仅仅要成为全球海洋生态环境治理过程中的积极参与者，还要成为世界上的海洋生态环境治理过程中的主要国家和引领者，因此海洋生态环境治理应该成为中国新一轮发展的行动纲领。

海洋生态环境是海洋生物生存和发展的基本条件，生态环境发生的任何改变都有可能导致生态系统和生物资源的变化，海水的有机统一性及其流动交换等物理、化学、生物、地质的有机联系，使海洋的整体性和组成要素之间密切相关，任何海域某一要素的变化，都不可能仅仅局限在产生的具体地点上，都有可能对邻近海域或者其他要素产生直接或者间接的影响和作用。在海洋的开发利用过程中，随着时间的推移和海洋产业的逐渐扩大，资源开发过度、海洋生态环境污染日益严重等问题开始越来越明显地显现。随着中国经济蓬勃发展，环境污染也越来越严重，成为阻碍社会发展甚至危

---

① 李龙飞:《中国海洋环境保护现状及其智能化趋势》,《浙江海洋大学学报(人文科学版)》2020 年第 6 期。

害人类生命健康的主要根由。海洋环境也受到人类活动的污染。因此,必须建立海洋污染防控体系。

中国政府将海洋生态环境相关问题提升到了国家高度,加强海洋环境污染与治理,深入贯彻落实党的十九大提出的"提高我国海洋生态文明建设,促进可持续发展"的理念,走绿色发展之路。

一、中国海洋环境面临严峻挑战

中国海洋环境污染源主要来自人类生活和工厂生产两个部分,如生活垃圾的沿海堆积、生活污水的人为排放、围海填海造陆带来的材料污染等。东部沿海地区成为中国海洋污染的主要地区,主要来源于石油污染、重金属污染和海洋有机物污染,数量巨大,海洋环境治理难度大。具体而言[①]:

第一,海水污染严重,海洋生物多样性正在逐渐减少。随着中国海底石油天然气的开采进入到大规模开发阶段,产生的有害物质常未经处理被直接排入海洋中,导致海水污染,尤其是我国的近岸海区,海水污染严重。随着海洋生态环境的破坏,我国海洋已属于劣四类水质。

第二,大量的海底资源开发工作,以及工业化、城市化开展的填海造陆导致中国滨海湿地正在逐渐减少,对近岸海域生态系统造成一定的影响。近岸海域珊瑚礁生态系统不断遭到破坏,危及海洋生态系统,赤潮现象频发,海洋生态系统失衡,毒素沿食物链传递、富集,最终危害人类的生命与健康。

第三,工农业生产以及生活过程产生大量的废水、废气和废渣不经处理被排入海洋,污染海水,破坏海洋生态系统,海洋生态环境恶化。

中国海洋经济在快速发展的提升也给海洋生态环境带来了巨大压力。2018年,监测的194条入海河流断面中,劣V类水质断面29个,占14.9%,

---

① 苏六十:《新时代背景下我国海洋污染防范治理策略分析》,《生态环境与保护》2019年第5期。

同比下降 6.1 个百分点。但辽东湾、渤海湾等局部海域污染依然突出,典型海洋生态系统健康状况改善不明显。①可以说,中国海洋环境保护状况不容乐观,海洋环境治理中的问题也日益凸显。

具体而言,中国海洋环境治理存在的挑战包括:

第一,海洋环境治理主体构成单一。②中国海洋环境污染治理主体构成较为单一,长期以来都是以政府为主导进行治理;应进一步转变治理策略,从政府治理走向政府、社会、公众的协同治理,提高各方主体的参与意识和参与治理的程度,构建一种政府间相互协同、公众有效参与、社会组织深入协助的海洋环境治理新格局。

第二,海洋环境治理相关制度不够完善。治理过程中依然存在着治理主体之间信息不通畅、治理措施不协调的现象,无序竞争、利益分配不均衡等问题造成海洋环境治理合作效果不明显。

第三,海洋环境监测与监管整体能力较为薄弱。海洋环境监测网络覆盖的范围和覆盖的要素不够全面,信息共享没有全域覆盖。

第四,海洋环保执法人员素质、执法能力、监管手段有待进一步提高,尤其是联合执法、协同监管能力亟待加强。③

因此,中国海洋环境治理必须尽快完善海洋环境保护相关法律制度、加强信息沟通和共享,实现协同共治,为经济社会发展保驾护航。

二、中国海洋环境污染治理路径

近年来,中国政府已经认识到经济发展与海洋环境保护的相互关系,积极推动海洋经济可持续发展,加快海洋环境保护与防治,主要采取了以下几

---

① 章轲:《环境部发布首份海洋环境状况公报:局部海域污染依然突出》,第一财经,2019 年 5 月 29 日。
② 孙笑庆:《我国海洋环境污染现状与治理策略》,《地球》2015 年第 3 期。
③ 梁亮:《海洋环境协同治理的路径构建》,《人民论坛》2017 年第 24 期。

个方面的措施：

第一，建立健全海洋管理机制，加强海洋环境保护的法治建设；①不断完善海洋环境信息公开制度。强化环保意识，建立健全环境信息公开制度，提高公众环保意识与责任感。

第二，加大处罚力度，提高海洋污染损害赔偿标准；构建并完善有关海洋环境污染损害赔偿的法律体系，加大惩治力度，完善海洋环境污染的生态补偿制度，使污染企业参与污染的治理和海洋环境的修复。

第三，加强国际海洋环保交流与合作，有效推进海洋环境污染的治理和环境法体系的建设；进一步加强国际海洋环保交流与合作，共同推动海洋环境污染治理，不断完善海洋环境法律体系。

第四，积极推进海洋保护技术的发展，加强对海洋养殖捕捞污染的管理；加强对近海海域的保护，禁止过度捕捞，保护海洋生物的多样性；积极利用大数据、云计算等先进化技术加强海洋环境监测，建立全国卫星遥感网络。

随着社会不断的发展，资源需求不断增加，海洋生态环境污染日益严重的问题开始逐渐显现出来。经过政府的大力整治，中国海洋生态环境整体质量逐步好转，水体质量显著上升，富营养化问题得到了一定的控制，中国海洋生态环境治理取得了积极进展。

2004年开始，全国劣质水质面积总和超过了二类水质面积，水质下降严重。2015年中国开展《水污染防治行动计划》以来，全国水污染防治工作有序推进，中国海洋水体质量显著提高。

目前，人类活动和污染排放位置主要分布在近岸海域，并通过海水交换和扩散作用向较远海域移动。近岸水体受到的人类活动和污染排放的影响较大，近岸海域水质好坏直接影响到较远海域的海洋水体质量。以渤海优

---

① 苏六十：《新时代背景下我国海洋污染防范治理策略分析》，《生态环境与保护》2019年第5期。

先,对渤海进行全面的海洋生态环境的治理,防止渤海发生大规模区域性的海洋生态的灾难,同时以水质最差的东海北端的上海和杭州所在的杭州湾为重点,向南北沿岸辐射对东海和黄海进行海区治理,以减轻杭州湾对黄海的影响,适当将渤海和东海的必要污染源向南海迁移,减轻当地海洋生态环境的压力,有效利用南海海区的海洋环境承载力和净化能力。注重近岸海域的治理工作,通过治理近岸海域的水体质量来带动较远海域的水体质量的好转。加强对黄海和东海的管理,避免影响范围进一步扩大。因此,加强近岸海域水质整治常态化是推动中国海洋经济可持续发展的有力支撑。

中国还积极利用海洋高科技支撑海洋生态治理,发挥卫星遥感在海洋环保方面的作用,形成由卫星遥感技术、预警预报技术、现场快速检测技术、立体监测系统组成的全方位网络,实时监测与预警重大海洋灾害。同时,积极利用大数据、云计算、物联网等先进智能化、信息化技术,实时监测与监管区域内海洋活动,保护海洋环境。

2018年12月,十三届全国人大常委会第七次会议审议了全国人大常委会执法检查组关于海洋环境保护法实施情况的报告,报告指出:当前中国近岸局部海域污染较为严重,海洋生态环境形势依然严峻。全国约十分之一的海湾受到严重污染,大陆自然岸线保有率不足40%,部分地区红树林、珊瑚礁、滨海湿地等生态系统破坏退化问题较为严重,赤潮、绿潮等生态灾害多发频发。

一些地区和部门对绿色发展理念意识不到位,法治意识淡薄,依法保护海洋生态环境的观念还存在差距。同时海洋生态环境保护的长效机制不健全不完善,海洋执法监管能力整体不强。

中国进一步加大了依法保护海洋生态环境工作力度,确保近岸海域水质优良,强化陆海统筹,全面整治入海污染源,加强入海排污口监管;强化流域环境和近岸海域污染综合治理;加强海水养殖污染治理和船舶港口和岸滩污染整治;强化海洋工程污染防治和海洋倾废管理。

　　中国政府坚持保护优先,加强海洋生态保护与修复,依法拆除清理占用红线区的违规工程,设施和项目,实施最严格围填海管控措施和严格的国土空间用途管制,强化海岸带保护和自然保护区建设;提高风险意识,严密防控海洋生态灾害和突发事故;全面深化改革,提升海洋生态环境保护治理能力;建设法治海洋,完善海洋生态环境保护法律法规。

三、提升海洋灾害防范与应对能力

　　2020 年,中国海洋灾害以风暴潮和海浪灾害为主,海冰、赤潮、绿潮等灾害也有不同程度的发生。各类海洋灾害共造成直接经济损失 8.32 亿元,死亡(含失踪)6 人。与近 10 年(2011—2020 年)相比,2020 年海洋灾害直接经济损失和死亡(含失踪)人数均为最低值,分别为平均值的 9% 和 12%。[①]与近 10 年相比,海洋灾害直接经济损失达最低值;2020 年,中国沿海海平面变化总体呈波动上升趋势,其原因有气候变暖、局地区域水文气象要素变化等。

　　中国积极应对海洋灾害,开展多种工作,不断提升海洋灾害防范和应对能力。

　　第一,不断完善海洋生态预警监测业务体系。填补国内海洋生态分类空白,出台《海洋生态分类指南(试行)》,形成划定中国海洋生态类型的通用框架。实施全国海洋生态预警监测,布设站位 1 100 余个,完成 12 条近海标准断面调查。针对全国 36 个赤潮高风险区开展早期预警监测,及时应对 31 次赤潮过程。

　　第二,扎实推进自然灾害防治工程。海岸带保护修复工程取得阶段性进展,全国海洋灾害风险普查工作稳步推进。

　　第三,优化海洋观测布局。"十三五"时期新增 47 个岸基观测站点,布

---

① 刘诗瑶:《2020 年度〈中国海洋灾害公报〉和〈中国海平面公报〉发布　提升海洋灾害防范应对能力》,《人民日报》2021 年 4 月 27 日。

放 84 套锚系和漂流浮标。国家基本海洋观测站点达到 155 个,各类浮标达 143 个,实现"十三五"时期岸基海洋站点密度分布目标。

第四,实施浒苔绿潮灾害源头治理。与近 5 年均值相比,2020 年浒苔绿潮最大覆盖面积下降 54.9%,单日最大生物量从 150.8 万吨减少至 68 万吨,持续时间缩短近 30 天。

第五,做好海洋预警报公众服务。全面部署海洋灾害应急预警,2020 年共启动海洋灾害应急响应 29 次,编制海洋灾害警报 227 期。不断提升海洋灾害预警报能力,预报时效由"十三五"初期的 3 天提高至 5—7 天,准确率提升 5%。海啸预警时效由"十三五"初期的 15—20 分钟缩短至 8 分钟,海啸预警技术达到国际先进水平。同时,不断提升海洋灾害防范和应对能力,加强海洋领域应对气候变化工作。

全球海平面上升主要由气候变暖导致的海水增温膨胀、陆地冰川和极地冰盖融化等因素造成。全球海平面上升具有区域差异,西太平洋属于海平面上升速率相对较大的区域,中国沿海位于该区域内,海平面上升速率高于全球平均水平。

中国沿海海平面还与局地的区域水文气象要素变化、地面沉降等密切相关。《中国海平面公报》显示,中国沿海海平面变化总体呈波动上升趋势。[1]1980—2020 年,中国沿海海平面上升速率为 3.4 毫米/年,高于同时段全球平均水平。2020 年,中国沿海海平面较常年高 73 毫米,为 1980 年以来第三高。过去近 10 年(2011—2020 年)中国沿海海平面均处于近 40 年来高位。

2020 年,中国沿海海平面变化区域特征明显,与常年相比,渤海、黄海、东海和南海沿海海平面分别高 86 毫米、60 毫米、79 毫米和 68 毫米。与 2019 年相比,2020 年中国沿海海平面总体呈现"北升南降"的特点,渤海和

① 刘诗瑶:《2020 年度〈中国海洋灾害公报〉和〈中国海平面公报〉发布 提升海洋灾害防范应对能力》,《人民日报》2021 年 4 月 27 日。

黄海沿海海平面均上升12毫米,东海和南海沿海海平面均下降9毫米。

2020年,中国沿海海平面偏高,加剧了风暴潮和滨海城市洪涝的影响程度,其中浙江和广东沿海受影响较大。与2019年相比,长江口、钱塘江口咸潮入侵程度总体减轻,珠江口咸潮入侵程度加重。受海平面上升及多种因素影响,辽宁、江苏、福建和广西沿海部分岸段海岸侵蚀加剧;辽宁、河北和江苏沿海局部地区海水入侵范围加大。

第二节　海洋环境治理实证研究

党的十八大以来,在党中央、国务院的领导下,我们积极采取有针对性的举措,大力推进生态文明建设,依法推进船舶与港口污染防治工作,以减少污染物排放和强化污染物处置为核心,以完善法规、标准、规范为基础,以推进排放控制区试点示范为抓手,港航联动,河海并举,标本兼治,协同推进,努力实现水运绿色、循环、低碳、可持续发展。

近年来,中国海洋环境治理成效显著,在一定程度上改善了海洋环境状况,促进了人与海洋和谐共生。具体而言,中国海洋环境治理的路径主要有以下几个方面。

一、强化海洋环境监测治理

以国务院主管部门为主,坚持统筹谋划、防治结合。紧密结合船舶与港口污染防治工作现状和阶段性特征,科学规划、有效衔接,按照近期、中期和远期要求,制定分阶段行动目标和主要任务,建立船舶与港口污染防治引导资金,不断完善其他配套政策和激励措施;港航企业要结合提质增效升级,进一步加大对污染防治设施设备改造、配备的资金投入。强化源头防控,注重科学治理,有序推进船舶与港口污染防治工作。

（一）按照"五个统一"要求，积极推进海洋生态环境监测

海洋生态环境监测按照"统一组织领导、统一规划布局、统一制度规范、统一数据管理、统一信息发布"的原则，推进海洋生态环境监测职能调整。具体而言：

统一组织领导：2018 年，国家将入海排污口、入河排污口设置管理划到生态环境部的职能范围内。[①]生态环境部监测工作构建了监测总站牵总，卫星中心、核辐射中心和海洋中心"一总三专"监测布局。

统一监测布局：2019 年，生态环境部印发了《生态环境监测规划纲要（2020—2035 年）》，明确将海洋生态环境监测纳入国家生态环境监测体系中。统筹海洋生态环境监测业务布局，制定全国海洋生态环境监测工作实施方案，统一组织具有能力、资质的监测力量，实施监测，确保监测工作顺利实施。

统一制度规范：生态环境部组织编制了《生态环境监测条例》，将海洋生态环境监测纳入条例，进一步夯实依法实施海洋生态环境监测的制度基础。统一海洋生态环境监测的评价、监测标准，落实中办、国办《关于深化环境监测改革　提高环境监测数据质量的意见》，为统一开展监测活动奠定基础。

统一数据管理：整合海洋生态环境监测数据，建立统一监测数据平台，实现海洋生态环境信息的互联互通，共享共用，推进海洋生态环境监测的信息公开。

统一信息发布：2018 年，生态资源部会同自然资源部、农业农村部和交通运输部发布了《2018 年中国海洋生态环境状况公报》。

按照"五个统一"的要求，中国正积极构建符合经济发展水平和生态环境监管需求，布局科学、事权合理、具有代表性和历史延续性的点位网络和业务布局，构建国家与地方相协调的监测机构格局，推进监测机构标准化、

---

① 《生态环境部介绍海洋生态环境保护工作等情况并答问》，生态环境部网站，2019 年 10 月 30 日。

规范化建设,提升监测机构的海洋生态环境监测能力,不断提升海洋生态环境监测工作科学化、精细化、动态化。

(二) 进一步加强船舶污染防治监管和治理并取得积极成效

第一,加快相关法规、标准、规范制修订。按照国家污染防治总体要求,完善相关管理制度,加强船舶与港口污染防治相关法规、标准、规范的制修订工作,强化标准约束,做好船舶与港口污染防治标准,以及与国家有关标准的衔接。

出台《建立完善船舶水污染物转移处置联合监管制度》,①建立港口和船舶污染物接收、转运、处置联合监管机制,保障船舶污染物与市政公共转运处置设施之间有效衔接;强化部门联合执法,共同打击船舶水污染物和危险废物非法转移处置行为,促进绿色发展,保护生态环境。防治船舶水污染物非法排放转移处置污染环境成为打好污染防治攻坚战的重要任务之一。

针对船舶水污染物转移处置的关键环节,相关地区部门联合建立全链条闭环管理机制,应用先进技术装备降低处置能耗与成本,加强信息平台整合和数据资源共享,提升联合监管能力。

针对船舶水污染物转移处置,实施分类管理,通过单证实现前后端有效衔接。建立监管信息系统,实现"电子单证"流转。不断完善船舶与港口污染防治政策法规标准体系,加强船舶与港口大气污染物、水污染物得到有效防控和科学治理,排放强度明显降低,清洁能源得到推广应用,船舶和港口污染防治水平与中国生态文明建设水平、全面建成小康社会目标相适应。

第二,坚持全面推进、重点突破。全面整治船舶、港口污染,重点对准制约污染防治水平的关键领域与主要环节,以点带面,全面推进船舶与港口污染防治工作。

严格执行《船舶水污染物排放控制标准》,推动长江及沿海地区建立完

---

① 《三部委:建立和完善船舶水污染物转移处置联合监管制度》,中国新闻网,2019 年 2 月 19 日。

善船舶水污染物接收、转运、处置联单制度。

第三，积极开展船舶污染防治专项整治行动，强化船舶涉污作业现场监管，督促落实污染防治措施，排查并消除污染隐患，推动建立辖区不达标船舶档案，对未达标的船舶提出限期整改要求。

积极开展港口作业污染专项治理，加强港口作业扬尘监管，开展干散货码头粉尘专项治理，全面推进主要港口大型煤炭、矿石码头堆场防风抑尘设施建设和设备配备；推进原油成品油码头油气回收治理。

持续推进船舶结构调整。依法强制报废超过使用年限的船舶，加快淘汰老旧落后船舶，加快老旧运输船舶和单壳油轮提前报废更新；鼓励节能环保船舶建造和船上污染物储存、处理设备改造，严格执行船舶污染物排放标准，限期淘汰不能达到污染物排放标准的船舶，严禁新建不达标船舶进入运输市场，规范船舶水上拆解行为；借鉴国际经验，突出国家大气污染联防联控重点区域，兼顾区域船舶活动密集程度与经济发展水平，在若干地区设立船舶大气污染物排放控制区，严格控制船舶硫氧化物、氮氧化物和颗粒物排放。

第四，积极推动科技创新，加强船舶与港口污染防治关键技术、设施设备科技攻关，推动科研成果的转化应用；选择具有较好基础条件、符合污染防治发展方向的项目，开展试点示范和经验推广，推动船舶与港口污染防治工作深入开展。

在政府的推动下，积极发挥相关企业防治作用。贯彻节约资源和保护环境的基本国策，在充分发挥污染防治企业主体作用和市场调节作用的同时，发挥好政府的政策引导和监督管理作用，形成政府、企业协同推进船舶与港口污染防治格局。

加强港口、船舶修造厂环卫设施、污水处理设施建设规划与所在地城市设施建设规划的衔接。尽早建立船舶污染物接收处置新机制，积极推广环保新技术推动港口、船舶修造厂加快建设船舶含油污水、化学品洗舱水、生活污水和垃圾等污染物的接收设施,做好船港之间、港城之间污染物转运、处置设施的衔接,提高污染物接收处置能力,满足到港船舶污染物接收处置需求。

加强污染物排放监测和监管。强化监测和监管能力建设,建立交通运输环境监测网络,完善交通运输环境监测、监管机制;建立完善船舶污染物接收、转运、处置监管联单制度,加强对船舶防污染设施、污染物偷排漏排行为和船用燃料油质量的监督检查,坚决制止和纠正违法违规行为。

开展船舶污染物接收、转运、处置联合专项整治,加强海事、港航、环保、城建等部门的联合监管。海事部门要加强与有关部门的沟通协调,探索建立区域、部门联动协作机制,实现相关建设规划的有效衔接,推进联合监测、联合执法、应急联动、信息共享,确保船舶与港口污染防治工作顺利推进。

对船舶加装生活污水和含油污水处置或储存装置的安装和使用情况,以及船舶配备分类垃圾桶和停泊时上交情况等涉及船舶污染的内容加大执法检查,完善港口企业自身初期雨污水、生活废水、扬尘治理等设施治理、改造、使用机制化、标准化建设。在港口码头,全部安装初期雨污水、码头冲洗水的收集装置,港口作业区建设完成生活污水和含油污水接收设施设备,并配备用于转运的分类生活垃圾桶,实现活垃圾上岸"收集—接收—转运—处置"及初期雨污水收集的完整闭环;实现船舶水污染物集中存放、上岸处置、油污水回收航区全覆盖、全流程闭环管理;实现船舶水污染物电子化联单管理,从而达到来源可溯、去向可循、监管可查的目标,从源头上避免了船舶污染海洋环境。

不断完善船舶污染物报告、接收制度,完善水路交通主要污染物统计指标及核算方法,逐步开展船舶污染物排放监测。推进实施《全国公路水路交通运输环境监测网总体规划》,初步建成水路交通运输环境监测网骨干框架,覆盖沿海及内河主要港口、长江干线航道等重要水运基础设施。

进一步提升污染防治科技水平。鼓励企业开展船舶与港口污染防治技术研究,积极争取国家重点专项对船舶与港口污染防治的支持,加强污染防治新技术在水运领域的转化应用。重点开展船舶与港口污染物监测与治理、危险化学品运输泄漏事故应急处置等方面的技术和装备研究。提升污染事故应急处置能力。建立健全应急预案体系,统筹水上污染事故应急能力建设,完善应急资源储备和运行维护制度,强化应急救援队伍建设,改善应急装备,提高人员素质,加强应急演练,提升油品、危险化学品泄漏事故应急能力。

加强对长期在海域航行、停泊、作业船舶的铅封管理,对符合条件船舶的排污设备实施铅封。

第五,积极推动海洋节能环保工程。大力推动靠港船舶使用岸电。推动建立船舶使用岸电的供售电机制和激励机制,降低岸电使用成本,引导靠港船舶使用岸电。开展码头岸电示范项目建设,加快港口岸电设备设施建设和船舶受电设施设备改造。

加大码头岸电推进力度,建立靠港船舶使用岸电供售电机制,在主要港口推进建设岸电设施,鼓励其他港口积极推进船舶靠港使用岸电。

优化港口资源配置,拓展港口服务功能,充分发挥水运节能环保比较优势,促进现代物流发展;加快港口集疏运体系建设,积极推进集装箱铁水联运、江(河)海直达运输、滚装甩挂运输发展,发挥多种运输方式的组合效率。引导船舶大型化、标准化和企业规模化、集约化发展。

二、加强海洋垃圾和海洋塑料污染治理

微塑料表面附着的污染物和生物及毒性,危害海洋生态环境。[1]近年来,国际上对海洋环境与海岸微塑料污染及其生态效应、渔业影响和健康风险的关注日益加强。海洋及海岸环境中的微塑料污染已成为全球性生态环

---

[1]　骆永明等编著:《海洋和海岸环境微塑料污染与治理》,科学出版社2019年版,第210页。

境问题。微塑料在海洋及海岸生态系统中的来源、环境行为、生态与健康风险正受到人们的高度关注。2014年,首届联合国环境大会提出要特别关注海洋微塑料污染。2016年召开的第二届联合国环境大会上,微塑料污染被列入环境与生态科学研究领域的第二大科学问题,成为与全球气候变化、臭氧耗竭和海洋酸化等并列的重大全球环境问题。海洋微塑料污染不仅是威胁海洋生物生态系统进而危及食物链安全及人类健康的问题,还涉及跨界跨境污染、产业结构调整和国际治理等问题。

中国被认为是海洋塑料垃圾和微塑料的排放大国,应加大对海洋及海岸环境微塑料污染监管与治理工作力度。2007年起中国组织开展全国海洋垃圾污染监测工作,微塑料已成为环境中的一类新型污染物。中国在国内加强了海洋和海岸塑料垃圾与微塑料污染的监管及治理,同时,加强与国际组织、其他国家的国际监管与治理,减少微塑料污染,清洁海洋生态环境。

在海洋环境中大塑料逐渐破碎成小于5 mm的微塑料,可被称为海洋中的"MP5.0"。海洋塑料垃圾数量巨大,难降解,逐步积累,无所不在,已受到全球的重点关注。到2050年人类将会产生120亿吨塑料垃圾。大量塑料垃圾通过各种途径进入海洋。模拟研究表明,全球192个沿海国家和地区仅2010年向海输入的塑料垃圾就有400万—1 270万吨。[①]

海洋塑料垃圾严重威胁着海洋健康,破坏海洋生态。从近岸海域到大洋,从表层海水到深层海水和大洋沉积物,从两极到赤道,以及在海冰中,都发现有塑料垃圾的存在。这些残留在海洋或海岸环境中的塑料垃圾经过长期风化裂解形成小于5 mm或1 mm甚至纳米级的微塑料。一方面,海洋环境中的微塑料通过自身生物摄食作用对浮游动物和底栖生物产生危害。微塑料可被浮游动物、贝类、鱼类、海鸟和哺乳动物等海洋生物摄食,对其生长、发育和繁殖等产生不利影响,作为污染物载体正在严重危害海洋及海岸

---

① 骆永明等编著:《海洋和海岸环境塑料污染与治理》,科学出版社2019年版,第98页。

带生态环境。另一方面,微塑料可以被海洋生物摄食,阻塞其摄食辅助器官和消化道,造成物理伤害和毒理学效应,在生物体内累积并随食物链传递,对人类健康造成有害影响。

因此,必须高度重视微塑料对海洋生态破坏的后果,加强海洋垃圾污染监测。中国政府积极提升对微塑料污染机制、生物生态效应和食物链风险的科学认知;研发海洋垃圾收集、循环安全处置技术与设备,建立海洋垃圾回收资源化方案与示范点,加强相关部门共同参与海洋垃圾污染监测的协调机制,构建中国海洋垃圾综合防治体制与机制。

同时,中国还积极加强与其他国家及国际组织的合作,深度参与国际海洋治理,共同致力于海洋塑料垃圾监测与技术规程规范制定,建立海洋塑料垃圾重点监测信息数据平台。

中国是较早发布"限塑令"的国家之一,并不断强化生活垃圾分类制度。近年来,国家相继出台了《水污染防治行动计划》《土壤污染防治行动计划》"河长制"等环境保护政策,沿海部分城市也开展了"湾长制"试点工作。①这些措施对削减陆源塑料污染,控制塑料垃圾入海发挥了重要作用。

据初步估算,全球每年向海洋输出的塑料垃圾可达 480 万至 1 270 万吨,其中直径小于 5 毫米的塑料颗粒被称为微塑料。近年来,微塑料在世界各地的海域被检出,地球海洋中已难以找到未被塑料污染的净土。

微塑料污染连续被列入环境与生态科学研究领域的第一大科学问题;同时,世界各国也纷纷呼吁采取行动消减海洋塑料垃圾污染。海洋微塑料污染已成为人类亟待应对解决的全球性重大海洋环境问题。

尽管目前中国海洋微塑料污染程度处于中等水平,但中国没有设立对塑料垃圾和微塑料污染管控的专门法律。现行管理体制缺乏协调性。中国民众对塑料污染的认知程度普遍较低。海洋微塑料目前缺乏统一监测、分

① 骆永明等编著:《海洋和海岸环境塑料污染与治理》,科学出版社 2019 年版,第 127 页。

析和评估的技术标准,海洋微塑料污染更缺乏规模性研究和全球性联合研究。全球在海洋塑料垃圾治理和回收方面缺乏技术,相关公司大规模进行海洋塑料垃圾治理难度极大。[1]中国也缺乏陆源及海洋中塑料垃圾和微塑料的收集及清除技术的研发。

近几年,中国海洋微塑料研究进展较快,2016 年,环境保护部将海洋微塑料纳入海洋环境常规监测范围,并通过《海洋生态环境状况公报》定期向公众公布监测结果。2016 年,科技部启动了国家重点研发计划"海洋微塑料监测和生态环境效应评估技术研究"项目,成为全球较早由国家投入巨资针对微塑料污染的科研项目。中国还积极参与联合国及区域合作框架下的应对海洋塑料垃圾污染的国际合作与行动,并领导区域国际合作。目前,中国正在推进有关应对塑料垃圾问题的修法与立法工作,并大力推进城乡垃圾分类和环境治理,以减少未来中国的塑料垃圾量。

海洋垃圾和塑料污染是国际社会普遍关注的热点问题,其治理涉及生产、流通、消费多个环节,需要政府、企业、公众共同参与。

美国也正在帮助世界其他国家改进废物管理,避免塑料垃圾进入海洋。2011 年,美国国家海洋和大气管理局(NOAA)和联合国环境署(UNEP)联合发布了"檀香山战略"(Honolulu Strategy),[2]提出了治理海洋垃圾的指导原则。这些原则包括了陆源垃圾的控制、河道垃圾的清扫和拦截、可生物降解的替代性材料的使用,以及海洋垃圾监控和收集处理等。2020 年 10 月,美国公布了"处理全球海洋垃圾问题联邦战略"(U.S. Federal Strategy for Addressing the Global Issues of Marine Litter),阐述了加强全球努力以减少塑料污染的计划。该战略从建设更好的垃圾管理能力、与私有企业合作,鼓励全球回收市场发展、促进对创新技术和方法的研究开发、倡导清除

---

[1] 李道季:《海洋微塑料:亟待解决的全球性重大海洋环境问题》,《光明日报》2018 年 9 月 15 日。
[2] "中国海洋工程与科技发展战略研究"项目综合组撰写:《世界海洋工程与科技的发展趋势与启示》,《中国工程科学》2016 年第 2 期。

垃圾,包括通过在海洋和河流中使用回收系统等方面提出了减少全球海洋垃圾的四个主要途径。该计划扩大了美国现有的旨在减少海洋垃圾的一系列努力,包括环保署的"无垃圾水域"(Trash Free Waters)国际倡议计划。这项计划致力于与国际伙伴一道,通过增强意识、收集垃圾或其他一些方法,减少垃圾的来源。

美国国际发展署(U.S. Agency for International Development)的"清洁城市,蓝色海洋"项目(Clean Cities, Blue Ocean program)将在五年内提供4 800万美元,通过改进固体垃圾管理系统和倡导改变行为方式,帮助在迅速城市化的亚洲和拉丁美洲国家控制塑料污染。

美国国际发展署正在与关键国家中的地方政府、社区和私人行业一道努力,减少海洋塑料污染。2016年10月,美国国际发展署启动1 400万美元的城市垃圾回收计划(Municipal Waste Recycling Program),为印度尼西亚、菲律宾、斯里兰卡和越南的30个由地方主导的创新和可持续的解决方案拨款。此外,美国国际发展署与美国国际发展金融公司(U.S. International Development Finance Corporation)一道,提供了3 500万美元的部分贷款担保,①促使私人行业对南亚和东南亚的回收业进行投资。

中国高度重视海洋垃圾和塑料污染治理,积极加强海洋垃圾和海洋塑料污染治理,已积极采取了一系列的措施,主要包括六个方面②。

一是积极推动无害化处理。相关部门积极推行生活垃圾分类制度,加强塑料废弃物回收利用,推动环境无害化处置,努力从源头减少塑料垃圾进入海洋环境。

二是加强专项治理。将海洋垃圾污染防治纳入湾长制试点工作,禁止

---

① 美国驻华大使馆:《美国针对全球海洋垃圾采取新战略》,2020年11月11日,https://share.america.gov/zh-hans/new-u-s-strategy-targets-marine-litter-worldwide/,上网时间:2021年8月11日。

② 《生态环境部:将持续加大海洋垃圾和塑料污染的防治力度》,《澎湃新闻》2019年10月30日。

将生产生活垃圾倾倒入海。加大海洋垃圾清理力度,开展沿海城市海洋垃圾污染综合防控示范。比如,依据《渤海综合治理攻坚战行动计划》,开展了渤海入海河流和近岸海域垃圾的综合治理;依据《农业农村治理攻坚战行动计划》,加强农村生产生活垃圾污染防治,试点地膜生产者责任延伸制度,力争到 2020 年实现 90% 以上的村庄生活垃圾得到治理,农膜回收率达到80% 以上。

三是强化公众参与。积极推动公众参与海滩清扫活动,加强清洁海洋宣传教育,先后在烟台、大连、日照等海滨城市组织开展海滩垃圾清扫活动,并以此为契机教育公众转变消费习惯,提倡减少一次性塑料用品的使用,增强公众海洋垃圾污染防治的意识。

四是开展监测评价。从 2007 年就开始将海洋垃圾纳入海洋环境例行监测范围,2016 年将海洋微塑料纳入海洋环境常规监测范围,并通过《海洋生态环境状况公报》定期向公众公布监测结果。2017 年,还首次在大洋、极地开展了海洋微塑料的监测活动。

五是加强科学研究。2017 年,启动国家重点研发专项,系统调查近岸海域海洋微塑料污染,深入开展海洋微塑料传输途径、环境行为和生物毒性研究。鼓励学术交流和数据信息共享,推进海洋垃圾与微塑料监测技术和风险评估方法研究。

六是积极参与海洋垃圾污染防治的地区与国际合作,积极参与联合国环境署区域海行动计划,认真遵守《控制危险废物越境转移及其处置巴塞尔公约》,积极推动出台《东亚峰会领导人关于应对海洋塑料垃圾的声明》《G20 海洋垃圾行动计划的实施框架》等文件,共同推进全球海洋垃圾和塑料污染防治。建立海洋垃圾防治国际合作机制,积极参与应对海洋垃圾和塑料污染的国际进程,共同推进全球海洋垃圾和塑料污染防治。同时,中国也积极地推动双边合作,比如中日、中加、中美都建立了海洋垃圾防治方面的合作机制。

　　2019年9月9日,中央全面深化改革委员会审议通过了《关于进一步加强塑料污染治理的意见》,强调治理海洋垃圾污染,维护全球海洋环境安全。生态环境部为此持续加大了对海洋垃圾和塑料污染的防治力度。

　　今后一段时期,海洋微塑料污染防治工作应重点放在源头减塑上,减少塑料废弃物,可将包装材料替换为非塑料材料,增加可选择的包装种类和数量,在源头减少塑料的使用。政府可调整回收塑料特性和种类的相关国家标准,并将废弃物的收集进一步正规化。积极实践绿色消费,减少使用塑料胶带和塑料包装物,开展旧物回收和循环利用,共同实现绿色包装、绿色回收,减少包装废弃物污染。同时,通过加强对环境排放地点和场所的监测和合规管理,减少并尽量避免非法倾倒垃圾。

　　根据区域不同污染特征和主要污染来源,中国应分区分类实施陆海污染源头控制工程,[1]提高污水和污染物收处能力、滨海湿地污染自净能力等,减少氮、磷等主要营养物质、塑料垃圾和其他特征污染物的入海量。禁止生产生活垃圾倾倒入海。加大海洋垃圾清理力度,开展沿海城市海洋垃圾污染综合防控示范。[2]在禁限部分塑料用品的同时,积极推广应用替代产品和模式,规范塑料废弃物回收利用,方便群众生活。

　　中国还应积极开展垃圾塑料处理和资源化利用的国际合作,在全球共同应对塑料污染问题上,积极发挥负责任大国作用,为全球共同应对塑料污染贡献中国智慧和中国方案。

　　2018年11月,李克强总理与加拿大总理贾斯廷·特鲁多在新加坡举行了第三次中加总理年度对话,就应对海洋垃圾和塑料发表了联合声明。双方认识到:当前人类活动造成的塑料污染给海洋健康、生物多样性及可持续发展带来负面影响,对人体健康构成潜在风险。双方同意采取可持续的全生命周期法管理塑料,对减轻塑料对环境的威胁,尤其是对减少海洋垃圾

---

① 关道明:《突出问题导向　提升海洋生态治理水平》,《科技日报》2020年7月16日。
② 寇江泽:《应对"白色污染"中国发力"限塑"》,《人民日报》2020年5月6日。

具有重要意义。

双方对两国为实现 2030 年可持续发展议程所做出的努力予以充分肯定。双方同意,将采用更加资源高效的办法对塑料进行全生命周期管理,提高使用效率,减少环境影响。

双方支持开展与供应链伙伴以及其他国家政府的合作,努力应对海洋塑料垃圾;提高从源头管控塑料垃圾进入海洋环境的能力,加强对塑料垃圾的收集、再利用、再循环、回收和(或)环境无害化处置;全面遵守《控制危险废物越境转移及其处置巴塞尔公约》确定的原则精神,全面参与应对海洋垃圾和塑料污染的国际进程,支持信息共享,提升公众意识,开展教育活动,减少一次性塑料的使用和塑料垃圾的产生;推动投资和研发塑料全生命周期涉及的创新技术和社会解决方案,以预防海洋塑料垃圾的产生;引导新型塑料及替代品的开发和合理使用,确保对健康和环境无害,减少化妆品和个人护理消费品中塑料微珠的使用,并处理其他来源的微塑料。双方一致同意建立伙伴关系,通过合作研究海洋微塑料监测技术及海洋塑料垃圾生态环境影响,提高意识和采取行动减少海洋塑料垃圾,共同应对海洋塑料垃圾。

三、提升海洋环境灾害治理能力

一是开展海洋观测预报基础建设,搭建海陆空结合的海洋气象灾害预警与防范平台,建立风暴潮业务化数值预报、预警系统;建立陆海一体的地质灾害预报预警系统。

二是加强对海啸、放射性污染突发事件应急治理。建立和完善溢油等海洋突发事件的预警预测和应急系统。加强应急日常管理工作,增加科技投入,加强海上应急队伍建设。制定海上船舶溢油和有毒化学品泄漏应急计划,在重点河口区、重点海湾、港口航道区、养殖区,建立和完善海上溢油监测台站,提高监测水平,制定有效的应急处理手段和措施。

三是开展赤潮防治工程,防范赤潮。开发赤潮灾害监测预警、赤潮灾害损评估和赤潮防治等关键技术,提升赤潮的预测、预警、预防、治理能力,完善赤潮灾害应急响应机制,提高现场数据实时自动采集、传输、处理能力和监测信息预警发布能力。

四是防治外来物种入侵。制定海洋外来入侵生物防治实施办法和工作方案,建立引种风险评估制度,加强海洋生物及其制品检疫,规范引种程序;对引进外地红树林等外来物种进行调查,强化治理。

五是严格船舶压舱水的管理,防止压舱水带进外来物种引发生态灾害。推动海洋、渔业、海事、海关、出入境检验检疫等行政管理部门联合防范和治理外来物种入侵。

六是加强海洋环境清洁行动。开展溢油回收工程、船舶溢油防控监管,以及养殖污染治理工程。加强对渔排渔船监督检查,避免船上生活垃圾直接排海。

七是积极开展"智慧海洋"系统工程。构建海洋大数据中心,提高海洋大数据的挖掘、分析、应用能力,推动海洋信息的应用开发与产品制作。加强海洋空间信息与陆域空间信息的对接,加强陆海空间开发、资源利用、生态环境保护的规划管理与行政决策。提升海洋监视监测能力,构建创新性监测与评价体系。充分运用新技术新手段,加快海洋环境监测网的建设,建立近海立体监测网络体系。推动"智慧海洋"系统工程建设,建立健全海洋信息的应用服务系统,深化和拓展海洋环境监测工作领域,加强基础性监测评价工作。强化应急监测评价,提升对环境灾害和突发事件的应对能力。拓展监测工作领域,提升为海洋环境管理的决策支撑能力。

第三节　余　　论

海平面上升、珊瑚礁白化、塑料垃圾污染、海洋物种灭绝等一系列海洋危机,使得拯救海洋环境已成为国际社会的普遍共识和迫切需求。

海洋生态文明建设是中国践行新发展理念的重要领域,已被纳入海洋开发总布局,积极参与全球海洋环境保护是中国在新发展阶段必须作为且大有可为的政策领域。改革开放以来,中国积极以绿色发展为导向,以高质量发展为目标,积极培育绿色、低碳和循环海洋产业,在沿海地区强化了海陆联动治污机制建设,进一步加强沿海、沿江、内河码头(渡口)、航道及运输船舶(渡船)的环境污染防治工作,升级改造船舶生活污水处理装置,实现全域船舶全面合规、渡口码头优化提升、"三废"污染大幅度减少,加强船舶污染防治和高品质城市建设,提高企业节能减排的生产技术,切实减轻对海洋环境的污染。中国积极促进港航经济发展,形成海洋运输与海域生态环境持续、协调、健康发展;推进海洋生态修复,强化海洋生态监测,加大海洋环保投入力度,全面提升海洋生态治理能力,推进海洋生态文明建设。

生态环境监测是生态环境保护的顶梁柱和生命线。2015年,国务院办公厅发布《生态环境监测网络建设方案》,[1]启动了网络整合工作,加大海洋环境监测力度,构建全国海洋环境监测网络。

积极推动适当扩大海洋保护区,将20%—30%的海洋生态系统面积包括在具有生态代表性和有效管理的保护区系统中;建立跨国协调多边海洋空间规划制度,以实现跨区域的大规模环境友好用途;推广系统的环境战略评估。在应对气候变化方面,中国已承诺实现碳排放的中远期国家目标。

按照国家大气污染排放控制区要求,严格控制海船进入排放控制区使用硫含量质量比不大于0.5%的燃油。有效做好船舶大气污染防治工作。开展无人机尾气检测,加大对船舶违规使用高硫燃油的大气污染行为执法力度,促进船舶大气污染防治工作,实现二氧化硫合理减排。

加强入海排污口的排查整治。查缺补漏、精准识别,健全完善统一规范

---

① 《生态环境部介绍海洋生态环境保护工作等情况并答问》,生态环境部网站,2019年10月30日。

的入海排污口名录,真正实现有口皆查,应查尽查的目标。

建立入海排污口排查、监测、溯源、整治的工作体系,出台监管办法,明确备案程序,建立长效监管机制,实现对入海排污口全过程、规范化、精细化的动态管理。

海洋垃圾和微塑料治理,需要政府、企业、公众共同参与。中国高度重视海洋垃圾和塑料污染治理,积极推动无害化处理。积极推行生活垃圾分类制度,加强塑料废弃物回收利用,推动环境无害化处置,努力从源头减少塑料垃圾进入海洋环境。针对海洋垃圾和微塑料的治理,采取了源头减量、替代使用、加强回收、开展治理等一系列活动。2020 年以来,国家发展改革委、生态环境部等多部门先后印发了《关于进一步加强塑料污染治理的意见》《关于扎实推进塑料污染治理工作的通知》等政策文件,对禁塑限塑阶段性任务提出了明确要求。

加强专项治理。将海洋垃圾污染防治纳入湾长制试点工作,禁止生产生活垃圾倾倒入海。加大海洋垃圾清理力度,开展沿海城市海洋垃圾污染综合防控示范。比如,依据《渤海综合治理攻坚战行动计划》,开展渤海入海河流和近岸海域垃圾的综合治理;依据《农业农村治理攻坚战行动计划》,加强农村生产生活垃圾污染防治,试点地膜生产者责任延伸制度,力争到2020 年实现 90％以上的村庄生活垃圾得到治理,农膜回收率达到 80％以上。

中国是塑料生产大国,但并不是塑料垃圾和海洋微塑料污染大国。2019 年的监测数据表明,中国近海表层水体微塑料含量处于中低水平。2007 年,中国正式启动了海洋垃圾监测工作,2016 年将海洋微塑料纳入了监测范围,2017 年首次将海洋微塑料监测范围扩大至大洋和极地领域。

减少塑料垃圾,遏制微塑料的扩散是清洁海洋的必经之路。需要加强对微塑料与海洋垃圾精准化治理,需要国际社会共同对待,中国积极与世界各国一道,深度参与全球海洋垃圾和微塑料的污染防治,共同推动海洋塑料垃圾和微塑料污染的治理,保护海洋环境。

强化公众参与。积极推动公众参与海滩清扫活动,加强清洁海洋宣传教育,先后在烟台、大连、日照等海滨城市组织开展海滩垃圾清扫活动,并以此为契机教育公众转变消费习惯,提倡减少一次性塑料用品的使用,增强公众海洋垃圾污染防治的意识。

开展监测评价。从 2007 年就开始将海洋垃圾纳入海洋环境例行监测范围,2016 年将海洋微塑料纳入海洋环境常规监测范围,并通过海洋生态环境状况公报定期向公众公布监测结果。2017 年,还首次在大洋、极地开展了海洋微塑料的监测活动。

加强科学研究。2017 年,启动国家重点研发专项,系统调查近岸海域海洋微塑料污染,深入开展海洋微塑料传输途径、环境行为和生物毒性研究。鼓励学术交流和数据信息共享[1],推进海洋垃圾与微塑料监测技术和风险评估方法研究。

积极助力地方海洋经济健康发展,有效指导船载危险货物现场监管工作;主动向港航企业讲解危险品有关知识,提升企业防范危险货物夹带辨识能力;加大对载运危险货物低标准船舶打击力度,保障船舶载运危险货物的安全运输,提升海运危险货物本质安全。

不断完善船舶污染联防联控制度建设,有序推进整治工作。将船舶和港口污染突出问题整治工作分为船舶污染突出问题整治、港口码头污染突出问题整治、船舶到港污染物转运处置与城市衔接突出问题整治三个类别,定标准、定重点、定时限布置整治任务。整体推进地方船舶和港口污染治理,打好污染防治攻坚战,促进航运绿色发展。加大使用复合翼无人机嗅探、红外遥感监测和移动检测设备等先进手段,提高船舶污染防治科技化水平,提升服务地方经济发展的能力,助力高品质城市建设和交通强国建设。

---

[1] 《生态环境部介绍海洋生态环境保护工作等情况并答问》,生态环境部网站,2019 年 10 月 30 日。

改革开放以来,中国海洋环境保护的法治建设不断改善,1982 年中国出台了《海洋环境保护法》,是中国第一部在海洋生态与海洋环境保护领域的基础性法律,有力地保护了中国的海洋生态与污染防治。1999 年、2014年、2017 年分别对该部法律进行了修订,更加注重对海洋环境与海洋生态的监督与保护,加大了对各种污染损害的防治、海洋环境的监督与管理、海洋生态的保护与改善、海洋环境污染的治理等内容。1984 年出台《水污染防治法》,1986 年出台《渔业法》,1989 年出台《环境保护法》,1995 年出台《固体废物污染环境防治法》等。

1982 年颁布《对外合作开采海洋石油资源条例》,1983 年颁布《海洋石油勘探开发环境保护管理条例》,1985 年颁布《海洋倾废管理条例》,1988 年颁布《防治拆船污染环境管理条例》,1990 年颁布《防治海岸工程建设项目污染损害海洋环境管理条例》,1990 年颁布《防止陆源污染物污染损害海洋环境管理条例》等与海洋环境保护相关的行政法规。

但中国海洋环境保护仍存在执法力量过于分散、部门利益诉求不一、没有形成协同执法机制、处罚力度不高,以及民众海洋环境保护意识薄弱等不利局面。因此,必须完善海洋环境的治理体系,构建多元化的治理模式,不断增强公众的环境意识及责任意识。充分调动政府、企业与公众的积极性,坚持综合治理、部门联动、疏堵结合,因地制宜推进全国船舶和港口污染治理,提升环境保护质量,促进海洋绿色发展,全面系统推动海洋环境保护与治理有序进行。

近年来,中国不断加大对海洋垃圾的研究与治理力度,针对海洋垃圾的污染防治问题,中国已陆续出台和制定了《海洋环境保护法》《水污染防治法》《固体废物污染环境防治法》《海洋倾废管理条例》《防治陆源污染物污染损害海洋环境管理条例》等 20 余部配套法规,[1]为加强海洋生态保护提供

① 刘奕辰:《加强海洋污染治理打赢这场持久战》,《人民日报》(海外版),2019 年 8 月 20 日。

了较为完善的法律体系。

海洋环境治理是一个系统工程，需要各部门齐心协力，共同积极应对。中国应系统调查近岸海域海洋微塑料污染，深入开展海洋微塑料传输途径、环境行为和生物毒性研究。强化对围海填海管控力度，加强海岸线保护与修复，积极推行海域海岛有偿使用，强化海洋环境监管，进一步提高海洋环境应急响应能力，健全和完善实施方案和配套政策制度，加强海洋环境监测提高海洋环境质量。

海洋环境对油气田开发的影响逐渐成为制约油气田收益的重要因素。在近海海域，应该避免无节制的拦海围垦或填岛，努力保持好海洋生态平衡。

加强海洋环境监测，尽量减少排放入海的工业污水和生活污水，降低海底石油、天然气的勘探和开发生产，以及往来船舶含油污水的排放，①同时要积极提升公众的海洋环境保护意识。

在全国建立海洋生态红线制度，将重要、敏感、脆弱的海洋生态系统纳入生态红线区管控范围并实施强制保护和严格管控。中国应建立起政府主导、公众参与、全社会协同的长效机制。民间海洋环保志愿者队伍不断壮大，以海洋保护为主题，通过寻求海洋生态和渔民生产生活方式之间的平衡点，促进沿海环境向生态可持续方向发展。

积极参与国际合作。世界沿海发达国家，已建立或正在建立一些海洋生态环境监测站。如日本在沿海建立了 18 个海洋生态监测/研究定位站，严密监视海洋生态环境的变化。一些国际组织也纷纷开展了有关海洋生态环境监测的项目，如政府间海洋委员会开展了全球海洋观测系统项目，其中包括了一些重要的海洋生态监测内容，如：海洋健康、海洋生物资源和海岸带海洋观测系统。从总体上看，海洋监测技术和海洋监测系统越来越向着

---

① 李春峰：《中国海洋科技发展的潜力与挑战》，《人民论坛·学术前沿》2017 年 9 月（下）。

全球化、立体化、数字化和高效化方向发展,以形成全球联网的立体监测系统。①目前,这些技术作为数字海洋的技术支持体系,已开始提供全球性的实时信息服务。

中国积极参与应对海洋垃圾和塑料污染的国际进程,参与了联合国环境署区域海行动计划,认真遵守《控制危险废物越境转移及其处置巴塞尔公约》,积极推动出台《东亚峰会领导人关于应对海洋塑料垃圾的声明》《G20海洋垃圾行动计划的实施框架》等文件,共同推进全球海洋垃圾和塑料污染防治。②同时,我们也积极地推动双边合作,比如中日、中加、中美都建立海洋垃圾防治方面的合作机制。

---

① "中国海洋工程与科技发展战略研究"项目综合组撰写:《世界海洋工程与科技的发展趋势与启示》,《中国工程科学》2016 年第 2 期。
② 《生态环境部介绍海洋生态环境保护工作等情况并答问》,生态环境部网站,2019 年 10 月 30 日。

第五章
海洋生态保护与治理研究

中国参与全球海洋生态环境治理体系对于实现"海洋强国"战略具有重要的意义。中国积极参与全球海洋治理,可有效推进中国由海洋大国向海洋强国转变,最终实现全球海洋命运共同体。随着中国经济的快速发展,对海洋生态保护的要求越来越高,应加强生态文明建设,保护生态环境,推动经济绿色发展。

党的十八大以来,中国政府高度重视海洋生态文明建设,强调生态文明建设是统筹推进"五位一体"总体布局和协调推进"四个全面"战略布局的重要抓手。把生态文明建设摆在全局工作的突出位置,将海洋生态文明建设纳入海洋开发总体布局之中,全面加强海洋生态文明建设,建设海洋生态文明、推动绿色低碳循环发展,不仅可以满足人民日益增长的优美生态环境需要,而且可以推动实现更高质量、更有效率、更加公平、更加可持续、更为安全的发展,走出一条生产发展、生活富裕、生态良好的文明发展道路。

2018 年,自然资源部、生态资源部、农业农村部和交通运输部联合发布了《2018 年中国海洋生态环境状况公报》。2019 年,生态环境部印发了《生态环境监测规划纲要(2020—2035 年)》,将海洋生态环境监测纳入国家生态环境监测体系中。

2019 年,李克强总理在《政府工作报告》中提出"大力发展蓝色经济、保护海洋环境、建设海洋强国"。海洋可持续发展与海洋治理,是"蓝色经济"

潜力巨大的组成部分。"十四五"时期,中国生态文明建设进入了以降碳为重点战略方向、推动减污降碳协同增效、促进经济社会发展全面绿色转型、实现生态环境质量改善由量变到质变的关键时期。要完整、准确、全面贯彻新发展理念,保持战略定力,站在人与自然和谐共生的高度来谋划经济社会发展,坚持节约资源和保护环境的基本国策,坚持节约优先、保护优先、自然恢复为主的方针,形成节约资源和保护环境的空间格局、产业结构、生产方式、生活方式,统筹污染治理、生态保护、应对气候变化,促进生态环境持续改善,努力建设人与自然和谐共生的现代化。

2019 年以来,中国积极开展了以渤海综合治理为主的海洋生态环境保护工作,并取得了积极进展。2019 年 7 月,国家生态环境科技成果转化综合服务平台正式开通,稳定运行。中国先后在长江沿岸(成都、长沙)和广东、天津等省市多次举办平台的线下技术成果推介活动,覆盖工业行业、农业面源、城镇生活、黑臭水体治理、水体生态修复等污染控制以及水环境管理等方面。针对长江下游地区的"打好长江保护修复攻坚战生态环境科技成果推介活动"在江苏南京成功举办,集中展示了水污染防治、大气污染控制、海洋环境保护等多个领域的近百项环境科技成果,及时将先进、适用的科技成果转化应用到治污一线,为污染防治攻坚战送科技、解难题,推动解决行业环境污染问题,助力产业高质量发展。

海洋生态环境保护措施进一步强化。国家海洋局印发《关于进一步加强渤海生态环境保护工作的意见》,启动"湾长制"试点,全面完成入海排污口清查。

当然,中国海洋生态文明建设仍面临诸多矛盾与挑战。生态环境修复和改善,是一个需要付出长期艰苦努力的过程,必须坚持不懈,努力实现人与海洋和谐共生。

具体而言,中国政府要坚持不懈地推动绿色低碳发展,建立健全绿色低碳循环发展经济体系,促进经济社会发展全面绿色转型;把实现减污降碳协同增效作为促进经济社会发展全面绿色转型的总抓手,加快推动产业结构、能源结构、交通运输结构、用地结构调整;强化国土空间规划和用途管控,落实生态保护、城镇开发等空间管控边界,实施主体功能区战略,划定并严守海洋生态保护红线;推进海洋资源总量管理、科学配置、全面节约、循环利用,全面提高资源利用效率;抓住产业结构调整推动战略性新兴产业、高技术产业、现代服务业加快发展,推动能源清洁低碳安全高效利用,持续降低碳排放强度;支持绿色低碳技术创新成果转化,支持绿色技术创新。

实现碳达峰、碳中和是中国向世界做出的庄严承诺,也是一场广泛而深刻的经济社会变革。中国应积极推动经济社会发展建立在资源高效利用和绿色低碳发展的基础之上;深入打好污染防治攻坚战,集中攻克突出的生态环境问题,努力改善生态环境质量;坚持精准治污、科学治污、依法治污,保持力度、延伸深度、拓宽广度,持续打好蓝天、碧水、净土保卫战;强化多污染物协同控制和区域协同治理,加强细颗粒物和臭氧协同控制,基本消除重污染天气;统筹水资源、水环境、水生态治理,有效保护居民饮用水安全;积极实施垃圾分类和减量化、资源化,重视新污染物治理。

2021年上半年首个海上"绿色油田"在渤海建成投产,该项目引入了创新型环保设备实现减排增效。与此同时,23 000标准箱液态天然气(LNG)和传统燃油双燃料动力超大型集装箱船实现批量交付,助力海洋交通领域降低碳排放。①福建省全面推广使用新型环保养殖设施,"振渔1号""福鲍1号"等深远海智能化养殖平台相继投入使用。

中国应不断提升生态系统质量和稳定性,坚持系统观念,从生态系统整体性出发,推进山水林田湖草沙一体化保护与修复,更加注重综合治理、系统治理、源头治理;加快构建以国家公园为主体的自然保护地体系,完善自然保护地、生态保护红线监管制度;建立健全生态产品价值实现机制,科学

---

① 王立彬:《开发海洋能源助力"双碳"目标实现》,新华社,2021年8月17日。

推进荒漠化、石漠化、水土流失综合治理,开展大规模国土绿化行动;推行草原森林河流湖泊休养生息,实施好长江十年禁渔,健全耕地休耕轮作制度。

中国应积极推动全球可持续发展,秉持人类命运共同体理念,积极参与全球海洋环境治理,为全球提供更多公共产品,展现中国负责任大国形象;加强南南合作以及同周边国家的合作,不断提高海洋环境治理能力。

中国还应不断提高生态环境治理体系和治理能力现代化水平,加快构建政府主导、企业主体、社会组织和公众共同参与的海洋生态保护与治理体系,深入推进生态文明体制改革,强化绿色发展法律和政策保障;完善环境保护、节能减排约束性指标管理,全面实行排污许可制,推进排污权、用能权、用水权、碳排放权市场化交易,建立健全生态风险管控机制;不断增强全民节约意识、环保意识、生态意识,①加快推进海洋生态文明建设。

中央和地方各级政府加大海域海岸带、海岛整治修复力度,着力推进"蓝色海湾""南红北柳""生态岛礁"海洋生态重大修复工程。恢复修复滨海湿地面积,初步恢复了受损海洋生态系统,社会、经济和生态效应明显,生态功能和服务价值显著提升,生态环境整治修复能力全面提升。

中国政府高度重视海洋生态环境保护与海洋生态文明建设,划定海洋生态保护红线,开展海域海岸带整治修复。具体措施包括完善严管严控的制度体系;率先在海洋领域推行生态保护红线制度;坚持"生态优先,节约优先",严格填海项目论证、环评审查;加强海洋环境污染防治,保护海洋生物多样性,实现海洋资源有序开发利用。在全国建立了流域海域监管机构,整合了陆海生态环境监测网络。近期,中国政府组织相关省份加强对环渤海区域海洋环境监测与海河入海监管整治及入海排污治理工作,并取得了初步成效。

中国积极构建国家与地方相协调的监测机构格局,推进监测机构标准

---

① 《中央政治局第二十九次集体学习时强调　保持生态文明建设战略定力　努力建设人与自然和谐共生的现代化》,新华社,2021 年 5 月 1 日。

化、规范化建设,提升监测机构的海洋生态环境监测能力,统筹海洋生态环境监测业务布局,制定全国海洋生态环境监测工作实施方案,统一组织具有能力、资质的监测力量,实施监测,确保监测工作顺利实施。同时整合海洋生态环境监测数据,建立统一监测数据平台,实现海洋生态环境信息的互联互通,共享共用,推进海洋生态环境监测的信息公开。

海洋生态环境关系人类的生存和发展,然而随着海洋产业的崛起和对海洋资源的不合理开发,中国海洋生态环境形势不容乐观。国内海洋生态治理起步较晚,治理成效不显著,现行治理模式弊端突出、现代化程度不高。在"推进国家治理体系与治理能力现代化"政治理念不断发展的背景下,中国应吸收借鉴美国、日本、欧盟、东盟等主要海洋国家和地区的海洋生态环境治理经验,立足于本国海洋生态环境现状和现行海洋管理体制机制存在的弊端,不断完善海洋治理法律法规、政策体系,全力构建相对完备的规划体系,强化科学研究与科技创新,促进利益相关者积极参与海洋生态治理,加强区域合作,推进中国海洋生态治理体系与治理能力现代化。

生物多样性是人类赖以生存和发展的重要基础。目前,全球范围内正面临生物多样性丧失和第六次物种大灭绝,国际社会普遍认识到生物多样性保护的重要性。中国自 1992 年签署《生物多样性公约》以来,一直高度重视生物多样性保护工作。中国政府坚持与传统"天人合一"观念相契合的生态文明思想,实施一系列行之有效的措施,着力促进生物多样性在各部门和各领域的主流化;同时,通过加强生物多样性研究和实施生态保护工程等措施促进生态系统有效修复和保护,[1]在生物多样性保护方面取得了诸多成就,为国际社会生物多样性保护寻求解决方案提供了中国经验。

良好的海洋生态环境是最普惠的民生福祉。全面推进海洋生态环境质量持续改善,不断提升海洋生态环境综合治理水平和生态保护修复成效。

---

[1] 魏辅文、平晓鸽等:《中国生物多样性保护取得的主要成绩、面临的挑战与对策建议》,《中国科学院院刊》2021 年第 4 期。

海洋生态环境保护要坚持"问题导向、目标导向、结果导向",突出"精准治污、科学治污、依法治污"。突出抓好"美丽海湾"建设,扎实推动沿海各地市海湾水质改善和生态保护修复。建立和完善生态目标指标体系。建立协调机制,形成工作合力。全过程、全方位调动社会公众参与海洋生态环境保护修复的积极性,

目前,中国海洋生态环境保护的主要问题包括①:部分典型海洋生态系统和生物多样性退化,海洋生态灾害频发、突发环境事故风险较高,公众临海难亲海、亲海质量低的现象普遍存在,海洋生态环境治理能力仍需提升。根据全国历年海洋环境质量监测评价结果,近岸部分海湾河口水质污染依然严重,不同海湾河口存在海水水质等级下降、海水富营养化、有毒有害新型污染物被检出等现象。

强化海洋资源环境保护和生态建设。以维护海洋生态健康为基础,持续加大海域资源和生态环境保护力度,着力推进海洋生态文明建设。坚持节约优先、保护优先原则,正确处理好海洋资源的开发与环境保护的关系,全面综合开发和高效集约利用海洋资源,维护海洋生态系统服务功能,不断增强海洋经济可持续发展能力。

进一步健全全国海洋生态保护修复机制。在重要河口和海湾以及重点海洋生态功能区,综合运用退养还滩(湿)、退堤还海等措施,深入实施"蓝色海湾""南红北柳""生态海堤"生态修复工程,进一步优化海洋生态安全屏障体系。积极构建海洋生态保护补偿和损害赔偿制度,并研究建立补偿和损害赔偿的标准体系,选择性地开展海洋禁止开发区的生态补偿机制试点示范,②在所取得的经验基础上,不断探索设立海洋生态整治修复专项基金、尽早建立全国性的流域—海域联动的生态保护修复机制。

---

① 关道明:《突出问题导向提升海洋生态治理水平》,《科技日报》2020年7月22日。
② 王芳:《新时期海洋强国建设形势与任务研究》,《中国海洋大学学报(社会科学版)》2020年第5期。

加快构建海岸带开发保护空间格局,进一步强化海岸线分类分段管控,以确保自然岸线保有率不低于 35％。尽快编制和实施全国海岸带综合保护与利用规划,早日形成与资源环境承载能力相适应的开发利用布局。严守生态红线,建立和实施全国重要海岸线建筑退缩线制度,并依法严格实行区域准入、环境准入和用途转用许可制度。

《2019 年中国海洋生态环境状况公报》显示,重度富营养化海域主要集中在辽东湾、长江口、杭州湾、珠江口等近岸主要海湾河口。

近年来,部分地区红树林、珊瑚礁、海草床等典型海洋生态系统退化的趋势未得到根本遏制,自然岸线保有率降低、滩涂湿地被大面积占用等问题突出。海洋生物多样性水平退化趋势明显,优质渔业资源衰退,濒危物种数目显著增多,珍稀物种保护面临较大压力。

中国应不断加强海洋生态环境治理的法规政策体系建设,不断健全和完善海洋环境法律机制,努力改善海洋环境监管和应急响应能力不足的问题,加大海洋环境科技资金投入,提高海洋环境基础性、关键性科技支撑。

针对近岸污染严重的河口海湾和岸滩等,各沿海省(市)应将其作为陆海统筹、联防联控的重点,根据区域不同污染特征和主要污染来源,分区分类实施陆海污染源头控制工程。通过实施这些工程,提高污水和污染物收处能力、滨海湿地污染自净能力等,减少氮、磷等主要营养物质、塑料垃圾和其他特征污染物的入海量。

保护恢复自然生态空间,保住海洋生物休养生息的底线。积极推进海洋生态环境治理体系和治理能力建设。加强多部门、多技术单位协作,收集海洋生态环境保护相关资料,全面梳理涉海风险源的详细信息,积极开展海洋生态环境风险评估研究,[1]扎实推进中国海洋生态治理。

---

[1] 文芳、苏思琪等:《深圳积极推动海洋生态环保"十四五"规划试点》,《中国环境报》2020 年 7 月 29 日。

第一节　海洋生态保护研究

党的十八大以来,中国积极推进生态文明建设,推动美丽中国建设。中国的海洋事业发展进步取得了令人瞩目的可喜成就。但在经济快速发展的同时,中国也面临海洋生态灾害频发等带来的压力与挑战。中国环境生态治理任重而道远。

从陆地到海洋,中国全面推行"生态优先"发展理念,20 世纪 80 年代中国颁布了第一部《海洋环境保护法》。在海洋开发过程中,遵循"海洋生态保护优先"理念,加强海洋生态保护,中国政府相继出台或修订了《海洋环境保护法》《海域使用管理法》《海岛保护法》《深海法》等法律和配套法规,①促进海域的合理开发和可持续利用,确立海洋功能区划和海域有偿使用两项基本制度,通过海域有偿使用体现资源环境内在价值,并将缴纳的海域使用金用于海洋生态保护和修复。

一、中国海洋生态环境治理面临的挑战

中国海洋生态环境仍面临诸多问题。具体表现为:

第一,近岸局部海域生态环境质量仍有待提升。

部分入海河口和海湾水质仍待改善。近岸海域劣四类水质面积同比增加 1 730 平方千米,超标指标主要为无机氮和活性磷酸盐。100 平方千米以上的 44 个大中型海湾中,8 个海湾三季出现劣四类海水水质。

第二,河口海湾的生态健康状况不容乐观。

"十三五"期间,尽管河口和海湾优良(一、二类)水质点位比例呈上升趋

---

① 《海洋环保,环境治理向深层拓展》,半月谈网,2017 年 9 月 26 日。

势,氮磷比失衡问题有所缓解,但是监测的多数河口和海湾生态系统仍处于亚健康状态。

第三,陆源污染超标排放现象依然存在。

193个入海河流监测断面中,化学需氧量、高锰酸盐指数和总磷等指标时有超标。442个日排污水量大于100立方米的直排海污染源中,个别点位总磷、悬浮物和五日生化需氧量等指标存在超标情况。

目前,就全国范围而言,尚未建立系统科学的海洋生态修复规划体系,修复立法尚不完善,也没有建立有效的绩效评估和考核机制,社会参与度不高,应鼓励沿海省份和城市间加强海岸带保护和修复的区域合作。

就地方层面而言,缺少体现陆海统筹和系统修复理念的海域、海岛和海岸带整治修复保护规划或修复行动方案。缺乏系统的修复标准体系与动态监测和评估机制,[1]修复效果很难及时监测评估与规范。因此,全面评价海洋生态文明建设进程,对促进沿海省市海洋生态文明优化发展具有重要的现实意义。积极构建海洋生态文明进程评价指标体系,应从增加海洋产业科技研发投入、合理开发海洋资源、提高海洋生态环境保护意识、加快海洋科技创新等方面着手,以促进海洋生态文明建设的全面、协调和可持续发展。

随着中国改革开放不断深入,对海洋资源开发不断增大及沿海地区城镇化进程不断加快,但还没有形成规范统一的海洋生态环境相关规划框架体系。部分沿海地区粗放式经济发展、不合理的产业布局,严重污染了中国近海海域,破坏了海洋生物资源生境,严重制约了中国海洋生态治理现代化进程。填海造陆工程对近岸海域生态系统造成了一定的影响。[2]中国海洋生态环境问题日益突出,包括倾倒废物,海洋生态环境不断遭到破坏,海洋

---

[1] 陈克亮、吴侃侃、黄海萍、姜玉环:《我国海洋生态修复政策现状、问题及建议》,《应用海洋学学报》2021年第1期。

[2] 苏六十:《新时代背景下我国海洋污染防范治理策略分析》,《生态环境与保护》2019年第5期。

环境污染加剧、渔业资源衰退、生物多样性降低、自然灾害及突发事件频发等方面。[①]而且,海洋生态环境治理结构性问题没有解决。海洋资源管理条块分割多,涉海多头管理,中央和地方海洋治理存在职权不清等现象,陆地与海洋相关的生态环境保护规划缺乏有效衔接,企业和民众缺乏海洋生态环境保护意识。中国的海洋生态环境治理法律法规还存在不完善之处,海洋生态环境法律体系相对薄弱,违法处罚惩治力度不够。总体来说,中国海洋生态环境治理现代化程度不高。

中国海域辽阔,大陆岸线1.8万多千米,拥有世界上大部分的海洋生态系统类型,海洋生物多样性丰富,共有2.6万余种海洋生物。受第一、第二岛链断续间隔,中国海洋生态区系及物种分布相对隔离,极易受到人类开发活动的干扰与破坏,海洋生态系统脆弱性和敏感性强,易于破坏退化、难以恢复修复,海洋生态环境保护与修复的艰巨性远超陆域。[②]

因此,中国有必要以基于生态系统的综合方法来管理和治理海洋,从而在保护和发展之间取得平衡,建立协调机制,促进和支持中国基于生态系统的海洋综合管理。

海洋生态环境的持续恶化与生态学认知的提高使海洋生态红线区管理制度成为必然。海洋生态红线是党的十八大之后对海洋学领域提出的新命题,也是中国政府履行国际生物多样性公约的行动之一。海洋生态红线与海洋保护区均是中国保护海洋生态环境与生物多样性的管理制度。[③]

截至2014年4月,全国共建有各种类型海洋保护区249处(不含港澳台地区),其中,海洋自然保护区186处,海洋特别保护区63处(表2),总保护海洋面积为137 950.80平方千米,约占中国管辖海域面积的4.6%,分属

① 杨振姣、闫海楠、王斌:《推进我国海洋生态环境治理现代化》,《太平洋学报》2017年第4期。
② 卢晓燕、廖国祥:《践行海洋命运共同体重要理念加强海洋生态环境保护与综合治理》,《环境保护》2019年第15期。
③ 曾江宁、陈全震、黄伟、杜萍、杨辉:《中国海洋生态保护制度的转型发展——从海洋保护区走向海洋生态红线区》,《生态学报》2016年第1期。

海洋、环保、农业、国土、林业及其他部门管理。[①]

长期以来中国对海洋的开发存在着"重近岸开发,轻深远海利用;重空间开发,轻海洋生态效益;重眼前利益,轻长远发展谋划"的现象。全球海洋保护区中,多数也因渔业捕捞、石油开发等经济活动不能达到有效保护,协调海洋保护与开发成为人类共同面对的难题。[②]

中国海域已开发利用总面积约 28 400 平方千米,海域使用分布不均衡,局部开发密度高、强度大,与多种海洋生物的产卵场、孵化场、索饵场及洄游通道存在竞争。

人造堤坝、桩基等水工构筑物形成的人工岸线使海岸生境同质化,既破坏了原有海岸生境多样化的平衡,又造成了严重的生境破碎,并为水母水螅体提供附着基而增加了爆发水母生态灾害的可能性。

在海洋环境污染方面,近岸海域污染依然严重,陆源污染超标排放问题依然突出。陆源入海排污口达标率仅为 52%,入海排污口邻近海域环境质量状况总体较差。2017 年入海河流水质状况为中度污染,195 个入海河流监测断面中,劣 V 类水质断面有 41 个,占 21.0%;全国 404 个纳入监测的入海排污口中,超标的有 108 个,占 26.7%;严重污染区域主要是黄河口、长江口、珠江口等近岸海域,40 个重点海湾中有 20 个存在劣四类水质。在海洋生态保护方面,海洋生态系统健康状况依然不容乐观。滨海湿地等重要生境丧失严重,长期开发破坏和污染损害对生态系统的滞后影响正在逐步显现,近年来全国实施监测的 20 个典型海洋生态系统中约有 80% 处于亚健康和不健康状态。

在海洋灾害风险方面,生态环境灾害多发频发,环境风险压力有增无减。赤潮、绿潮等传统灾害尚未得到控制,黄海浒苔爆发成为常态,褐潮、金

---

①② 曾江宁、陈全震、黄伟、杜萍、杨辉:《中国海洋生态保护制度的转型发展——从海洋保护区走向海洋生态红线区》,《生态学报》2016 年第 1 期。

潮等新型生态灾害不断涌现。钢铁、石化、重化工等产业近海布局,海上油气开采规模持续扩大,生产、储运等环节极易发生突发事故,海洋环境风险压力有增无减。①

二、积极强化海洋生态保护与修复

因此,加强海洋生态文明建设,强化海洋生态环境保护、修复海洋生态系统、保护生物多样性对中国海洋生态治理尤为重要。而中国也在切实推进海洋生态环境治理法制化和制度化建设。

在党中央、国务院的领导下,中国的生态文明建设正有序进行,中国海洋生态治理初见成效,海洋生态环境状况好于往年。国家海洋主体功能区规划不断完善,进一步强调海洋生态系统的基础性作用,坚守海洋生态红线,海洋生态补偿等制度机制不断完善,划定和保护海洋生态保护区和海洋生态文明示范区。中国不断完善海洋生态环境治理体系,推进海洋生态环境治理现代化,实现海洋生态环境治理体系的制度化、规范化、民主化,努力形成一个有机的、协调的、科学的、高效的海洋生态治理制度运行系统。

中国积极推进海洋生态环境治理体系和治理能力建设,以海湾(河口)为基本单元,推动实施"美丽海湾"百湾治理等重大工程。②采取"国家试点示范＋地方系统治理"相结合的方式,分类梯次推进岸线和滩涂湿地保护恢复、海洋生物多样性抢救性保护、生态安全屏障建设等生态环境综合治理重点任务。强化海洋环境风险防控与应急响应,提高公共服务水平。

根据国家生态环境部发布的报告显示:③2020 年和"十三五"生态环境

---

① 卢晓燕、廖国祥:《践行海洋命运共同体重要理念加强海洋生态环境保护与综合治理》,《环境保护》2019 年第 15 期。
② 关道明:《突出问题导向 提升海洋生态治理水平》,《科技日报》2020 年 7 月 16 日。
③ 生态环境部:《2020 中国生态环境状况公报》,中华人民共和国生态环境部网站,2021 年 5 月 26 日,上网时间:2021 年 8 月 2 日。

重点目标任务均已超额完成,全国生态环境质量得到了明显改善。

2020 年,全国地表水国控断面水质优良(Ⅰ—Ⅲ类)断面比例为 83.4%,同比上升 8.5 个百分点;劣Ⅴ类断面比例为 0.6%,同比下降 2.8 个百分点。海洋生态环境状况整体稳定,质量趋好。管辖海域一类水质海域面积同比基本持平,近岸海域水质总体稳中向好。

2021 年 5 月,国家生态环境部发布《2020 年中国海洋生态环境状况公报》。报告显示[①]:2020 年中国海洋生态环境状况整体稳定。

具体体现在以下几个方面:[②]

第一,海洋环境质量—海水环境质量总体有所改善。

2020 年,中国海洋环境质量总体有所改善,典型海洋生态系统健康状况总体保持稳定,入海河流水质状况总体为轻度污染,海洋渔业水域环境质量良好。

海水环境质量总体有所改善。2020 年,中国管辖海域海水环境维持在较好水平,夏季一类水质海域面积占管辖海域的 96.8%,同比基本持平。全国近岸海域优良水质面积比例平均为 77.4%,同比上升 0.8 个百分点。重要海湾水质状况方面,8 个海湾春季、夏季、秋季三期监测均出现劣四类水质,同比减少 5 个。"十三五"期间,管辖海域水质呈改善趋势。

在海水富营养化情况方面,夏季呈富营养化状态的海域面积共 45 330 平方千米。海洋沉积物质量监测,管辖综合质量等级为良好。生态环境部组织对全国 31 个海水浴场进行了水质监测工作,监测结果水质等级为优的占 78.1%。同时,生态环境部还组织对近岸海域 82 个点位、12 个核电基地邻近海域和西太平洋海域进行了海洋放射性监测,结果显示,核电厂运行对公众造成的辐射剂量均远低于国家规定的剂量限值。

---

① 门妍:《〈2020 年中国海洋生态环境状况公报〉发布》,新华社北京,2021 年 5 月 26 日电。
② 结合《2020 年中国海洋生态环境状况公报》重点＋全文(环保在线 https://www.hbzhan.com/ news/detail/141715.html,上网时间:2021 年 8 月 2 日)和生态环境部相关材料撰写。

第二,海洋生态系统健康状况总体保持稳定。

通过减少环境压力、移除侵入种或重建人工生境,海洋生态系统的结构和功能不断恢复。2010—2017 年中央已累计投入财政专项资金 137 亿元,截至 2018 年年底,累计修复岸线约 1 000 千米,滨海湿地 9 600 公顷,海岛 20 个。2016 年起,中央财政累计安排海岛及海域保护资金 68.9 亿元,先后支持 28 个沿海城市开展"蓝色海湾"整治行动。①实施内容包括海岸线生态修复工程、恢复海岸线生态功能、海岛保护利用示范工程等。浙江、秦皇岛、青岛、连云港、海口一省四市率先开展"湾长制"试点工作,探索形成陆海统筹、河海兼顾、上下联动、协同共治的海洋生态环境治理新模式。在改善海岸带生态环境的同时,提升了区域生活品质,已成为市民及游客新的休闲娱乐目的地,带来了显著的经济和社会效益。

目前,海洋保护区法律法规体系不尽完善。海洋保护区管理向生态红线管理的转化是政治与法制建设的必然,也是海洋生态安全格局构建的需要。海洋生态红线管理是对中国地表宏观格局、资源环境格局和社会经济发展格局进行新一轮的涵盖陆地和海洋系统的综合区划的要求,也是更好地应对未来可能出现的包括全球环境变化以及国际政治形势变化在内的诸多潜在变化的需求。②

天津、河北、山东、江苏等省市在渤海与黄海区域做了实践探索,相继颁布实施"海洋生态红线"区划,对生态红线区的禁止开发区、限制开发区提出了具体规定。

生态红线区划是建立在海洋地理区划基础之上的空间管理,也成为海洋空间规划的表现形式。海洋生态红线区划应建立在对海洋地形地貌、生

---

① 陈克亮、吴侃侃、黄海萍、姜玉环:《我国海洋生态修复政策现状、问题及建议》,《应用海洋学学报》2021 年第 1 期。
② 曾江宁、陈全震、黄伟、杜萍、杨辉:《中国海洋生态保护制度的转型发展——从海洋保护区走向海洋生态红线区》,《生态学报》2016 年第 1 期。

物地理区系等自然特征充分认知的基础上,将区域上完整的自然区域划分为一个生态红线区划单元,从地理单元角度出发进行海洋保护的理念。①

海洋生态红线区划须面对全球环境变化对西太地区的影响,也应考虑中国人口、资源、环境的现状,特别需要重点关注陆海国土开发空间布局、资源开发、产业发展、通道建设和生态环境保护五个方面的统筹。

海洋生态红线区划应结合海洋功能区划、海洋经济发展规划,分析生态系统问题,考虑相关的生态系统和功能区与社会经济之间的相互影响,由此影响而进一步考虑如何调控和解决问题,进而确定海洋生态红线区的边界、保护对象和内容。

海洋生态红线不同于陆地生态红线,其保护也是一个动态的过程,需要根据已知海洋生态系的背景生态信息划定生态红线区域,根据生态红线全区域生态环境指标的监测结果评估保护成效、发现问题并及时调整管理手段、保护措施与管理、保护的范围。②

海洋生态红线应该具备区域性,因此与海洋保护区两者间可在空间上形成部分统一性。

划定生态保护红线是科学整合各类保护区域、强化各类保护和管理手段、明确各级政府责任与义务、提高生态保护效率的最有效方法,也是提高生态保护水平、科学构建生态安全格局的最有效途径,成为扭转生态环境恶化趋势,促进经济社会协调发展的必然选择。③

海洋生态红线区划指标体系可参照海洋保护区管理绩效评估指标体系。海洋生态红线区划具体指标则可参考海洋保护区选划标准。将物种保护、生境保护与生态系统保护相结合,建设相似生态系统的保护区网络,并划为生态红线区域加以管理,通过研究进一步确定单独保护区的溢出效应

---

①②③ 曾江宁、陈全震、黄伟、杜萍、杨辉:《中国海洋生态保护制度的转型发展——从海洋保护区走向海洋生态红线区》,《生态学报》2016 年第 1 期。

及辐射范围,进而来确定保护区网络节点之间合理的空间距离、空间格局和生态廊道。①

海洋生态红线动态边界的确定依赖于海洋生态观测、预测与监测。长时间序列的海洋生态红线基点观测将有助于未来海洋生态红线区域的管理和评估提供科学依据。

将未来的生态资产转化为经济收入,"反哺"前期的修复投入。②在海洋生态修复项目完成后,可建设海洋生态公园、旅游休闲度假区、海滨浴场旅游区和高端游乐区等或发展新的产业,从而形成产业链。积极构建海洋绿色发展格局,加快建立健全绿色低碳循环发展的现代化经济体系,全面维护海洋生态系统稳定性和海洋生态服务功能。同时,林业部门在全国范围内容开展了沿海防护林和红树林修复工程,印发了《全国沿海防护林体系建设工程规划(2016—2025 年)》。农业部门开展了海洋牧场、人工鱼礁等工程,印发了《国家级海洋牧场示范区建设规划(2017—2025 年)》,沿海各省(市、自治区)也陆续出台了海洋生态修复相关的法律、法规,③对开展海洋生态修复工作规定了原则性的内容。

中国沿海地区基本上采取了海洋生态补偿管理办法,出台一些关于海洋生态(生物)损害评估或补偿的标准,为海洋生态修复积极提供资金支持。

目前大多海洋生态修复政策分散在岸线保护、滨海湿地保护、围填海管控和修复方面,从国家和地方层面对于系统开展海洋生态修复均缺少相应的整体规划和政策。④因此,应该从国家层面建立系统的海洋生态修复制度与政策,建立多元化、市场化的全国海洋生态保护补偿制度,将海洋生态修复工程项目、修复成效等信息公开制度化,建立统一的政府与企业海洋生态

---

① 曾江宁、陈全震、黄伟、杜萍、杨辉:《中国海洋生态保护制度的转型发展——从海洋保护区走向海洋生态红线区》,《生态学报》2016 年第 1 期。

② 江洪友、张秋丰、朱祖浩:《对海洋生态修复产业化的思考》,《海洋开发与管理》2020 年第 10 期。

③④ 陈克亮、吴侃侃、黄海萍、姜玉环:《我国海洋生态修复政策现状、问题及建议》,《应用海洋学学报》2021 年第 1 期。

修复信息公开平台,及时通报海洋生态修复的成果及存在问题等工作情况,保障公众的知情权,提升群众参与海洋生态修复工作的意识,实施海洋生态修复绩效考核和责任追究制度,尽快建立海洋生态修复绩效考核制度。[①]同时沿海各省(市、自治区)应将海洋生态修复成效纳入生态文明建设目标评价考核体系,不断加大监督检查力度,建立有效的资金使用与监管制度,以保障海洋生态修复工作的顺利实施和可持续性。

最近,中国生态环境部组织对24个典型海洋生态系统健康状况进行了监测。监测结果显示7个呈健康状态、16个呈亚健康状态、1个呈不健康状态。其中,红树林、珊瑚礁和北海海草床生态系统均处于健康状态,红树、活珊瑚和海草盖度有所增加。具体监测结果如下:

海洋自然保护地状况:截至2020年底,中国共建有国家级海洋自然保护区14处,总面积约39.4万公顷;国家级海洋公园67处,总面积约73.7万公顷。

滨海湿地状况:2020年,生态环境部组织对全国15处滨海类型国际重要湿地的生态状况进行了监测。监测内容包含分布和面积、水源补给、水质、水体富营养化、湿地植物等9方面。监测结果显示:中国海洋生态状况总体保持稳定。

海洋沉积物综合质量保持稳定。2020年,中国管辖海域海洋沉积物综合质量等级为良好,监测点位良好比例达到96.5%。"十三五"期间,中国管辖海域沉积物质量保持在良好水平。

第三,入海河流水质"消劣"已见成效。

生态环境部组织对全国入海河流水质状况进行了监测,监测结果表明:全国入海河流水质总体为轻度污染,与上年相比并无明显变化。对全国193个入海河流监测断面中,193个入海河流国控断面总体为轻度污染,劣

---

① 陈克亮、吴侃侃、黄海萍、姜玉环:《我国海洋生态修复政策现状、问题及建议》,《应用海洋学学报》2021年第1期。

Ⅴ类水质断面比例为 0.5％,同比下降 3.7 个百分点。无Ⅰ类水质断面,与上年同比持平。Ⅱ类水质断面、Ⅲ类水质断面同比上升。Ⅳ类水质断面、Ⅴ类水质断面、劣Ⅴ类水质断面,同比下降。入海河流水环境质量明显改善。

直排海污染源入海量有所降低。全国 442 个日排污水量大于 100 立方米的直排海污染源污水排放总量约为 712 993 万吨,不同类型污染源中,排污量从大到小依次为综合排污,工业污染源,生活污染源。化学需氧量等主要污染物排放量有所下降。“十三五”期间,渤海大气气溶胶中污染物含量和湿沉降通量均呈降低趋势。

海洋大气污染物沉降情况:渤海大气气溶胶中污染物含量均有所降低,铵盐、硝酸盐、铅和铜的含量降幅分别为 60.8％、45.5％、36.8％和 2.9％,总体呈降低趋势。

海洋垃圾和微塑料情况:生态环境部组织对全国 49 个区域开展了海洋垃圾进行了监测。监测结果显示:全国近岸海域海洋垃圾密度呈波动变化。黄海、东海和南海北部海域开展 5 个断面的海面漂浮微塑料监测工作,平均密度为 0.27 个/立方米。

第四,海洋功能区环境质量基本满足使用要求。

生态环境部组织对全国海洋倾倒区和油气区环境状况进行了统计,2020 年全国海洋倾倒量 26 157 万立方米,同比增加 37％,倾倒物质主要为清洁疏浚物。倾倒活动未对周边海域生态环境及其他海上活动产生明显影响;海洋油气区生产水和生活污水排海量较上年略有增加,钻井泥浆排海量与上年基本持平,钻屑排海量较上年有所下降。

海洋倾倒区、海洋油气区及邻近海域环境质量基本符合海洋功能区环境保护要求。海洋重要渔业资源的产卵场、索饵场、洄游通道及水生生物自然保护区水体中,化学需氧量超标面积比例同比减小。海洋重要渔业水域沉积物质量状况良好。

第五,海洋渔业水域环境质量总体良好。

生态环境部组织对全国 39 个重要渔业资源产卵场、索饵场、洄游通道以及水产增养殖区、水生生物自然保护区、水产种质资源保护区和 60 个沿海渔港等重要渔业水域进行了监测,监测面积 548.8 万公顷。其中,无机氮、活性磷酸盐和石油类的超标面积比例同比有所增大,化学需氧量的超标面积比例同比有所减小。水体中主要超标指标为无机氮。

第六,赤潮、绿潮灾害面积大幅减少。

生态环境部组织对 2020 年全国海洋赤潮和绿潮进行了跟踪检测。2020 年,中国海域共发现赤潮 31 次,累计面积 1 748 平方千米。其中,有毒赤潮 2 次,分别发现于天津近岸海域和广东深圳湾海域。2020 年全国海域赤潮发现次数和累计面积较 2019 年有所下降。与近 5 年均值相比,2020 年黄海浒苔绿潮最大覆盖面积下降 54.9%。单日最大生物量从 150.8 万吨减少至 68 万吨,持续时间缩短近 30 天。

尽管中国海洋生态环境状况有所改观,海洋资源有序开发成果显著,促进了海洋生态文明建设进程,但科研成果转化效率低,海洋产业开发多为中低水平,[1]生态环境改善存在下行压力。

海洋环境保护须重点从海洋环境监管方面加以控制。利用人工智能及大数据技术对海洋环境进行事前、事中与事后的全方位监管,实现海洋环境监管智能化,加强海洋环境质量标准与污染物排放标准等具体标准制度与智能技术的有效衔接;加强人工智能与大数据技术对陆源污染物、海洋工程建设项目、海岸工程建设项目、海洋倾倒废弃物、船舶海洋污染以及其他突发性事件对海洋环境污染损害的监测与管理,突出海洋环境监管的智能化优势,使其发挥事前海洋环境问题的科学预防性、事中海洋环境问题对策制定与问题处理的效率性、事后海洋环境恢复与污染源追踪的作用。

---

[1] 苗欣茹、王少鹏、席增雷:《中国海洋生态文明进程的综合评价与测度》,《海洋开发与管理》2020年第 1 期。

人工智能与大数据技术可以科学、准确地对各类海洋环境进行监测并进行数据收集，通过数据化分析迅速找出其主要原因及问题所在。在人工智能与大数据技术数据化分析的基础上，各地涉海部门应及时制定相应对策，有针对性地对问题海域进行治理，提高海洋环境治理的效率，减少海洋环境治理的时间周期，加速海洋环境问题的解决进程。

而且，中国沿海地区在区位、资源禀赋、经济发展方式及科技发展水平等方面存在着一定的差异，致使海洋生态文明呈现不同的发展态势。从整体来看，沿海 11 个省、市、自治区海洋生态文明建设存在空间差异。

三、加强海洋生态保护，造福人类

经过几代人持续努力，中国在海洋空间资源利用方面已形成了较为完善的制度体系。中国海洋生态保护的具体举措主要体现在以下几个方面。

第一，健全海洋生态治理体系，完善海洋生态法治保障，建立海洋环境保护目标责任制，形成基于生态系统的海洋综合管理体制。积极推进海洋生态保护修复，坚持海洋生态红线制度，把重要海洋生态功能区、生态敏感区和生态脆弱区等划为生态红线区，通过科学调研合理划分区域，实现更加精准、高效的开发，抑制人们对海洋无节制开发的冲动，确保海洋生态环境与经济发展的可持续性。

中国应继续加大对海洋环境的综合治理，进一步加强海洋工程与海洋倾废监管，加快滨海湿地生态保护性修复；各级政府要严格管控围填海事务，稳步推进渔业资源保护恢复。加强沿海和海洋生物多样性保护，对滨海湿地、红树林、珊瑚礁等关键生态环境进行修复，降低海洋和陆上活动产生的污染物。

第二，加强海洋监管，全域推行海洋督察，强化围填海管理。

海洋督察是加强海洋生态文明建设和法治政府建设的重要举措，推动地方政府落实海域海岛资源监管和海洋生态环境保护法定责任，加快解决海洋资源环境突出问题,促进节约集约利用海洋资源,保护海洋生态环境。

随着各地经济不断发展,对海洋资源的需求持续增长,海洋开发与生态环境保护的矛盾日益凸显,海域海岛资源开发粗放低效、违法围海填海行为导致海洋环境局部恶化等问题在各地都有不同程度的反映,成为近年来中国海洋环境保护的突出问题。

国家海洋督察制度完善了政府内部的层级监督和专门监督,落实了主体责任,在一定程度上可有效遏制某些地区肆意破坏海洋生态、围海造陆、攫取经济利益的行为。

第三,加强海洋生态综合治理。

党的十九大报告提出实施流域环境和近岸海域综合治理。这是新时代海洋生态环境保护的总纲领和新要求。海洋是一个连通的整体,其环境污染的转移性和跨界性,促使人类必须用现代化手段治理跨区域海洋环境问题。

海洋环境治理是国家治理体系和治理能力现代化建设的重要组成部分,海洋环境治理既是国家内部治理体系建设的重要组成部分,也是跨国治理甚至全球治理体系构建的重要内容。[1]构建海洋环境联动共治机制,推动海洋生态环境共生共保,强化生态修复;以海岸带规划为引导,强化项目用海需求审查;加大审核督察力度,强化围填海日常监管。地方从省级政府到基层管理部门生态优先、保护优先、节约优先的理念得到了进一步强化,实现区域海洋生态保护与经济发展有机统一。

围海填海在一定程度上可以缓解沿海用地紧张,但不合理或违法的围填海同时也给海洋生态环境、海洋开发秩序带来了一系列问题。2017 年,经国务院批准授权,国家海洋局组建了国家海洋督察组,分两批对沿海 11 个省(区、市)开展了围填海专项督察,2018 年以来,全国围填海总量呈现明

---

① 贾宇:《探索海洋环境跨区域治理之道》,《中国社会科学报》2019 年 12 月 26 日。

显下降趋势。

着力提升重点海湾的监控能力，对入海污染源进行精细化和动态化的管控。全面强化海陆统筹，河海统筹，多管齐下推动海洋环境污染治理；坚持海陆污染的同防同治，实施近岸海域水质考核，使近岸海域优良水质所占比例达到70%以上。

中国海洋生态治理体系缺乏刚性约束，海洋产业发展欠缺绿色规制，海陆分割体制依然存在，海洋生态环境监测能力不足，海洋生态治理面临多重挑战。

中国应健全海洋生态治理体系，完善海洋生态法治保障，建立海洋环境保护目标责任制，形成基于生态系统的海洋综合管理体制；加强海洋立法工作，健全海洋生态法治保障；建立海洋生态环境保护目标责任制，完善相关行政法规与规章，将海洋生态环境保护纳入生态文明建设评价统筹考核，[①]建立跨行政区和海陆联动机制，建立党政领导海洋生态环境损害责任追究制度体系。

建立与周边地区的海洋生态环境合作机制。按照"资源共享、设施共建、联防联治、互惠互利"的原则，围绕海洋污染治理、海洋生态保护、海岛资源开发、海洋特色旅游等领域，进一步提高区域海洋生态安全水平，建立区域污染事故应急协调处理机制。

优化海洋空间开发保护格局，推动海洋产业结构绿色转型，发展可持续的蓝色经济，维护海洋生物多样性、保护海洋生态系统，选划建立各类海洋保护区，加强海洋生态修复整治，完善海洋生态环境监测网络，不断推进海洋生态治理体系和治理能力现代化。

建立健全海洋生态环境治理体系，各地在海陆统筹、责任考核、保护示范、整治修复、生态监测等领域积极探索。中央及各地积极推进海陆统筹协调

① 吴平：《推进海洋生态治理守护蓝色家园》，《中国经济时报》2017年1月18日。

机制,理顺管理职责;积极推行地方政府海洋生态环境保护目标责任考核制。

通过设立海洋自然保护区、海洋特别保护区、海洋公园、海洋生态文明建设示范区等各类示范区、保护区树立治理典范。实施"蓝色海湾""南红北柳""生态岛礁"等重点工程,积极推进海洋生态建设和整治修复,加快"美丽海洋"建设。初步建立起层级分明、覆盖面广的海洋生态环境监测网络,涵盖多个监测类别,实现对管辖海域全覆盖的动态监测。

第二节　海洋生态治理实证研究

海洋生态环境关系全人类的生存与发展,海洋生态环境治理现代化是国家治理现代化的重要组成部分,提高海洋生态环境治理现代化水平,有利于维护中国海洋健康、提升对海洋环境变化的适应能力和可持续发展能力,建设海洋强国。

一、努力实现经济发展与海洋生态环境保护相适应的绿色转型

随着海洋产业的崛起和对海洋资源的不合理开发,国内海洋生态治理起步较晚,治理成效不显著,现行治理模式弊端突出、现代化程度不高。在经济快速发展的同时,中国也面临海洋生态灾害频发等带来的压力与挑战,海洋生态环境形势不容乐观。

中国提出大力发展海洋经济,将海洋资源开发与利用纳入国家发展战略之中。但随着海洋资源开发力度的增大和沿海地区城市化进程的加快,中国海洋生态环境问题也日益凸显。在海洋生态环境形势日益严峻的情况下,政府逐渐调整战略方针,由大力发展海洋经济转变为注重海洋生态文明建设,采取了一系列措施治理海洋污染、修复海洋生态系统、保护生物多样性、处理突发事件等。

中国不断完善符合现代化标准的海洋生态环境治理体系,提高海洋生态环境治理能力,海洋生态治理初见成效,海洋生态环境状况有所好转,但治理现代化程度不高,海洋治理体系有待完善,海洋治理能力需要进一步的提升。

中国应健全完善法律法规体系和标准体系,重点推动配套行政法规的修订,加快制修订相关规范性文件。统一和完善涉海技术规范和评价标准,研究修订海水水质评价标准,加快制定海洋环境在线监测、海洋生物多样性保护、海洋新型污染物分析评价等领域标准规范,做好陆海监测评价标准规范和方法的统筹衔接。

改革完善管理制度体系,在健全完善原有海洋工程、海岸工程等相关制度体系的同时,按照深化改革和机构改革要求,加快建立源头严防、过程严管、后果严惩的海洋生态环境制度新体系,加快推进"湾(滩)长制"、海上排污许可等制度建设。[1]2017年,首批国家海洋督察组进驻辽宁、海南、河北、江苏、福建、广西6省(区)。升级版的监管正向海洋开发领域拓展,中国环境生态治理从陆地到海洋得到全面加强。

积极推进海洋生态保护修复,努力实现由点状保护、政府单一投入向面状保护、系统修复、多元投入转变。在海洋开发过程中,遵循"海洋生态保护优先"理念,以减少人类活动对海洋和海岸生态系统造成的不良影响。

2012—2017年,中国海洋生态文明建设持续推进,各领域取得了积极成果。目前,全国海洋环境监测机构总数达235个,5年来(2012—2017年)新建国家级海洋保护区40处,累计修复岸线190多千米,修复海岸带面积6 500多公顷,修复恢复滨海湿地面积2 000多公顷。[2]

---

[1] 卢晓燕、廖国祥:《践行海洋命运共同体重要理念加强海洋生态环境保护与综合治理》,《环境保护》2019年第15期。

[2] 黄筱、张建松、郑玮娜、张旭东、秦华江:《海洋环保,环境治理向深层拓展》,《半月谈》2017年第18期。

进一步健全海洋生态治理体系,多管齐下提升海洋生态治理水平,完善海洋生态法治保障,建立海洋环境保护目标责任制,形成基于生态系统的海洋综合管理体制。着眼海洋经济绿色转型,积极培育绿色、低碳和循环海洋产业,进一步推进海洋生态修复,强化海洋生态监测;强化科技、人才、资金作用。同时全面提升海洋生态治理能力,推进海洋生态文明建设,实现由"管海"走向"治海"。

2018 年 2 月,国家海洋局印发了《全国海洋生态环境保护规划(2017年—2020 年)》,围绕"水清、岸绿、滩净、湾美、物丰"的目标,提出"治、用、保、测、控、防"六项工作布局。《规划》注重源头上的严控、保护和防范,加强海洋生态环境治理,推进海洋环境治理修复,推动海洋生态环境质量趋向好转,积极构建海洋绿色发展格局,加快建立健全绿色低碳循环发展的现代化经济体系,加强海洋生态保护,全面维护海洋生态系统稳定性和海洋生态服务功能,筑牢海洋生态安全屏障,坚持"优化整体布局、强化运行管理、提升整体能力",推动海洋生态环境监测提能增效,强化陆海污染联防联控,实施流域环境和近岸海域污染综合防治,防控海洋生态环境风险,构建事前防范、事中管控、事后处置的全过程、多层级风险防范体系。

促进各项制度日趋科学完善,解决海洋资源环境开发利用问题。通过海洋生态环境治理使得中国海洋经济向绿色转型、蓝色发展,实现政府、企业和社会的协同共治,海洋生态环境治理制度化、规范化、程序化。从制度上解决海洋生态环境治理问题,实现持续改善海洋环境,实现海洋生态文明的建设目标。

海洋生态环境保护、海洋生态文明建设是理念、制度和行动的高度综合与统一,海洋生态环境治理体系是完善海洋生态环境领域的法律法规、体制机制和具体管理制度。将生态文明与海洋生态环境治理有机结合起来,[1]

---

① 郑苗壮、刘岩:《我国海洋生态环境保护治理体系研究》,《环境与可持续发展》2017 年第 1 期。

对中国建设海洋生态文明,实现美丽海洋具有积极的推动作用。

海洋生态环境治理体系是国家治理体系在海洋生态保护领域的重要体现。①海洋生态环境治理体系是国家海洋生态环境保护的法规制度、管理体制和运行机制有机结合、相互关联、共同作用的综合系统,海洋生态环境保护制度是国家根据海洋保护生态环境的目的、要求和工作程序,制定的一系列法律、法规、政策、规范,它们共同构成对治理主体环境行为及相互关系的要求、约束和激励。国家生态环境保护制度在海洋生态环境治理体系中发挥基础、规范和引领方向的作用。

海洋生态文明建设与海洋生态环境治理体系现代化建设同步推进、同步实施,共同推动中国海洋事业的发展。

近年来,中国在海洋生态环境治理上不断推进。在养护海洋方面,《海洋环境保护法》《水污染防治法》《固体废物污染环境防治法》《海洋倾废管理条例》《防治陆源污染物污染损害海洋环境管理条例》等 20 余部配套法规相继出台,为加强海洋生态保护提供了较为完善的法律体系。2018 年,党中央、国务院立足新时代增强陆海污染防治协同性和生态环境保护整体性,明确将海洋环境保护职责整合到新组建的生态环境部,设立海洋生态环境司,打通了陆地和海洋环境保护职责不清、分工模糊的问题,为在更高层次、更广方位、更深程度推进和加强海洋生态环境保护提供了前所未有的体制保障和推进动力。

生态环境红线制从陆地延伸到了海洋,基本上形成了从严管海、生态用海、系统护海、着力净海的海洋生态环境保护与治理的良好局面。积极修复海洋生态系统,加强海洋生态红线区管控力度,积极推进强制保护和严格管控。强化监测预警排名通报,推动精准治污。加大海洋垃圾清理力度,建立和完善海洋垃圾防治工作责任制,加强垃圾分类处置及回收监管力度,建立

---

① 孙悦民:《海洋治理概念内涵的演化研究》,《广东海洋大学学报(社会科学版)》2015 年第 2 期。

海洋垃圾监测系统,开展沿海城市海洋垃圾污染综合防控示范。推进海上排污许可制度建设,推动建立全国海洋生态环境监测网络。

二、加强海洋生态修复与治理

在党中央、国务院领导下,全国继续贯彻"生态优先"的理念,加强沿海和海洋生物多样性保护,加强海洋生态红线制度,对滨海湿地、红树林、珊瑚礁等关键生态环境进行修复,降低海洋和陆上活动产生的污染物。

2015年,《国家海洋局海洋生态文明建设实施方案(2015—2020年)》提出在全国建立海洋生态红线制度,将重要、敏感、脆弱海洋生态系统纳入海洋生态红线区管控范围并实施强制保护和严格管控。

海洋生态红线保护是一种刚性制度。[1]它可以抑制人们对海洋无节制开发的冲动,确保海洋生态环境与经济发展的可持续性;海洋生态红线的划定,并不是禁止开发,它是可以通过科学调研合理划分区域,实现更加精准、高效的开发。

目前,海洋生态红线制度已经取得显著成效。五年来(2012—2017年)渤海海水环境质量总体呈变好趋势,夏季第一、二类水质海域面积比2012年增加了16 520平方千米。[2]

随着海洋经济的发展和海洋面临的压力不断提高,如何科学有效地进行海洋生态环境治理成为了一项重要的课题。红树林是沿海湿地生态系统中一种重要的植被类型,具有知名度高,变化趋势明显,与实际对应性较强等特点,其变化情况能很好地体现中国对于自然生态环境的态度和重视程度的发展。

近年来,中国政府积极开展红树林湿地恢复工程,2020年自然资源部、国家林业和草原局联合印发了《红树林保护修复专项行动计划（2020—2025年）》。红树林的主要观测手段为实地调查和遥感分析，前者耗费时间长，时间跨度大，使得数据缺乏时效性，有一定的局限性。近年来大部分观测资料主要来自时间跨度短、可大面积集中统计的遥感分析，即利用传感器等收集观测信息并加以处理。

而且，中国采取多种措施加强红树林保护，建立了 52 处有红树林分布的自然保护地，大力推进红树林保护和修复，成为世界上少数红树林面积净增加的国家之一，中国红树林存在情况整体上呈现出先减少再增加的趋势：从 1973 年开始至 20 世纪 80 年代末期显著降低，而后至 2000 年左右呈现缓慢降低或趋于平稳的特点，2000 年后开始缓慢回升，到 2010 年开始回升速度加快。各省区由于地理条件等因素差异较大，因此红树林面积的低谷期也不尽相同，但主要集中于 20 世纪 90 年代到 2000 年期间，同时，各省区的红树林面积都在 2010—2015 年左右得到了大幅提升，基本回升到 20 世纪 80 年代的水平。

但中国红树林总面积偏小、生境退化、生物多样性降低、外来生物入侵等问题还比较突出，区域整体保护协调不够，保护和监管能力还比较薄弱。

红树林的影响因素主要包括人类活动和自然演变两个方面，其中人类活动的影响主要包括建设养殖塘、盐田盐沼、围垦耕地、工程建设、砍伐、修造人工表面、营养物质和污染物的影响以及人工造林和修复过程中的种植活动和成活率，自然演变包括自然条件下的繁衍和消亡、群落演替和种间竞争、病虫害、温度盐度等物理化学环境的变化、低温冻害和风暴潮等极端天气的影响。同时还具有人类活动和自然演变相互影响而产生的效果。由于中国红树林下降的速度远超正常自然因素的影响极限，人类活动成为导致红树林面积变化的主要因素。

随着中国经济快速发展，在经济利益驱动下，南部一些沿海地区开始了大规模的沿岸滩涂开发与利用活动，超过了自然演变的速度，导致红树林面积开始大幅度下降。之后从 80 年代中期开始人工造林工程,但自然红树林仍然处于未被有效保护的状态,导致各地区的红树林变化情况不一。红树林地区具有得天独厚的养殖基础和肥沃土壤,因此被大量转变为养殖塘、盐田盐沼、围垦耕地等,例如广西地区大规模的对虾养殖活动使得红树林被破坏严重。除了直接作用于红树林的人类活动外,一些人类活动也会间接对红树林产生较大影响,如全球变暖导致的气候变化、生产生活的污水废料排放等,都对红树林生态系统造成较大影响。

这一实际变化体现了中国海洋生态环境治理过程中社会和政策变化的趋势,国家提出一系列保护政策,如建立许多保护区并颁布相应的法律法规等,将红树林的保护提升到了一定高度。保护和恢复的施行,使红树林的破坏得到了缓解,破坏区域逐渐得到修复。近十年来,在国家的大力倡导下,尤其是在"绿水青山就是金山银山"重要理念的引领下,中国在红树林以及整个海洋生态环境治理上都取得了可喜的成就。在红树林保护方面,中国已经建立了 7 个省级以上的红树立自然保护区,占全国红树林总面积的一半,另外中国还建成了广西红树林研究中心,红树林保护手段和治理措施也在不断优化,正在向好的方向发展。但是与此同时,中国红树林的治理与保护仍有许多问题亟待解决。

第一,红树林的保护观念仍相对落后。人工种植的红树林生命期短,死亡率高,许多地区对红树林的重视程度不够,只考虑造林本身,盲目扩大种植面积,而没有进行科学的规划。

因此,中国在红树林治理与保护中,应不断完善人工红树林的技术,提高成活率和保存率,让红树林稳定存在,长期生长;明确保护红树林的根本目的是为了保护红树林生态系统及其资源而不是红树林的覆盖面积,要采取以保护天然红树林为基础,辅助以人工种植扩大的红树林生态环境治理方法,即将治理工作重心放在已有红树林区域,提高治理水平,改善治理方式,避免在红树林治理中出现无人管理、无经费支持、无管理机构的"三无"

保护区。同时在社会层面上要利用媒体多维度积极宣传红树林的价值和重要性,促进保护理念的传播,让保护红树林成为人民群众的自觉行动。

红树林除了具有生态价值之外,还具有观赏、娱乐、教育等功能,因此在保护的同时,将海洋生态保护与海洋景观旅游相结合,可以积极发展红树林湿地生态旅游,在保护与开发红树林湿地的同时,进一步发挥红树林的治理与保护的效果,使红树林由被动保护变为区域生态安全格局的主动维护。

第二,目前中国对红树林的监测与研究还处于地方各自为政的局面。中国各地在红树林的治理与保护中,所用卫星图像系列与分析处理方式不一,为具体的定量分析和进一步系统研究带来诸多不便,数据影响力较小,其研究成果无法发挥应有的作用,参考价值无法进一步体现。而且,尽管国家已经有十几年未对红树林进行国家级的调查和统计,但缺乏国家层面最新的统计数据,相关资料数据未能得到进一步科学整合,也进一步削弱了数据引用可信度。

第三,红树林与红树林湿地在治理体系上相互分离,导致在实际操作和方案实施上将两者割裂开,资源和政策不能互享,不利于红树林的健康发展。

因此,需要在国家层面上建设统一的监测体系,并出台相应的国家统计标准和监测指标,促进红树林的统计与管理规范化、制度化,并开展新一轮的全国范围内的红树林的治理与保护实地调查统计工作。加大对红树林的科研投入,让科研机构提供理论对策、技术支持和示范推广等,并且推动总结科学有效统一的红树林遥感分析方法,让不同地区的数据可以流通和对比。

在治理范围上,应当将红树林湿地与红树林纳入统一体系,将红树林作为红树林湿地的重要且关键的一部分,整体性地进行保护和治理,而不再将红树林作为单独的身份存在,这也有利于结束各个部门多头管理、互相推脱的混乱局面。

第四,污染红树林现象屡禁不止。随着城市化和工业化发展,新兴的问题逐渐出现。在一些小城市和偏远地区,未经处理的工业及生活污水肆意排放、海上溢油、水产养殖等,会将大量重金属、有机污染物、农药抗生素等带至红树林区域,远超红树林自然净化的能力,对其生长极其不利。而城市和堤坝等人工设施的拓展,正不断侵占红树林土地,土地矛盾尖锐。尽管一些地区已采取补偿措施,但对原生红树林和区域生态系统造成的影响无法简单修复。与此同时,一些外来物种如互花米草、薇甘菊等生长迅速、繁殖力强,会显著降低红树林微生境质量,并改变底栖生物群落结构,造成红树林萎缩。

因此,国家有关部门应尽早建立国家统一的应急预案,对溢油等大规模影响红树林生态的事件采取及时措施,将损害降至最低;另一方面,加强监管,明确有关部门的职责任务,积极做好及时上报和协调等工作,严格施行法律法规要求,对污染较大的工、农业活动进行定期或不定期监测,并做好规划迁移,以降低其对红树林的直接危害。

实施红树林保护和修复,维护红树林生境连通性和生物多样性,实现红树林生态系统的整体保护;遵循红树林生态系统演替规律和内在机理,采用自然恢复和适度人工修复相结合的方式实施生态修复;针对红树林保护修复的突出问题,明确优先在红树林自然保护地内开展修复,逐步扩大到其他适宜恢复区域;健全红树林保护修复的责任机制,积极引导社会力量参与保护修复工作。

将现有红树林、经科学评估确定的红树林适宜恢复区域划入生态保护红线。严格红树林地用途管制,除国家重大项目外,禁止占用红树林地。有序清退自然保护地内的养殖塘,并进行必要的修复改造,为营造红树林提供条件。

在自然保护地内养殖塘清退的基础上,优先实施红树林生态修复。到2025年,计划营造和修复红树林面积18 800公顷,其中营造红树林9 050公顷,修复现有红树林 9 750 公顷,以有效扩大中国红树林面积,提升红树林生态系统质量和功能。开展珊瑚群落保育工程,制定详细的培育计划和管理措施。采用人工修复手段,对珊瑚资源集中区内的退化珊瑚礁生态系统进行科学修复。开展河口生态修复工程,种植适量的本地湿地植物。开展海岛综合整治工程,加强海岛周边海域的环境整治和日常监管,实施渔排清理,保护海岛生态资源与自然环境。开展岸线整治提升工程,划定自然岸线建设退让区,加强岸段海蚀岸线和基岩岸线管理。开展沙滩保护修复工程。实施沙滩分类管理,加强砂源区的保护,人工修复海滩生态系统。

2019 年 12 月,自然资源部公布了 15 个野外科学观测站名单,南沙珊瑚礁生态系统野外观测站成为自然资源部唯一一个珊瑚礁生态系统野外观测站。它以原有的南沙岛礁海洋观测中心为基础,以南沙岛礁生态系统地理差异性、生态系统代表性为特色,通过长期野外定位观测获取科学数据,开展野外科学实验研究,加强科技资源共享,为科技创新提供基础支撑和条件保障。

依托南沙珊瑚礁生态系统野外观测站的建设,在长期连续调查监测的基础上,掌握南沙珊瑚礁生态系统的演变规律、生态灾害发生机制,探究应对措施,对有效促进中国珊瑚礁生态科学研究发展和提高学科国际竞争力、科技创新力有着重要意义。

南沙珊瑚礁生态系统野外观测站将以建成具有国际先进水平的综合型实验研究野外台站和技术平台为目标,聚焦热带岛礁生态系统保护、海洋环境安全、海洋灾害预警预报等海洋科学,力争打造成中国及海洋生态观测监测、数据共享、海洋科学研究、科学人才培养和海上丝绸之路建设的综合科技创新平台。

2021 年 4 月,中国海警局联合生态环境部、交通运输部、国家林业和草原局启动了为期 7 个月的"碧海 2021"海洋生态环境保护专项执法行动,标志着该专项执法行动进入了常态化开展、制度化推进新阶段。

　　自 2020 年中国海警局联合相关部委开展"碧海"专项行动以来,海洋生态环境保护各领域监督检查全面强化,海洋污染与生态破坏突出问题得到集中整治,取得明显成效。[①]为进一步巩固行动成果,四部门决定继续开展"碧海 2021"专项执法行动。

　　此次行动围绕"十四五"时期重点任务要求,明确了海洋(海岸)工程建设项目、海砂开采运输、海洋废弃物倾倒、海洋野生动物保护、海洋石油勘探开发、陆源入海污染物排放等 8 个重点领域的重点任务,进一步强化监督检查,严厉打击海洋生态环境违法犯罪活动。

　　加强海岛生态保护,推进生态岛礁和美丽海岛建设。[②]紧紧围绕海岛生态文明建设和海洋权益维护,建立健全基于生态系统的海岛综合管理体系,深化无居民海岛有偿使用制度改革,促进海岛经济社会协调发展,推进海岛治理体系和治理能力现代化。加强海岛保护相关政策和制度的研究,推进海岛保护和损害赔偿评估等研究。推进海岛资源环境承载能力评价基础研究和相关省份试点。开展海岛物种资源控制因子研究和物种登记工作。深化海岛生态红线研究,将沙滩、特殊生态群落、特殊地质构造、历史文化遗迹等区域划入保护范围。

　　积极组织开展海岛生态指数和发展指数编制研究,科学评价海岛生态系统健康状态、有居民海岛整体发展水平,发布海岛生态指数和发展指数。推进和美海岛建设,研究建立和美海岛创建标准,开展和美海岛创建工作。完善海岛业务体系,提升海岛业务运行保障能力。积极探索开展岛礁水下部分地形调查和植被分布细化监测试点,积极推进海岛技术规程向国家标准转化。

　　切实推进无居民海岛有偿使用制度改革和权属管理。积极落实《无居民海岛开发利用审批办法》,强化重大项目用岛服务,做好报国务院批准项

①　刘博通:《保护海洋生态环境,"碧海 2021"专项执法行动启动》,《人民日报》2021 年 4 月 22 日。
②　法制与岛屿司:《推进海岛治理体系和治理能力现代化》,《中国海洋报》2017 年 4 月 7 日。

目用岛的审查、报批、批复和登记等工作。开展项目用岛评估制度研究,加强事中和事后监管。

紧紧围绕海岛生态文明建设和海洋权益维护,建立健全基于生态系统的海岛综合管理体系,深化无居民海岛有偿使用制度改革,促进海岛经济社会协调发展,推进海岛治理体系和治理能力现代化。

制订无居民海岛有偿使用的意见和无居民海岛使用金征收标准调整方案,推动无居民海岛使用权市场化配置配套文件的出台,充分发挥市场在海岛资源配置中的决定性作用,完善无居民海岛有偿使用制度体系。

依法开展历史遗留用岛管理试点工作,按照分类处置原则,简化相关手续与程序,鼓励用岛单位和个人按照《海岛保护法》及有关配套制度,补办无居民海岛开发利用许可。推动历史遗留用岛实际情况专项调查工作的开展,建立历史遗留用岛数据库。

完善海岛业务体系,提升海岛业务运行保障能力。印发《全国海岛监视监测系统总体建设与运行方案》《无居民海岛开发利用生态本底调查技术规程》,探索开展岛礁水下部分地形调查和植被分布细化监测试点。

组织推进海岛保护与开发利用标准化工作,研究拟定生态本底调查、海岛生态监测站点建设标准等技术规范。积极推进海岛技术规程向国家标准转化。

加大海岛工作宣传和国际交流,提升全民海岛意识。在海岛生态保护、开发利用、经济发展和治理经验等方面,与小岛屿国家开展交流与合作,提升和发展中国与小岛屿国家的友好合作关系。同时,通过媒体做好海岛重大政策解读,加强与公众的互动交流。

20世纪80年代起,中国建立了中国生态系统研究网络、中国生物多样性监测与研究网络和中国生物多样性观测网络等多个生物多样性和生态系统监测网络。中国深度参与国际交流与合作,认真履行生物多样性相关国际公约,是最早签署《生物多样性公约》的国家之一,先后与100多个国家开展交流合作,积极开展生物多样性项目合作,推进生物多样性保护议题纳入国家高层外交活动,助力实现全球生物多样性保护主流化,在国际履约中的角色由追随者和重要参与者转为积极贡献者。

中国生物多样性保护主流化、生态保护红线、生态修复重大工程和生态效益评估等举措,不仅为中国在生态治理方面积累了宝贵经验,也为全球生物多样性保护和可持续发展提供了优质和可借鉴的中国方案。中国应充分发挥多学科融合的优势,为生物多样性保护设定既具雄心又务实的目标,加快全球生态文明建设,助力实现联合国 2030 年可持续发展目标。

中国还应积极推进海洋国家公园建设,打造完整关键海洋生态系统的海洋国家公园,优化整合现有海洋保护地,加强海洋生物多样性保护力度。

在增加海洋保护地面积的同时,增加其连通性和代表性等质量要素;控制渔业捕捞强度,实施海洋伏季休渔和长江重点水域禁渔等禁令,加强海洋环境污染防治,积极推进海洋自然保护区和特别保护区的生态保护补偿,陆海统筹,探索推进"湾长制",加强美丽海湾建设及海洋综合治理,以实现海洋生物多样性的有效保护。

随着"走向深远海"海洋发展战略的实施及深海探测能力的增强,中国应加强海洋生物多样性监测网络建设及深海生物多样性监测与研究,①保护海洋生态环境。

全球海洋生态系统面临着生物多样性丧失和生境退化等问题,海洋保护地是维持海洋生态系统稳定性和恢复其弹性的最有效工具之一,在生物多样性保护和海洋资源可持续利用方面发挥着重要作用。海洋保护地建设已受到全球各国的广泛重视,中国的海洋保护地经过几十年的发展,已形成了中国特色的海洋保护地体系,保护了各类重要海洋生态系统、海洋天然景观和海洋地质遗迹。

---

① 魏辅文、平晓鸽等:《中国生物多样性保护取得的主要成绩、面临的挑战与对策建议》,《中国科学院院刊》2021 年第 4 期。

三、更科学、有效地积极推进中国海洋生态保护与治理

2019 年 7 月,国家生态环境科技成果转化综合服务平台正式开通运行。平台根据污染防治攻坚战热点、难点问题开设技术专题,"无废城市"技术专版已于近期上线,重点展示该领域的技术成果和需求对接情况。在为打好污染防治攻坚战提供科技支撑的同时,积极开展与各重点行业协会的广泛合作,推动解决行业环境污染问题,助力产业高质量发展。

2019 年以来,生态环境部已先后在长江沿岸(成都、长沙)和广东、天津等省市多次举办平台的线下技术成果推介活动,覆盖工业行业、农业面源、城镇生活、黑臭水体治理、水体生态修复等污染控制以及水环境管理等方面。

2021 年 8 月,为适应赤潮灾害应急管理新形势,进一步提高应对工作及时性和有效性,切实履行赤潮灾害监测预警职责,保障公众身体健康和生命安全,自然资源部对原《赤潮灾害应急预案》(国海环字〔2009〕443 号)进行了修订,积极组织开展赤潮灾害监测、预警和灾害调查评估等工作以及大型藻类大规模灾害性暴发的应急响应工作。坚持统一领导、综合协调、分级负责、属地为主的组织管理原则,积极开展赤潮灾害监测、预警和灾害调查评估工作。

自然资源部负责全国赤潮灾害监测、预警和调查评估的组织协调和监督指导,向中共中央办公厅、国务院办公厅报送重大灾情信息,动态完善《赤潮灾害应急预案》。各海区局承担近岸海域以外赤潮灾害监测、预警和调查评估的第一责任,并协调辖区内跨省份赤潮灾害应急工作,监督指导各省(区、市)赤潮灾害应急预案执行,发布责任海域赤潮灾害信息。沿海各省、自治区、直辖市及计划单列市自然资源(海洋)主管部门承担本行政区近岸海域赤潮灾害监测、预警和调查评估的第一责任,在当地人民政府统一领导下分工开展赤潮应急工作,发布责任海域赤潮灾害信息。

赤潮灾害应急响应按照赤潮灾害的影响范围、性质和危害程度分为Ⅰ级、Ⅱ级、Ⅲ级三个级别，分别对应最高至最低应急响应级别。

各省级自然资源（海洋）主管部门可根据本区域赤潮灾害历史情况和政府应急管理实际，确定本省（区、市）赤潮灾害应急响应标准；建立赤潮信息受理平台，设立热线电话、微信等报灾渠道，及时向社会广泛发布。各海区局或省级自然资源（海洋）主管部门依据标准制定本单位赤潮应急预案，明确职责分工，启动应急响应程序，细化应急响应流程，灾害结束后，及时组织开展赤潮灾害调查评估工作。①

同时，生态环境部加快建立项目环评信用监管体系，加快形成以质量为核心、以公开为手段、以信用为主线的建设项目环境影响报告书（表）编制监管体系。

海洋生态环境保护工作由表及里、由浅入深，在发生物理变化的基础上不断催生化学反应，重建重构和融合融入明显加快：渤海综合治理攻坚战开局良好，环渤海三省一市及有关地市全部出台具体实施方案，劣Ⅴ类入海河流国控断面整治和入海排污口"查、测、溯、治"取得阶段成效，各项重点工作正在平稳有序推进；加强海洋生态环境监管，入海排污口和重要生态区域监管力度持续加强，海洋工程和海洋倾废有关审批事项实现平稳过渡；陆海生态环境监测网络整合初见成效。

为保护海洋及内陆水域的生物多样性，中国政府已经采取许多有力措施。例如，在渤海、黄海、东海及北纬12度以北的南海（含北部湾）等海域实施伏季休渔制度，在长江干流及重要支流实施十年禁渔计划，构筑海洋生态保护网。

近年来，中国政府积极开展公海自主休渔行动，以保护和恢复公海渔业

---

① 《自然资源部办公厅关于印发〈赤潮灾害应急预案〉的通知》，中华人民共和国自然资源部网站，2021年7月9日。http://gi.mnr.gov.cn/202108/t20210806_2675581.html，上午时间：2021年8月8日。

资源。每年都在规定时间、规定区域实施公海自主休渔措施。自主休渔期间，所有中国籍鱿鱼捕捞渔船均应停止捕捞作业，以养护公海鱿鱼资源。

中国积极实施公海自主休渔措施，是针对尚无国际组织管理的部分公海区域采取的渔业管理创新举措。休渔范围内的数家远洋渔业企业所属远洋渔船及远洋渔业辅助船均按规定撤离了休渔区域，且休渔区内从未发生违规捕捞行为，鱼种累积产量同比整体有所提高，资源状况有所好转，休渔成效显著。

近年来，根据《海洋生态保护修复资金管理办法》，中央财政积极支持海洋生态保护修复项目，中央财政重点支持对生态安全具有重要保障作用、生态受益范围较广的重点区域海洋生态保护修复等共同财政事权事项。修复资金重点支持：第一，海洋生态保护和修复治理。支持对重点海域、海岛、海岸带等区域重要生态系统进行保护和修复，提升生态功能和减灾功能。第二，入海污染物治理。支持开展与海洋生态保护修复直接相关的因提高入海污染物排放标准的直排海污染源治理以及海岛海域污水垃圾等污染物治理。

中央财政重点支持各地从系统工程和全局角度，全方位、全海域、全过程开展海洋生态保护和修复工程，推动提高海洋生态产品的综合价值和供给能力。山东省威海市成为全国唯一连续四期获得中央财政支持海洋生态保护修复项目的城市，自 2016 年以来争取中央财政资金近 10 亿元，项目包括威海市海岸带保护修复工程、海堤生态化改造以及海岸植被防护带修复等。威海市前后实施了 50 个海洋生态保护修复项目，共修复受损岸线超过 100 公里、沙滩 100 万平方米、湿地 1.2 万多亩，恢复植被 41 万平方米，清除淤泥 200 万立方米，清理垃圾 140 万立方米，[①]其中第一期国家"蓝色海湾"

---

① 财政部办公厅、自然资源部办公厅：《关于组织申报中央财政支持海洋生态保护修复项目的通知》，2021 年 2 月 7 日，上网时间：2021 年 8 月 6 日，https://www.sohu.com/a/449162897_726570。

整治行动项目—逍遥港海域整治修复工程是全国首个通过验收的此类项目。海洋生态保护修复项目的经济效益、社会效益和生态效益进一步凸显，有效推进了海洋生态环境保护工作。

2020年6月，经中央全面深化改革委员会第十三次会议审议通过，由国家发展改革委、自然资源部印发《全国重要生态系统保护和修复重大工程总体规划(2021—2035年)》。这是在国家层面统筹山水林田湖草开展生态保护和修复的首个综合性规划，是今后15年推进全国重要生态系统保护和修复工作的基本纲领，是各项重大生态工程规划建设的主要依据。该规划的颁布有利于各地统筹协调生态系统保护和修复与自然资源开发利用、生态补偿、空间用途管制等重要关系，基于目标导向和问题导向，科学开展生态修复，有助于形成多元投融资机制和开发式修复治理模式，更好地从源头上解决生态修复总体布局和系统修复问题，[1]建立陆岸海一体化的海洋生态环境保护治理体系。以海定陆、以陆保海，将综合治理范围延伸至入海河流全流域，形成陆海统筹、全海域、全流域综合治理格局。

未来中国海洋生态保护与治理可从以下几个方面入手。

第一，坚持"生态优先"，加快推进中国海洋生态环境保护与科学治理。积极构建"经济＋生态"的管控体系，强化生态环境源头保护。[2]强化海洋经济管控，深化海洋经济转型升级，推进海洋经济创新发展，推动海洋产业向绿色低碳和高值高质化发展、向质量效益型转变。

全面加强海洋生态预警监测工作，为系统科学开展生态保护修复，守住自然生态安全边界提供有力支撑。构建中央和地方分工协作、高效运行的海洋生态预警监测业务体系，实施业务化海洋生态调查、监测、评估、预警，逐步掌握全国海洋生态全貌，分析评估受损状况及变化趋势，预警生态问题

---

[1] 《系统推进自然生态保护和治理能力建设》，《自然资源学报》2021年第2期。
[2] 卢晓燕、廖国祥：《践行海洋命运共同体重要理念加强海洋生态环境保护与综合治理》，《环境保护》2019年第15期。

与潜在风险，及时提出保护措施建议。积极构建以近岸海域为重点、覆盖中国管辖海域、辐射极地和深海重点关注区的业务化生态预警监测体系。在近岸海域，重点聚焦重要河口、海湾、珊瑚礁、红树林、海草床、盐沼等高生物多样性或高生产力区域，以及珍稀濒危物种栖息地、生态灾害高风险区等，优先布局生态保护红线和自然保护地监测。在管辖海域，对主要海洋生态系统类型实现全覆盖式大面监测。拓展极地、深海生态监测，积极参与公海保护有关工作。

海洋生态预警监测工作是中央和地方共担事权事项。自然资源部负责监督、指导、协调全国海洋生态预警监测工作。自然资源部各海区局负责承担所辖海区海洋生态预警监测工作责任，强化对省（区、市）工作的监督指导。沿海各省（区、市）自然资源（海洋）主管部门承担本行政区近岸海域海洋生态预警监测工作责任，加强对所辖市县工作的监管。

深入开展海洋生态趋势性监测和基线调查，掌握近海生态类型、保护目标的分布和基本特征。针对重要生态类型细化掌握数量、质量、受损情况和保护利用状况，跟踪海洋生态变化趋势，实施海洋碳汇监测评估。

构建海洋生态分类分区框架。建立海洋生态分类标准体系，基于自然地理格局和生态特征，统一划定国家级海洋生态分区，为生态预警监测工作提供基本框架。进一步细分各生态分区内的小尺度生态类型，构建精细化的区域海洋生态图。

积极开展近海生态趋势性监测。聚焦分区生态特征，完善近海生态趋势性监测内容、方法与频次，优化站位布局。健全以生物为核心，涵盖地形地貌、地质和水体环境的海洋生态监测指标体系。形成以国控站位为主干、地方站位为补充、长期稳定的趋势性监测框架布局。开展海—气二氧化碳通量监测评估，掌握中国近海碳源—汇格局。

实施典型生态系统基线调查。建立典型生态系统定期调查制度，掌握类型、分布、重要生物类群、生境和相关保护利用活动等情况，查找分析生态问题,评估受损程度。实施海草床、红树林、盐沼等典型蓝碳生态系统碳储量调查评估。

第二,强化生态综合管控,以资源环境承载能力为基础,积极构建由岸及海、由近及远的海洋生态空间规划体系,制定以"三线一单"(生态保护红线、环境质量底线、资源利用上线以及环境准入负面清单)为核心的差别化管理措施,优化规范海岸、近海、远海开发利用活动。

系统科学推进海洋生态保护工作,提升生态系统质量与稳定性,建立健全海洋生态预警监测体系,[①]立足新发展阶段,落实高质量发展要求,加强生态系统整体保护、系统修复、综合治理,强化自然资源节约集约高效利用。海岸带地区受高强度开发干扰显著,海洋生态问题存量较多,海洋生态系统退化、生物多样性减少、生境丧失及破碎化问题突出,入海污染物总量依然很大,赤潮、绿潮等生态灾害多发,生态保护任务仍然复杂艰巨。

开展典型生态系统监测。选取代表性区域建设生态监测站,针对生态受损问题和潜在风险,遴选关键物种、关键生境指标、关键威胁要素实施动态跟踪监测。

发布典型生态系统预警。依据面临威胁的严重与迫切程度,以及生态系统的脆弱性,探索建立典型生态系统预警等级,制订珊瑚礁、红树林、盐沼等典型生态系统预警技术指南,制作发布预警产品。

强化海洋生态灾害预警监测。继续做好赤潮、绿潮等生态灾害预警监测,拓展马尾藻、水母等新型生物暴发和海洋缺氧、酸化、微塑料等潜在生态风险监测。

提升赤潮、绿潮等生态灾害预警监测能力。及时更新赤潮应急预案,开展赤潮高风险区立体监测,掌握赤潮暴发种类、规模、影响范围及危害,提高预警准确率。加强浒苔绿潮监测与防控效果评估,全过程跟踪浒苔附着生长、

---

① 《自然资源部正式发文明确!海洋生态预警监测工作面临形势、总体目标和体系布局及主要任务》,《中国海洋报》2021年7月26日。

漂浮、聚集、暴发情况。针对水母、毛虾等局地性生物暴发,实施重点区域、重点时段监视监测,及时发布信息。开展黄东海马尾藻暴发长期监测评估。

拓展海洋缺氧、酸化和微塑料监测。依托海洋生态趋势性监测掌握我国海洋缺氧和酸化分布情况,在重点区域布设长期固定监测站点,开展趋势跟踪和影响评估,探索形成预警能力。

第三,积极构建"陆域＋海域"的生态环境综合治理体系。强化陆海污染防治。把住入海河流、入海排污口两大污染入口,加快推进总氮等污染物控制,加强与其他部门协同,形成合力,共同有序推进海洋生态综合治理。强化海洋生态专项督察,加强对海洋生态环境保护工作的跟踪、调度、评估和预警,及时发现和协调解决重大问题,将海洋生态达标纳入各地区工作业绩考核之中,强化监督考核,[1]奖优罚劣,加大处罚破坏行业生态违法行为力度。

第四,统筹实施生态保护修复。严守海洋生态保护红线,实施最严格的围填海和岸线开发管控,守好岸线岸滩,加快生态保护修复,加强河口海湾综合整治修复和岸线岸滩综合治理修复,逐步恢复渔业生态资源,切实提升生态功能。

第五,积极构建"科研＋监测"的支撑体系,强化生态环境基础支撑。[2]建立海洋生态环境保护攻关平台,健全完善监测业务体系,推动建立统一的全国海洋生态环境监测网络,加快建立部门间、央地间监测力量共建、监测数据互联、监测信息共享机制,统一监测方案、统一评价标准、统一信息发布。重点加强监测评价结果应用,统筹实施近岸海域水质考核。

严格落实海洋生态预警监测质量分级管理、监督检查、责任追究等制度,实行全过程质量控制,保证监测数据准确性和可追溯性。建立健全海洋

[1][2]　卢晓燕、廖国祥:《践行海洋命运共同体重要理念加强海洋生态环境保护与综合治理》,《环境保护》2019 年第 15 期。

生态预警监测技术标准体系,抓紧制修订生态分类分区、生态现状调查、生态预警等级、生态监测站建设、信息化平台建设等技术标准规范。

积极构建"岸—海—空—天"立体化监测能力。升级船舶监测设施设备,发展卫星、无人机、无人艇等大面监测能力,着力提升监测工作效率和覆盖水平。建设海洋生态监测站,发展野外定点精细化监测能力和配套室内测试、分析评价、样品数据保存能力,强化视频、原位在线等技术手段应用。依托自然资源三维立体时空数据库和国土空间基础信息平台,统一设计、分级建设海洋生态预警监测信息化平台。积极开展监测协作和成果共享;积极开展生态预警监测领域国际合作,加强交流借鉴,深度参与全球海洋治理。

推动国家重大战略区域协同监测。围绕京津冀协同发展、黄河流域生态保护和高质量发展、长江经济带发展、粤港澳大湾区建设、推进海南全面深化改革开放等重大国家战略,系统分析区域海洋生态保护需求,建立分工协调机制。对核电、油气等重大用海项目,明确用海企业监测主体责任,按照"谁审批谁监管"原则做好监管。

积极开展海洋生态状况评价,定期发布海洋生态状况报告。实现对海洋生态信息的集中管理、共享服务,支撑监管督察、资源环境承载力监测预警、城市体检评估等工作。

第六,普及公众海洋生态保护意识,鼓励企业和公众积极参与海洋生态保护与治理,督促企业履行好污染防治、环保投入等应尽责任和社会责任。加快海洋环境治理市场培育,探索建立海洋环境治理项目与经营开发活动组合开发模式,积极引入企业和社会资本参与海洋环境治理。引导社会公众发挥监督参与等积极作用,强化海洋生态环境共建共治。

第七,构建"深海+极地"治理体系,积极参与全球海洋治理。[①]

中国作为海洋大国,在积极参与全球海洋治理中,在海洋生态保护与治

---

① 卢晓燕、廖国祥:《践行海洋命运共同体重要理念加强海洋生态环境保护与综合治理》,《环境保护》2019 年第 15 期。

理中不断提出"中国方案",贡献中国智慧,不断提升中国参与国际海洋规则制定和国际海洋治理的能力。加强与太平洋、印度洋、极地、小岛屿国家等区域的交流合作、联合监测、技术援助,加快建设海洋生态环境保护合作平台及机制,提升中国在国际海洋事务中的影响力,发挥中国"海洋软实力"作用。积极实施极地深海生态监测。开展南北极生态分类分区,在南大洋、北冰洋太平洋扇区和科考站周边区域,开展基础环境、海洋生物和陆地植被、动物等要素长期监测,加强评估和预警。在公海保护重点关注区,聚焦关键生境、脆弱冷水珊瑚、保护物种、洄游通道等,开展长期跟踪监测。在气候变化敏感脆弱区开展大洋真光层、弱光层和深海碳循环关键要素监测。

到 2025 年,各海区局会同沿海省(区、市)自然资源(海洋)主管部门完成珊瑚礁、海草床、红树林、牡蛎礁、海藻场、盐沼、泥质海岸、砂质海岸、河口、海湾等 10 类典型生态系统的全国性调查。

同时,对完成基线调查的典型生态系统开展长期定点监测,探索建立生态预警指标体系,发布预警产品,为生态保护修复工作提供有力支撑。

第三节　余　　论

海洋在中国经济社会发展全局中占据突出重要的位置,是中国特色社会主义建设事业的坚强支撑和关键保障。海洋生态环境保护工作是全国生态环境保护和生态文明建设全局的重要组成部分,加强海洋环境治理对中国参与全球海洋环境治理意义重大。中国政府始终高度重视保护海洋生态环境,高度重视海洋生态文明建设,以改善海洋生态环境质量为根本,切实强化综合治理、统筹谋划和系统监管,持续加强海洋环境污染防治,保护海洋生物多样性,实现海洋资源有序开发利用。落实落细渤海综合治理攻坚战等重点任务,切实将陆海统筹的体制优势转变为河清海晏的治理实绩,为高质量发展和生态文明建设继续做出贡献。

2018 年,党中央、国务院立足于生态环境保护整体性、协调性,将海洋环境保护职责整合到新组建的生态环境部,打通了陆地和海洋,开启了海洋生态环境保护的新时代。①

随着国内经济社会发展与国际形势变化以及生态文明建设的不断深入推进,海洋生态环境保护工作的复杂性、艰巨性、系统性、长期性不断显现,迫切需要实施更加深入、更加全面的海洋生态环境保护与治理。加强中国海洋生态环境保护与综合治理,应从法律与标准管理、经济与生态管控、陆地与海洋防治、督查与调度督导、科研监测支撑、企业与公众参与、全球海洋治理等方面整体有效推进。②

近年来,中国积极参与全球海洋治理,更加注重海洋、海岸带的综合管理,重视物种和生物多样性保护,加强与国际组织、区域外国家和地区开展合作,积极与发达国家和广大发展中国家展开交流与合作,吸收和借鉴国际海洋生态治理先进经验,建立具有中国特色的海洋生态环境现代化治理体系,不断提高海洋生态治理能力,不断强化海洋生态空间规划、生态修复、保护区建设等领域的综合治理,提高海洋生态环境治理的法治化、规范化、科学化水平,实现治理的低成本、高效率。

海洋生态环境保护离不开几代人坚持不懈的努力。《中华人民共和国国民经济和社会发展第十四个五年规划和 2035 年远景目标纲要》提出,探索建立沿海、流域、海域协同一体的综合治理体系;严格围填海管控,加强海岸带综合管理与滨海湿地保护;拓展入海污染物排放总量控制范围,保障入海河流断面水质;加快推进重点海域综合治理,构建流域—河口—近岸海域污染防治联动机制,推进美丽海湾保护与建设。

---

① ② 卢晓燕、廖国祥:《践行海洋命运共同体重要理念加强海洋生态环境保护与综合治理》,《环境保护》2019 年第 15 期。

　　实现海洋生态环境治理现代化,应重视国家、社会与市场的多方参与,应将政府、非政府组织、公众等利益攸关方纳入海洋生态环境治理体制框架内,形成治理合力,建立海洋公共参与机制,不断提高海洋生态环境治理效率。

　　积极推进海洋生态环境治理现代化,就是要实现海洋生态环境治理体系的制度化、规范化、民主化,积极运用法治思维和法律制度治理海洋生态环境,形成一个有机、协调、科学、高效的海洋生态治理制度运行系统。

　　中国应加强海洋空间规划工作。海洋空间规划就是建立一个以生态系统为核心框架的全面而极富凝聚力的规划,采用整体、全面的生态系统方法,来管理所有影响海洋的人类活动,以帮助世界各国应对海洋危机。

　　通过海洋空间规划,各利益攸关方可以确认当前存在人类活动(包括海上能源、船运、捕鱼、水产养殖、旅游、采矿等)以及未来可能存在人类活动的区域;识别不同利用海洋相关活动之间现有或可能发生的冲突,以及人类活动和海洋养护理想成果之间的矛盾。空间规划可以以避免潜在冲突的方式,通过划定海洋保护区以及其他合理途径,实现特定区域的养护并促进可持续利用。海洋空间规划为提高海洋治理制定了新的路线图,有利于保护海洋生态系统,造福人类。

　　为实现海洋生态环境稳定的安全态势,中国应制定专门的海洋生态环境治理基本法,并制定相应配套的、可操作性强的法规政策,严格海洋环境立法,规范相应的奖惩机制,完善问责机制,形成多层次的海洋综合治理。

　　坚持海陆统筹原则,实现海洋与陆地规划有机统一,积极构建完备的海洋生态环境治理规划体系,制定相关规划调整沿海产业结构和布局,[①]发展海洋高科技,推进产业布局、土地利用规划与海洋功能区划的相互衔接,增加区域海洋生态环境治理规划,加强区域合作以及沿海地区行业规划、空间规划之间的统筹衔接。

———————————

① 杨振姣、闫海楠、王斌:《推进我国海洋生态环境治理现代化》,《中国海洋报》2017 年 7 月 20 日。

转变粗放的用海方式。加强海洋生态环境规划评价制度,加强海洋环境规划标准化建设,强化规划监督体系,加强海洋环境规划标准化建设,健全海洋生态治理的行业规范,制定全面、详细和科学的标准,统一和协调污染监测等标准,将海洋生态环境治理规划制度纳入海洋环境保护相关法律,强化规划监督体系,通过具体的奖惩措施约束和激励行为主体海洋利用行为,建立并完善问责机制,确保海洋生态规划的顺利实施,发挥其应有的约束与激励作用。

制定相关规划调整沿海产业结构和布局,发展海洋高新技术,转变粗放的海洋生产方式。重视海洋科学研究与高新技术发展,实现科技治海。

加强海洋生态环境科学技术研究与人才培养,加大海洋生态系统研究关键领域资金投入,并制定相应的研究规划,整合各高校、科研机构研发力量,创新合作机制。培养和选拔海洋科技和海洋管理人才,为中国海洋生态环境治理现代化以及海洋生态文明建设提供智力支持与人才保障,[1]不断提升中国"海洋软实力"。进一步加强对国际海洋生态环境治理研究最新进展的跟踪研究,主动参与国际海洋生态环境治理重大计划,引进国外海洋生态保护与治理先进技术与经验,重点学习与创新海洋监测与评价技术、海洋生态修复技术等,加强对海洋综合信息的一体化管理,为海洋生态环境治理决策提供科学依据。

加强海洋生态环境管理信息平台建设,实现海洋资源整合共享的网络化治理。逐步建成与完善与现代海洋产业发展和管理相适应的完善的海洋信息数据库,通过国家与地方的联合建设,使不同区域间的信息交流畅通无阻,实现海洋环境信息资源共享,不断提升中国海洋生态环境管理信息化,有效提升中国海洋生态环境管理水平。对海洋"重索取,轻保护""只保护,不开发",对保护区"规而不建,建而不管"等畸形现象。

---

① 杨振姣等:《中国海洋生态环境治理现代化的国际经验与启示》,《太平洋学报》2017 年第 4 期。

重陆轻海的思维模式制约着中国对于管辖海域的基本认识。国民海洋意识普遍薄弱，成为中国海洋自然保护区存在问题的深层原因。[1]海洋自然保护区的保护对象多为滩涂、奇特景观、动植物栖息地等，由于距离生活区较远，与民众生活之间联系不够密切，远大于其直接经济价值的生态价值往往被忽视。各地政府在经济利益驱动下，往往以牺牲海洋自然保护区的生态价值为代价去追求经济价值。海洋作为人类的第二生存空间影响到世界历史走向和发展格局时，"重陆轻海"观念所带来的深层影响会改变国家和民族的命运。

现行中国海洋生态环境管理体制存在高度分散化格局[2]，职能交叉，海上执法治理分散。因此，中国应积极构建全国统一的海洋生态环境管理体制，统一行使海洋管理职责，统一协调各地海洋治理行为，明确陆域与海域环境保护，制定责任追究机制，解决过于分散的管理现状，提高海洋生态环境综合管理水平。中国应大规模实施海洋生态长效保护战略，积极推动保护、管理与恢复三项工作协同推进，以实现生物多样性保护目标。

2018 年，中国完成政府机构改革，海洋生态环境保护职责划入了新成立的生态环境部。在整合原环境保护部和原国家海洋局海洋监测点位基础上，优化海洋常规监测，统筹开展海水水质、沉积物质量、入海河流断面、海洋生态系统、大气污染物沉降等监测。同时，还应强化海洋生态监测，优化海洋生物多样性监测网络，提升监测覆盖面和代表性，监测指标从浮游生物和底栖生物为主，向标志物种和珍稀濒危物种扩展，全面评估中国海洋生物多样性状况。继续加强海洋生态环境监测工作，统一海洋监测方法和评价指标，确保监测数据准确、规范。加大入海河流及直排海污染源监测力度，

---

[1] 曾江宁、陈全震、黄伟、杜萍、杨辉：《中国海洋生态保护制度的转型发展——从海洋保护区走向海洋生态红线区》，《生态学报》2016 年第 1 期。

[2] 吕建华、高娜：《整体性治理对我国海洋环境管理体制改革的启示》，《中国行政管理》2012 年第 5 期。

精准发力,为陆海统筹、综合治理提供支撑。拓展渤海生态环境专项监测,加密监测点位,加大监测频次,为渤海综合治理攻坚战提供监测保障。

提高治理能力,建立具有中国特色的海洋生态环境现代化治理体系,创新海洋生态环境综合治理体制,严格规范海洋治理,形成合力,提高海洋生态环境治理效率。建立健全海洋生态环境法律法规、政策体系,制定与完善配套的地方海洋环境保护法,培养公众海洋保护意识,促进多方利益相关者参与海洋生态环境保护与治理,构建中国特色上下联动的海洋生态环境综合治理体系,提升中国海洋生态治理能力。

牢固树立保护海洋生态就是保护人类自身安全的理念,保护海洋生态环境就是保护生产力,改善海洋生态环境就是发展生产力。保护好海洋生态环境有助于推动海洋经济可持续发展。

中国各地政府应紧紧围绕海洋生态环境的治理与修复制定具体的保护措施,制定具体的生态补偿制度,将海洋生态环境的补偿切实落到实处。加快金融和海洋生态保护与修复的融合,可以发行海洋保护蓝色债券,为推进蓝色经济以及实现海洋生态保护目标等工作提供所需资金。拓宽融资渠道,同时支持提供长期经济机会的以自然为基础的产业。沿海各省(市)应尽早设立海洋环境保护治理基金,加大对海洋环境突出问题的联合治理力度。按照"谁受益谁补偿"的原则,积极探索受益地区与生态保护区试点横向生态补偿机制。

"十四五"期间,以改善生态环境质量、保障海洋生态安全为核心,构建覆盖近岸、近海、极地和大洋的海洋生态环境监测体系。建立海洋监测数据平台和海洋污染的防护机制与预警机制,建立海洋日常监测点和数据共享机制和数据共享平台,实时监控,加强对海水陆地污染源的监测,制定和统一海洋监测各项指标的标准和应急预案。中国将聚焦海洋专题专项监测,围绕国际热点环境问题和新兴海洋环境问题,开展海洋温室气体、海洋微塑料、西太平洋放射性监测,监测范围覆盖中国管辖海域,并适当向极地大洋海域拓展。加强海洋监测能力建设,实施国家海洋生态环境监测能力建设,完善海洋监测实验室基础设施,组建海洋监测(调查)船队,积极参与"全球海洋立体观测网"建设,提升海洋自动监测与应急保障能力。

不断加强海洋生态文明宣传教育,提升全民海洋环保意识、生态意识和海洋生态保护意识,积极参与全球海洋生态环境治理,加强海洋装备升级换代,创新海洋科技,不断提升中国海洋生态保护与治理水平与质量。

营造爱护海洋生态环境的良好风气,提升海洋经济绿色可持续发展的能力,建立和培养具备海洋知识的高素质海洋专业人才队伍,加大高校增设海洋类学科与相关海洋类专业,扩大招生规模,提高海洋相关从业人员的综合素质和技能。

为了更好地推进海洋生态环境保护和治理,中国应积极吸收借鉴美国、日本、欧盟、东盟等主要海洋国家和地区的海洋生态环境治理经验,立足于本国海洋生态环境现状和现行海洋管理体制机制存在的弊端,不断完善海洋治理法律法规、政策体系,全力构建相对完备的规划体系,强化科学研究与科技创新,促进利益攸关方积极参与海洋生态治理,加强区域合作,推进中国海洋生态治理体系与治理能力现代化。

积极推进海洋公益服务领域的全方位合作:在海洋科技、环境保护、海洋预报与救助服务、海洋防灾减灾与应对气候变化等方面务实推进与沿线国家的交流与合作。积极实施"蓝色海洋伙伴计划",建设海洋科技合作网络,建立"海洋生态伙伴关系",共建绿色海上丝绸之路。在适宜区域开展海洋联合调查,建设海洋灾害预警预报合作网络,为沿线国家提供海上公共服务。积极发展与周边地区特别是东盟国家之间的海洋科技合作,逐步建成由中国引领的地区间海洋合作组织,[①]从最低级的海洋合作入手,由简到繁,共同努力逐步解决地区间的政治问题,共同打造海洋命运共同体。

---

① 李春峰:《中国海洋科技发展的潜力与挑战》,《人民论坛·学术前沿》2017 年 9 月(下)。

第六章
现代科技与海洋可持续发展研究

海洋与人类健康的关系愈来愈密切,世界上超过 50% 的人口居住在沿海地带。海岸带生态系统的健康及海产品清洁卫生在很大程度上决定了沿海居住人口的生存质量。

随着海洋科技对海洋产业的强力支撑,海洋产业将会持续地产生更多的就业岗位,是促进就业、拉动内需、增进社会稳定的重要方面。随着海洋医药类生物资源的开发,人类许多疑难杂症的治疗途径需要从海洋新药物中发现,终须依赖海洋医药的开发。中国在海洋医药技术开发和产业发展方面发展较快,但与国际先进水平尚有一定距离,①在满足人类健康和疾病治疗需求方面还存在较大差距。

海洋科技是建设海洋强国的先决条件和核心支柱。海洋科学和技术是国家科学和技术不可或缺的重要组成部分,海洋科学技术在国家中长期科学和技术发展中发挥了重要作用。

海洋技术是指用于可再生能源生产、深海采矿、海上淡水生产、近海结构部件、海洋声学、海底分类、海洋过程模型、海洋电子学、海洋生物技术、水产养殖、沿海和环境工程等方面的技术。海洋技术未来对能源供应、生产过程、药物开发、海底管理等方面的作用很大。

---

① 中国科学院海洋领域战略研究组:《中国至 2050 年海洋科技发展路线图——创新 2050:科学技术与中国的未来》,科学出版社 2009 年版,第 2 页。

海洋科技产业对整个海洋经济的发展具有全局性影响的新兴战略产业。除了海洋渔业、海洋交通运输业等传统海洋产业之外,涉及海洋油气开发、海洋生物医药与制品、海洋高端装备制造、海水淡化与综合利用等新兴产业。

海洋科技涉及海洋新材料、海洋装备、海洋仪器、海洋数据等领域,以及海洋高端装备,海洋新能源、新材料与化工技术,海洋药物与海洋生物、水产养殖与海洋生物技术,深海技术与装备等领域。而海洋勘探、海洋资源开采、海洋荒漠生物技术、海洋地质、滨海湿地保护与修复、深水油气资源与水合物开发、海洋生物医药研究与开发、海洋观测与探测、海洋遥感监测更多地依赖现代科学技术的支持。发展海洋经济离不开海洋科技的助力。

随着科技的日新月异,人们开发利用海洋的方式也越来越多,在一定程度上也避免了开发利用手段单一带来的局限性,有利于保护海洋生态环境。

目前,中国海洋科技成果转化率较低,其主要原因是缺乏体制机制保障,缺乏政策扶持引导,产学研仅停留在洽谈会、对接会和展览会等形式上的"结合"。海洋科技成果得不到及时转化,无法发挥支撑新兴海洋产业的功能,无法进一步推动海洋科技发展。海洋科技成果转化存在产业科技人才匮乏、成果第三方评价机制尚未建立、缺乏规范化合作机制及缺乏政策扶持引导等问题,合作方式随意性强,后续科技支撑不足。而传统海洋产业转型升级、新兴海洋产业的培育都需要海洋科技成果转化的有力支撑。

因此,国家应加大对海洋科技成果转化的政策引导和扶持力度,积极为海洋科技成果转化搭建服务平台。国家应及时出台海洋科技成果转化法规,以法律形式约定双方的义务与权利,规范科研院所和企业在成果转化及产业化过程中的行为。

同时,国家应尽快建立可转化海洋科技成果和企业运营状况的第三方评价机制,对相关海洋科技成果和企业进行第三方评价,涵盖科技成果产业化难度、市场前景及目标合作企业运营状况。

海洋科技成果转化,海洋产业发展转型,从粗放型发展到高、精、深方向发展,离不开海洋科技的发展。科技创新引领助力海洋科技发展,加强海洋科技人才队伍建设,多出成果。因此,国家应建立海洋科技成果转化评价培育机制,不以论文为唯一评价标准,以海洋科技成果转化对经济社会的贡献度等为指标,尽快建立海洋产业科技人才评价体系,设立相应职称等级和晋升标准,吸引更多、更高层次海洋科技人才从事产业开发。

深耕高校资源、推动地域联动,加强国内外涉海院校和科研院所合作,加快海洋科技成果转移转化,打造海洋科技成果转移转化专业服务平台,为海洋科技成果转移转化提供全方位深层次服务。积极推动高校海洋科技成果产业化,依托区域优势和周边科研优势,助力科学家将海洋科研成果更有效地转化为产品,推动海洋科技创新作为海洋经济可持续发展的动力。

在海洋科技成果转移转化方面做大品牌、做强平台、做优服务,有效整合资源,积极探索产学研合作的有效模式与路径,引进培育更多优质项目,服务成就更多海洋科创企业。在推动科研专利成果"嫁接"企业,实现转化落地,招商对接,壮大海洋经济发展的动力源。

第一节　中国积极发展海洋科技产业

改革开放以来,中国立足海洋科技创新,中国海洋技术蓬勃发展,已形成了以海洋环境监测技术、海洋资源勘探开发技术、海洋通用工程技术为主,包含诸多技术领域的海洋高新技术体系,海洋基础研究基本覆盖了海洋各个学科,并取得了一系列成就。

2016年12月,国家出台《全国科技兴海规划(2016—2020年)》,以充分发挥海洋科技在经济社会发展中的引领支撑作用,增强海洋资源可持续利用能力,促进海洋经济提质增效、转型升级。

中国沿海各地根据自身区位优势与特点,积极发展形式多样的海洋产业集群,并逐步提升了海洋科技水平和海洋制造业能力。其中,天津、青岛等地的海水淡化及综合利用产业集群,环渤海、长三角、珠三角的海洋工程装备制造业集群和涉海金融服务业集群等已成为推动中国海洋经济转型发展的重要领域。

中国坚持走依海富国、以海强国、人海和谐、合作共赢的发展道路。坚持陆海统筹,通过和平、发展、合作、共赢方式,从海洋大国向海洋强国迈进,扎实推进海洋科技强国建设。

一、中国海洋科技发展历程

在"一带一路"倡议下,重点培养具有国际视野和竞争力的科学家、提升在国际组织框架下领导西太平洋和极地海洋科学研究与技术发展的能力应是中国成为海洋强国的根基和突破口。[①]

2016年中国国务院印发《"十三五"国家科技创新规划》,明确提出"发展深海探测、大洋钻探、海底资源开发利用、海上作业保障等装备和系统。推动深海空间站、大型浮式结构物开发和工程化",以及突破"龙宫一号"深海实验平台建造关键技术难关等,有力地推动了中国海洋科技发展,并成为中国开始引领国际海洋科技发展的重大转折点。

中国海洋科技发展在20世纪80年代起步,进入21世纪,中国海洋科技发展迅速,并取得了令人瞩目的成就。在国家海洋战略和国际化战略的支撑下,中国海洋领域最明显的进步在海洋技术和装备方面。海洋石油981钻井平台、"蛟龙号"载人深潜器、大深度无人遥控潜水器、深海半潜式智能"超级渔场"装备,以及规划酝酿中的载人深海空间站、深海综合大洋钻探考察船、海底观测网等,为深海探测创造了前所未有的工作环境,成为在

---

① 李春峰:《中国海洋科技发展的潜力与挑战》,《人民论坛·学术前沿》2017年9月(下)。

海底从事科学研究、资源勘探、检修维修作业等任务的移动工作平台。

海洋技术与装备的进步极大地推动了全海域实时科学观测与研究,拓展了科学研究的领域和广度。①具体而言:

(一) 船舶制造领域

中国积极发展海洋装备产业,在船舶制造等领域已发展成为全球造船大国。

2012 年 9 月 25 日,中国第一艘航空母舰"辽宁舰"在中国船舶重工集团公司大连造船厂正式交付海军。中共中央总书记、国家主席、中央军委主席胡锦涛出席交接入列仪式并登舰视察。中共中央政治局常委、国务院总理温家宝一同出席并宣读党中央、国务院、中央军委的贺电。

2019 年 12 月 17 日,中国第一艘国产航空母舰"山东舰"在海南三亚某军港交付海军。中共中央总书记、国家主席、中央军委主席习近平出席交接入列仪式。

中国国产航母的入列,创造五个首次。第一个是中国首次拥有自主设计的航母;第二个是第二次世界大战结束后,中国成为亚洲国家中首个拥有自主建造航母的国家;第三个是中国史无前例地拥有两个航母编队,是继美国、英国之外,成为世界上第三个拥有双航母编队的国家。第四个是双航母编队令中国两个航母基地首次同期启用;第五个是中国国产航母在三亚入列,意味中国首次在南海海域部署航母。

2019 年 10 月,中国首制大型邮轮在上海外高桥造船正式开工点火钢板切割,全面进入实质性建造阶段。船体总长 323.6 米,最大吃水 8.55 米,最大航速 22.6 海里/小时,采用吊舱式电力推进系统,拥有 16 层高的生活娱乐区域,设有大型演艺中心、大型餐厅、特色餐馆、各色酒吧、咖啡馆、购物广场、艺术走廊、儿童中心、SPA、水上乐园等丰富多彩的休闲娱乐设施,豪

---

① 李春峰:《中国海洋科技发展的潜力与挑战》,《人民论坛·学术前沿》2017 年 9 月(下)。

华程度超过五星级酒店,被誉为移动的"海上现代化城市"。

随着智能船舶标准、测试与验证体系的逐步建立,以自主航行为核心的智能船舶技术与产业发展正式进入快车道。2019 年 11 月,"筋斗云 0 号"下水交付,12 月完成"筋斗云 0 号"远程遥控和自主航行试验。"筋斗云 0 号"核定船长 12.86 米,船宽 3.8 米,吃水 1 米,设计航速 8 节。根据自主航行系统部署的需求,为自主航行铺设的线缆超过 1 000 米。船舶自主航行通过减少驾驶员直至实现无人自主航行,可实现船舶设计建造的革命性突破,同样载重能力下节约超过 20％的建造成本,20％的运营成本,减少 15％的燃油消耗并大幅度降低排放。

2019 年 12 月,由中国企业自主研发的首艘具备自主航行功能的"筋斗云 0 号"货船在珠海东澳岛首航。该小型无人货船项目,将实现自主货船远程遥控、自主循迹、会遇避碰和遥控靠离泊。

"筋斗云 0 号"货船首航成功,将成为国内外船舶自主航行及远程控制技术探索和应用实践的典范。

2019 年 12 月,中国第一艘拥有完全自主知识产权的重型自升自航式风电安装船、1 300 吨的"铁建风电 01"交付,①成为当前中国最先进、综合性能最高的海上风电安装船舶之一。

"铁建风电 01"的综合性能满足海上风场选址"离岸 50 公里、最大作业水深 50 米"的要求,是目前中国最先进、综合性能最高的海上风电安装船舶之一。该船具有自航运输、打桩施工、起重安装、动力定位、远洋调遣、近海作业、智能化施工管理功能,可独立完成海上大型风机基础沉桩和安装等全流程施工。该船的甲板作业面积约 2 500 平方米,续航力 3 000 海里,可抵御 16 级台风,在恶劣海况下亦可实现高精度安装。该船滑轮组采用可摆动和可变倍率结构,可以大直径单桩自行翻桩,最大夹角 45 度,属中国国内首

---

① 《中国第一艘有自主知识产权海上风电安装船完成交付》,(新加坡)《联合早报》2019 年 12 月 17 日。

创,还可停靠小型直升机,具备应急救援、物资补给能力。

2020年5月,由中国船舶自主研发的目前世界上最大的船用双燃料发动机正式面向全球市场发布。该机型的成功研制标志着中国高端海洋装备自主研发制造水平实现了新的突破。该款发动机也是全球首制最大的双燃料发动机,由天然气和传统燃油机两种模式组成,绿色环保又保证了强大的动力输出。该款发送机还首次使用了自主研发的新一代智能控制系统,能实现提前预警、在线诊断功能,为船舶运行维护提供了更加便捷、高效的体验,也能从经济性角度更好地为船东服务。

2020年8月,中国海军首艘075型两栖攻击舰已顺利完成第一阶段航行试验。该舰是中国自主研制的首型两栖攻击舰,具有较强的两栖作战和执行多样化任务能力。

2020年9月,中国规模最大、装备先进、综合能力强,具有世界领先水平的万吨级海事巡逻船"海巡09"轮,在广州成功出坞。该船总长165米,设计排水量10 700吨,是目前国内最大的海上执法公务船;并集海事巡航和救助一体,具备深远海综合指挥能力,是中国海上重要的巡航执法、应急协调指挥、海上防污染指挥动态执法平台,可以进一步加强海上交通动态管控和应急保障,保障海上运输安全畅通,提升中国海上交通治理能力和水平,维护国家海洋权益。

该船建有海上数据中心,编队自组网、数字集群等多种通信手段,包括北斗在内多套卫星系统,具有较强的动态感知、监测预警、信息收集处理和传输、综合指挥、海事监管等能力。同时,"海巡09"具备全球巡航救援功能,将成为中国参与全球海事领域突发事件处置和沟通合作的重要平台。该船采用低硫油,减少硫化物排放,并加装脱硝系统,降低氮化物的排放。

2020年7月,中国自主研制的大型灭火/水上救援水陆两栖飞机"鲲龙"AG600在山东青岛附近海域,成功完成首次海上飞行试验任务,为下一步飞机进行海上试飞科目训练及验证飞机相关性能奠定了基础。

2021 年 7 月,"向阳红 03"船圆满完成了"上海交通大学 2021 年度深海采矿 03 航次"任务后返回码头。本航次是上海交通大学深海采矿车首次进行百米级以及千米级海试,也是"向阳红 03"船首次承担深海采矿车海试任务。航次历时 14 天,航程 1 380 海里。通过本次航次任务,"向阳红 03"船首次检验了水下设备海底行走的船舶跟踪能力,积累了复杂海况下大型设备的下放、回收作业经验,为后续执行同类型航次打下了坚实基础。

2020 年 7 月,"实验 6"号成功下水,预计 2021 年入列服役。"实验 6"号总投资 5.175 亿元,设计总吨 3 990,船总长 90.6 米,型宽 17.0 米,型深 8.0 米,最大速度 16.5 节,续航力为 12 000 海里,定员 60 人,自持力 60 天。"实验 6"号是国内首艘以地球物理勘探、地震采集和处理为主的现代化科考船,是一艘采用国际最先进设计理念,科考能力突出的特种用途船舶,具备在深海沟等极端环境下进行地形、地貌、海流、生物群落调查和取样能力,探测手段达到国际先进水平。"实验 6"号填补了中国目前中型地球物理综合科学考察船的空白,有助于提升中国海洋探测能力和数据样品获取能力,提高中国地球深部结构和深海大洋极端环境探测研究水平。"实验 6"将成为中国一个先进的新型海上移动实验室和探测装备的技术试验平台,提高中国海洋探测能力和数据样品获取能力,开发利用海洋空间资源、油气矿产和生物基因资源,维护国家主权与海洋权益,保障我国经济社会可持续发展,加快建设海洋强国具有非常重要的推动和促进作用。

(二)海上造桥领域

中国在海上桥梁建设方面取得了历史性成就,从"中国制造"到"中国创造"的转型,不断改写世界桥梁建设格局,向全球不断推出桥梁建设"中国标准",[1]凸显中国桥梁建设进入世界建桥强国行列,从斜拉桥到悬索桥,从铁路大桥到公铁两用桥,从跨江大桥到跨海大桥,中国桥梁建设者不断探索,

---

① 喻季欣:《跨山越海——新中国 70 年桥梁成就纪实》,广东教育出版社 2019 年版,第 3 页。

自主创新,中国"桥梁家族"不断壮大,实现了桥梁技术跨越式发展。

近年来,中国开始了跨海工程建设,加快了全国跨海湾海峡大桥建设,多座世界级大桥陆续建成。东海大桥、杭州湾大桥、金塘大桥、青岛海湾大桥、湛江大桥等先后建成通车,其中,杭州湾跨海大桥全长36公里,截至通车时成为世界上最长的跨海大桥。东部沿海大通道苏通大桥和杭州湾大桥通车后,将中国三个最发达的经济区域——长三角、环渤海区域、珠三角连通起来,极大地促进了中国沿海地区发展。舟山连岛工程使舟山本岛与陆地连通,不但融入了长三角都市圈,还发展成为中国首个以海洋经济为主题的国家级新区。港珠澳大桥建成通车,成为中国桥梁建设技术40年发展的最新体现。

1994年建成的主跨452米的汕头海湾大桥是中国第一座现代意义上的悬索桥,1997年建成的广东虎门大桥成为中国第一座大型悬索桥,主航道跨径888米,被誉为中国"第一跨"。2013年7月建成通车的嘉绍大桥,地处江海交汇地方,江道宽浅、潮强流急、含沙量大。中国建设者们克服一个又一个难题,项目成果获得了2016年国际桥梁大会古斯塔夫斯·林德撒尔奖、2016年国际道路联合会全球道路设计成就奖,在世界范围内得到了广泛认可。

杭州湾跨海大桥是中国浙江省境内连接嘉兴市和宁波市的跨海大桥,全长36公里。2003年6月开始建设,2008年5月通车运营。杭州湾是世界三大强潮海湾之一,受水文、气象、地质等环境的影响大。在建设中,桥梁建设者们攻克了海洋环境混凝土结构耐久性及对策、强潮急流条件下的架梁、宽滩涂下的主梁运架、灾害天气对大桥行车安全的影响及对策等技术难关。杭州湾跨海大桥开创了中国跨海大桥建设的新模式,启动了中国跨海桥梁新材料、新工艺、新设备的研制和开发,解决了中线贯通前海上工程测量问题,建立了适应海域长距离大范围的独立工程坐标系,考虑了地球曲率等对坐标系的影响,提高了施工放样精度。采用以高性能熔结环氧涂层为主和辅以阴极保护的新型防腐体系,采用大船、大锤和船载 GPS 系统的总对策,依靠先进和强大的装备,成功解决了强潮海域中钢管桩沉桩、施工安全和生产效率问题,建立了耐久性长期监测系统。杭州湾跨海大桥建成后,缩短了宁波、舟山与杭州湾北岸城市的距离,提高了交通运输效率,形成了杭州湾跨海大桥的通道效益,促进了区域交通运输一体化。

青岛胶州湾大桥于 2011 年 6 月建成通车,全长 36.48 公里,是当时世界第一长的跨海大桥,大桥抗震标准达里氏八级以上,并能承受 30 万吨巨轮的猛烈撞击。胶州湾大桥获得了国际桥梁组织颁发的乔治·理查德森奖,成为中国桥梁工程获得的最高国际奖项。

港珠澳跨海大桥全长 55 公里,集桥梁、隧道和人工岛于一体,建设难度大,海底沉管隧道全长 6.7 公里,是世界第一长的海底沉管隧道,其海底隧道最深 48 米,是世界第一深的沉管隧道。2018 年底建成通车,成为世界最长的跨海大桥,标志着中国从桥梁建设大国走向桥梁建设强国,也意味着粤港澳大湾区建设正式驶入快车道。

2021 年 6 月,深中通道伶仃洋大桥东索塔完成封顶。该大桥全长 2 826 米,两个索塔高 270 米;大桥主跨 1 666 米,为全球最大跨径海上钢箱梁悬索桥,建成后成为全球最高海中大桥。

2021 年 8 月,中国国内首座跨海高铁大桥福厦高铁泉州湾跨海大桥主桥成功合龙。福厦高铁是中国国内首条跨海高铁,设计时速 350 公里。其中泉州湾跨海大桥全长 20.287 公里,海上桥梁长 8.96 公里,海上施工环境复杂,建设与施工单位多次优化方案,采用分节悬臂吊装,先边跨、后中跨合龙的方法,并在施工过程中对主桥 162 个工况实时监控,确保了钢箱梁安装质量可控。福厦高铁建成通车后,有助于促进东南沿海城市群快速发展。

正在建设中的福平铁路平潭海峡公铁两用跨海大桥,是中国首座公铁两用跨海大桥,大桥建成后,将成为世界最长公铁两用跨海大桥。由于大桥桥址处风大、浪高、水深、流急、潮汐明显,自然条件恶劣,地质复杂,也是世界在建难度最大的跨海公铁两用大桥。

(三) 海洋资源开发领域

中国在海洋可再生能源开发利用方面，关键技术取得突破，形成 50 余项海洋能新技术、新装备，成为亚洲首个、世界第三个实现兆瓦级潮流能并网发电的国家。《中国海洋能近海重点区资源分布图集》编制完成，为海洋能示范工程选址建设提供资源支撑。

2020 年 11 月，中国海上最大高温高压气田东方 13-2 气田已成功投产。该气田的投产进一步验证了中国海油 30 余年"淬炼"的海上高温高压气田勘探开发技术的科学性、先进性，[①]对进一步开发海上油气资源、建设海洋强国、保障国家能源安全具有重要意义。

东方 13-2 气田储量规模大、天然气品质好，该气田预计高峰年产气超 30 亿方。投产后通过海底管线将清洁天然气直供华南和海南地区，为粤港澳大湾区、海南自贸港建设注入绿色动能。

中国海油于 20 世纪 90 年代发现并投产了东方 1-1 等多个气田。而盆地埋深 3 000 米以下地层，是全球三大海上高温高压区域之一，温度达 150 ℃以上，压力系数超 1.8，在这里勘探开发油气属世界级难题。

中国海油持续攻关，创新高温高压天然气成藏理论，攻坚钻井技术，2010 年、2012 年先后发现东方 13-1、13-2 两个气田，莺琼盆地中深层开发迎来勘探的春天。经过深入攻坚，中国成为世界上少数系统掌握高温高压气田勘探开发技术的国家之一。

东方 13-2 气田天然气所在地层温度、压力高，工程建设、投资规模、开发风险大。2015 年东方 13-2 气田正式开工建设。针对钻井作业风险和技术难题，中国海油积极利用国内外两种资源，进一步强化科研攻关，淬炼了一套整体水平国际先进的钻完井技术体系，确保了 27 口高温高压大位移水

---

① 《我国海上最大高温高压气田已成功投产》，《中国能源报》2020 年 11 月 25 日。

平井的高效实施。实现了关键设备的国产化,采用一体化技术、高位浮托法建造并安装了2座生产平台。

2019年,国家海洋信息中心与中国海油集团合作,将10余个海上石油平台数据纳入海洋科学数据中心资源体系。共同建设"国家海洋科学数据中心海洋石油分中心",重点围绕海上平台观测数据汇集管理、数据产品制作与数据开放共享等领域开展合作,充分发挥双方在资源、人才、技术等领域优势,共同推进海洋数据资源共享,挖掘数据应用价值。

2021年1月,中国海油对外宣布由中国自主研发建造的全球首座十万吨级深水半潜式生产储油平台"深海一号"能源站在山东烟台交付启航,标志着中国深水油气田开发能力和深水海洋工程装备建造水平取得重大突破,也标志着中国深水油气开发进入了世界第一梯队,对提升中国海洋资源开发能力保障国家能源安全、助力实现"双碳"目标提供有力支撑,为进一步推进海洋强国战略具有重要意义。

"深海一号"能源站由上部组块和船体两部分组成,按照"30年不回坞检修"的高质量设计标准建造,设计疲劳寿命达150年,可抵御百年一遇的超强台风。能源站搭载近200套关键油气处理设备,同时在全球首创半潜平台立柱储油,最大储油量近2万立方米,实现了凝析油生产、存储和外输一体化功能,具有较好的经济效益和技术优势。

"深海一号"能源站最大排水量达11万吨,其船体工程焊缝总长度高达60万米。该项目在建造阶段实现了3项世界级创新,运用了13项国内首创技术,攻克了10多项行业难题,是中国海洋工程建造领域的集大成之作。

"深海一号"能源站运用了世界最大跨度半潜平台桁架式组块技术,也是世界首次在陆地上采用船坞内湿式半坐墩大合拢技术。

2020年9月,中国最大海上油气生产商中国海洋石油集团有限公司宣布,中国首个自营深水油田群—流花16-2油田群顺利投产,高峰年产量可达420万方,是目前中国在南海开发产量最大的新油田群。该油田群的建成投产进一步完善了中国具有自主知识产权的深水油气开发工程技术体系，为保障国家能源安全和助力粤港澳大湾区发展注入新动力。

经过多年不懈努力，中国海洋能源取得了长足的发展，在国民经济中占有非常重要的地位，但海洋能源开发及装备与中国海洋强国建设的地位并不匹配，因此，中国要大力推进海洋能源开发与利用，这对保障中国的能源安全、加快海洋强国建设具有十分重要的意义。

目前，中国对海洋油气的开发还远远不能满足需求，必须实现关键技术装备突破，才有可能在海洋油气开采方面取得重大突破。

（四）海洋卫星研发领域

在海洋卫星研发领域，中国已走在世界前列。中国海洋卫星事业从无到有，实力日益增强。中国海洋卫星已从单一型号发展到多种型谱，已从试验应用转向业务服务，正沿着系列化、业务化的方向快速迈进。

2002年5月，中国首颗海洋水色卫星"海洋一号A"被送入太空。该卫星在轨运行685天，获取中国近海和全球重点海域的情报。

2005年，"海洋一号B"卫星获批准立项研制；2007年，"海洋二号"卫星获批准立项研制。

2007年4月，"海洋一号B"卫星在太原卫星发射中心被送入太空，该星实现对中国主张的300万平方千米管辖海域水色环境大面积、实时和动态的监测。另外，"海洋一号B"卫星还获得南极、北极，热点海域的近实时环境信息。

2011年8月，"海洋二号A"卫星在太空升空，该星是中国对地遥感中最为复杂的卫星之一。

2018年9月，中国在太原将"海洋一号C"卫星送入预定轨道。时隔不足一月，10月，又在太原将"海洋二号B"卫星送入太空。

2020年9月，中国在酒泉卫星发射中心用长征四号乙运载火箭，成功将"海洋二号C"卫星送入了预定轨道。"海洋二号C"卫星是中国第三颗海洋动力环境卫星,也是空间基础设施海洋动力探测系列的第二颗业务星,将与 2018 年 10 月发射的"海洋二号 B"卫星及后续规划发射的"海洋二号 D"卫星组网运行,形成全天候、全天时、高频次全球大中尺度海洋动力环境卫星监测体系,成为中国第一个海洋动力监测网。

"海洋二号 C"卫星是中国首颗运行于倾斜轨道的大型遥感卫星。其入轨后与海洋二号 B 星组网,将大幅提升中国海洋观测范围、观测效率和观测精度。待海洋二号 D 星发射并完成 3 星组网后,中国将具备小时级覆盖全球主要海域的观测能力,同时能够实现亚中尺度海洋现象观测,为海洋防灾减灾、气象、交通和科学应用等提供重要支撑。

相较于传统遥感卫星运行所在的太阳同步轨道,"海洋二号 C"卫星在倾斜轨道上运行,进一步提升中国的海洋观测能力,可以实现更高的海洋风场观测频度,并可以实现从测量全球海洋表面风矢量、全球海面高度,到全球船舶自动识别,再到接收、存储和转发全球海上浮标测量信息多功能目标。

"海洋二号 C"卫星不受天气和光照条件影响,可以全天时全天候连续开展海洋动力环境监测,为"一带一路"沿线国家提供有效服务。

(五)深海潜水领域

2020 年 11 月,中国载人潜水器"奋斗者"号,在西太平洋马里亚纳海沟成功下潜突破一万米,达到 10 058 米,创造了全球载人深潜科考的新纪录。三位潜航员在海底进行了约六个小时的采样工作,这是"奋斗者"号最长海底作业设计时间。

"奋斗者"号全海深载人潜水器是"十三五"国家重点研发计划"深海关键技术与装备"重点专项的核心研制任务。2012 年 6 月,随着"蛟龙"号载人潜水器在马里亚纳海沟成功潜至 7 062 米海底并开展作业,中国具备了载人到达全球 99.8% 以上的海底进行作业的能力。2013 年,"蛟龙"号成功开展试验性应用航次,迈出了业务化运行的第一步。在"蛟龙"号、"深海勇士"号载人潜水器研制与应用的良好基础上,历经艰苦攻关,在耐压结构设计及安全性评估、钛合金材料制备及焊接、浮力材料研制与加工、声学通信定位、智能控制技术、锂离子电池、海水泵、作业机械手等方面实现了多项重大技术突破,顺利完成了潜水器的设计、总装建造、陆上联调、水池试验和海试验收,核心部件国产化率超过96.5%,具备了全海深进入、探测和作业能力,正式转入试验性应用阶段。

"奋斗者"号的研制成功,显著提升了中国载人深潜的技术装备能力和自主创新水平,推动了潜水器向全海深谱系化、功能化发展,[1]为探索深海科学奥秘、保护和合理利用海洋资源贡献了"中国制造",为引导公众关心认识海洋、提升全民海洋意识、加快建设海洋强国作出了突出贡献。

由上海交通大学牵头的国家科技部"十三五"国家重点研发计划"全海深无人潜水器研制项目(ARV)",2021年7月在西太平洋公海海域完成了深海试验。本次海试装备全海深无人潜水器(ARV)"思源号"最大下潜深度8072米,最长海底工作时间超过8小时,完成了海底探测和取样等多种测试,验证了装备的稳定性和强大的海底作业能力。

该项目于2016年12月正式启动,通过全海深无人潜水器(ARV)的研制,该系统具备在全海深范围内开展极深海生物化学调查,以及在极深海生物、海水和地质取样的能力,为中国深海和深渊科学研究提供强有力的支撑;填补了中国覆盖全水深的海洋探测和作业能力的技术空白,缩小了中国与发达国家在深海海洋技术研究中的差距,有效提升了国家投入全球海洋利益与资源的话语权。该系统成功海试将形成中国具有自主知识产权、覆盖全海深的深海调查技术体系,建立全海深科学调查和取样能力,为中国获取第一手的深远海生物、环境和地质研究样品和资料,推动中国深渊海科学技术的发展,提供了必要的保障装备与技术支撑。有效支撑中国"蛟龙号"7000米载人潜水器的海上应用,对实现国家深海战略、推动深海科学技术

---

① 《中国载人潜水器"奋斗者"号突破万米海深》,《科技日报》2020年11月16日。

发展具有重要的意义。

中国在西北太平洋海底申请的 3 000 平方千米富钴结壳勘探矿区获得国际海底管理局核准。随着海洋经济创新发展区域示范顺利实施，海洋科技创新不断深入，中国正在逐步突破制约海洋经济发展和海洋生态保护的科技瓶颈。

（六）海洋风电领域

海洋可再生能源开发利用方面，关键技术取得突破，形成 50 余项海洋能新技术、新装备，中国已成为亚洲首个、世界第三个实现兆瓦级潮流能并网发电的国家。《中国海洋能近海重点区资源分布图集》编制完成，[①]为海洋能示范工程选址建设提供资源支撑。

2011 年 7 月，国家能源局和国家海洋局联合发布了《海上风电开发建设管理暂行办法实施细则》，加强中国的海上风电开发建设，促进海上风电健康有序发展。

2016 年 12 月，中国国家发改委、国家能源局提出：海上风电开工建设到 2020 年要达到 1 000 万千瓦，确保建成 500 万千瓦。目前，中国已在多个地区建立了海上风电场（站），有力地支援了国家建设，弥补了一些地区电力短缺的不足。

2016 年，江苏如东项目是中国离岸距离最远、装机容量最大的海上风电场，通过海上升压站和两根目前国内最长的 110 千伏三芯海底电缆被送往陆上，再经由陆上升压站输向华东电网。该项目距离海岸约 25 公里，海底高程在 -8 米至 -14.6 米之间，共安装 38 台风电机组，总装机容量为 15.2 万千瓦，预计年上网电量可达 4 亿千瓦时。如东项目的建成投运，标志着中国掌握了海上风电建设的核心技术，[②]使中国成为继欧洲等国家后，少

---

① 金昶：《改革开放 40 年我国海洋事业取得突出成就》，《中国自然资源报》2018 年 12 月 20 日。
② 杨漾：《如东海上风电投运，中国成少数具备海上风电核心建设能力国家》，《澎湃新闻》2016 年 9 月 10 日。

数几个具备海上风电建设核心能力的国家之一。

与欧洲海上风电逐步从近海向深海发展不同,过去几年,中国的海上风电基本建在平均水深不足 5 米的潮间带。海上风电技术难度更大,要求更高,需要克服海上施工、抗海水和盐雾腐蚀、电缆远距离铺设等多个技术难题。中国海上风电面临着技术门槛高、建设经验不足、成本居高不下的困境。如东项目的建成投运,为中国风电未来进军深海发挥了一定的示范作用。

在科技创新引领下,如东项目采用了亚洲首座 110 千伏海上升压站,以及全球首创的可拆卸式稳桩平台浮吊吊打沉桩工艺,成功解决了单桩垂直度需控制在千分之三以内的世界难题;利用浮吊也解决了国内支腿船紧张的问题,为后续中国大面积开发海上风电,解决船机设备紧张的问题发挥了积极作用。

海上风电前期工作需要开展用海预审、海洋环评、海缆路由调查、通航安全论证等多个环节,所涉部门众多。如东项目建成投运后,为中国海上风电发展的行业标准制定、上网电价确定等提供了科学参考。

根据国家自然资源部最新数据统计,2021 年上半年中国海上风电新增并网容量达 215 万千瓦,同比增长 102%。①江苏、广东、浙江加大政策支持力度,山东、海南、广西积极谋划海上风电开发。

目前,中国已成为全球第二大海上风电市场。中国海上风电新增容量连续三年领跑全球。截至 2021 年 6 月底,全国海上风电累计装机规模超过 1 110 万千瓦,海上风电总容量超过德国,仅次于英国。②据国际能源署预测,到 2040 年,中国海上风电装机容量江与欧盟相当,减排能力将进一步提升。

海上风能发电靠的是科技。海上风电机组研发向大兆瓦方向发展,产业链条进一步延伸。国内首台自主知识产权 8 MW 海上风电机组安装成

———————————

① ② 王立彬:《开发海洋能源助力"双碳"目标实现》,新华社,2021 年 8 月 17 日电。

功,10 MW 海上风电叶片进入量产阶段。海上风电场向智能化方向发展,国内首个智慧化海上风力发电场在江苏实现了并网运行。

在漂浮式风电方面,中国取得了突破性进展:2021 年 7 月,由明阳集团和三峡集团联合研制的全国首台漂浮式海上风电机组"三峡引领号"在广东阳江成功安装,单机容量 5.5 兆瓦,最高可抗 17 级台风,计划 2021 年年底投产。

目前,中国潮流能总装机规模达 3 820 千瓦,潮流能总装规模位居全球第二,仅次于英国。2021 年中国首台兆瓦级潮流能机组将投入运行,将使中国成为世界上少数几个掌握规模化潮流能开发利用技术的国家,在连续运行时间等方面达到世界先进水平。

杭州林东股份有限公司自主研发的 LHD 潮流能装置首期机组在舟山并网发电,连续运行超过 50 个月,累计提供超过 221 万千瓦时清洁电力,实现二氧化碳减排约 2 000 吨,目前总装机规模达 1.7 兆瓦,连续运行时间和发电量均居世界前列。该项目可实现连续扩容,目前正在开展单机兆瓦级机组组装,已完成总成平台布放。①

而且,中国在波浪能应用领域不断拓展,在深水养殖、远海供电等方面实现成功应用,创造多项全球首次。气动式波浪能供电装置已在海洋观测和航标灯领域商业化。

2020 年 12 月,中国国内首个水深超 40 m 海上风电场在福建长乐正式开工建设。A 区规划装机容量为 300 MW;C 区规划装机容量为 500 MW。A 区、C 区项目均采用 220 kV 海上升压变电站＋陆上集控站方案,各配套建设一座海上升压变电站和一座陆上集控站。

项目所处海洋环境和地质条件极为复杂且恶劣,在潮差大、海洋水动力作用强,受复杂海洋水文气象条件影响,可供海上施工的窗口时间短,建设

---

① 王立彬:《开发海洋能源助力"双碳"目标实现》,新华社,2021 年 8 月 17 日电。

难度属国内罕见。基岩埋深变化剧烈且无规律,埋深从十几米变化至上百米,覆盖层以淤泥、淤泥质土等软弱土层为主,周边航道繁多,施工难度大。

复杂的海洋环境和地质条件为海上风机基础、海上升压站和海缆路由的勘测设计带来了极大的挑战。

项目的顺利建成将为国内深远海海上风电场建设积累实践经验。为建设清洁低碳、安全高效的现代能源体系,推动沿海地区能源结构改善、绿色能源转型提供了示范作用。

培育海上风电储能项目,依托现有储能电池产业基础,开展海上风电储能试点项目建设,推动海上风电储能产业化应用。在远海风电规划和示范项目上取得重大突破。

2021年5月—6月,国家海洋技术中心在广东省珠海市万山岛海域对目前中国自主研发的装机功率最大的波浪能发电装置"长山号",进行了功率特性和电能质量特性现场测试与分析评价工作。

"长山号"波浪能发电装置由中国科学院广州能源研究所设计,波浪能总装机500 kW,配备500 kWh的储能系统。"长山号"是中国目前装机功率最大的波浪能发电装置,它的成功运行标志着中国波浪能开发利用技术已处于国际先进水平。

中心试验场海洋能发电装置现场测试与分析评价团队在已取得的海洋能发电装置现场测试与分析评价成果的基础上,依据相关标准,对"长山号"开展了为期34天的现场测试与分析评价,获取了五百余万组电力数据和四千余组波浪数据,通过对测试数据的处理与分析,可为研发单位、管理部门,提供科学、真实的依据,为中国海洋能产业发展提供有力技术支撑。

为推动海洋养殖向深远海、绿色、智能化转型升级,中科院广州能源所研制的半潜式波浪能养殖旅游平台"澎湖号"已通过法国船级社认证,可提供1.5万立方米养殖水体,具备120千瓦清洁能源供电能力,搭载自动投饵、鱼群监控、水质监测等现代化渔业设备。

"澎湖号"作为全球首台半潜式波浪能养殖一体化平台,已在渔业基地开展超过 24 个月的养殖示范并在多个省份推广应用。①该平台作为海洋能与海水养殖结合的"绿色发展"成功案例,获得多地企业订单,带动社会投资上亿元。

截至目前,国家海洋技术中心已开展了"万山号""澎湖号"和"长山号"3 台波浪能发电装置共 12 个发电机组的现场测试工作。此次波浪能发电装置现场测试与分析评价工作的开展,进一步巩固了国家海洋技术中心在海洋能发电装置现场测试与分析评价领域内的领先地位,有力推动了中国海洋可再生能源新兴产业的发展。

加快海洋牧场建设,鼓励海上风电场内安装鱼类养殖网箱、贝藻养殖筏架,在区域内形成高度融合的海洋养殖生态链。

积极探索海上风电发展路径,以资源开发促进产业集聚,推进风电产业跨越式发展。坚持集约节约用海原则,提高海洋资源综合利用程度。培育海上风电储能项目,形成陆上、海上风电开发运营,风电整机和配套设备制造,风电技术研发,风电场施工建设和运行维护,以及勘察设计、防腐材料、海洋环境保护、大型设备物流等较为完整的风电产业体系。

近年来,中国海上风电在支持国家建设的同时,中国海上风电产业发展迅速,但也面临一些风险。随着全社会环保呼声和意识的不断提升,如何确保海上风电项目的平稳着陆,是当前投资方关注的重点。以海上升压站为例,必须高度重视海上升压站勘察设计、建造、施工、运输、安装等方面存在的风险,②应全面深入的风险识别和风险分析。加强海上升压站钻孔布置、海洋土力学参数确定、疲劳破坏、建造、沉桩、施工窗口期、整体组装式运输以及安装等风险的控制。

---

① 王立彬:《开发海洋能源助力"双碳"目标实现》,新华社,2021 年 8 月 17 日电。
② 郑伯兴、苏荣、冯奕敏:《海上风电场升压站风险分析与管控研究》,《南方能源建设》2018 年第 S1 期。

(七) 海洋生物、海洋医药等领域

2020年4月,青岛市国家海洋药物工程技术研究中心入选山东省技术创新中心获批建设名单。[①]

山东省技术创新中心是山东省科技创新基地的重要组成部分,是全省技术创新的重要载体和策源地,承担着推动重大关键核心技术、颠覆性技术、高端跨界融合技术研发与转化应用,带动产业迈向高端、抢占产业技术创新制高点的重要任务。

山东省海洋药物技术创新中心依托中国海洋大学建设,通过海洋药物及生物制品开发的技术研究及系列产品的开发,系统地促进海洋活性物质分离、提取及合成、半合成技术的整合集成,形成海洋生物医药技术转移过程中的技术、工程熟化平台,旨在疏通"科学→技术→工程→产业"科技链条中的瓶颈,是连接上游基础研究、应用基础研究和下游产业化之间的桥梁和纽带,是引领行业发展的技术引擎、辐射源,加快海洋药物开发的产业化进程,推动海洋制药业及相关行业的发展。

青岛市将针对技术创新中心实际需求,在促进产学研融合、优化科技服务生态等方面加大支持力度,推动技术创新中心高质量发展,从而全面提升科技创新供给能力,为经济高质量发展提供动力源泉。

近年来,中国积极推动海洋生物医药产业发展,不断扩大产业发展规模,加大研发投入,加快海洋生物医药科研成果转化,在海洋抗肿瘤药物研发、海洋治疗心脑血管药物研发、海洋抗感染药物研发以及海洋神经系统药物研发等领域都取得了积极进展。

中国海洋药物研发依然存在一些问题,与发达国家相比,中国海洋生物医药产业整体规模不大,分布不均,多集中在沿海地区,且自主产权型成果

---

① 《我市国家海洋药物工程技术研究中心获批建设山东省海洋药物技术创新中心》,青岛市科技局网站,2020年4月30日,http://qdstc.qingdao.gov.cn/n32206675/n32206706/200430172626455822.html,上网时间:2021年8月7日。

不多。但未来中国生物医药前景乐观。

中国政府将进一步加大海洋生物医药产业知识产权保护政策,延长海洋生物医药产业知识产权保护期限,积极鼓励对海洋生物医药核心技术的研发布局,尽快形成海洋生物医药产业化规模化研发与生产,积极实施高端知识产权人才战略,建立海洋药物行业技术标准,加快推动构建海洋生物医药优势领域专利联盟,形成有利于海洋生物医药产业知识产权营运的政策环境,进一步健全营运服务配套举措。建立海洋生物来源化合物库,积极推动海洋生物细胞与基因新产品开发与研究;加快海洋食品、海洋保健食品开发利用,海洋药妆产品等功能制品,逐渐形成梯次型海洋生物医药产业创新结构,加快国内自主研发的海洋药物上市速度,加大海洋生物医药企业融资规模,加快国内若干个海洋生物医药产业园建设,加大中医药与海洋生物医药结合力度,打造中国的"蓝色药库",形成产业化集聚式发展,积极推动海洋生物医药高质量创新发展,加快海洋生物医药高层次专门人才培养,汇聚更多的一流人才加入海洋生物医药开发,尽快形成更为完备的科学、技术、工程、产业各环节紧密衔接的创新链条,走出一条以海洋原创新药开发为特色的海洋科技自立自强之路。

加速推动国家海洋战略科技力量形成与发展,充分发挥创新联合体驱动中国海洋生物医药产业培育壮大的潜能与优势,建设中国海洋生物医药产业联盟,建立产学研合作共同体,打造合作交流平台、组建海洋生物医药产业信息资源中心、加强人才合作交流,促进海洋生物医药产业深入发展。

中国政府颁布的"十四五"规划和2035年远景目标纲要已将培育壮大海洋生物医药产业列入其中,有助于推动中国由制药大国向制药强国转型。

(八)海洋调查领域

海洋调查是海洋科研的基础。中国海洋调查船队已有包括"雪龙""大洋一号"在内的成员船近50艘,共承担了40多个部门和单位的近千项海洋调查任务。海洋调查由近海向深远海拓展,全面实施了"全球变化与海气相互作用"专项,有力推进了深远海科学研究和海洋环境服务保障,提升了中国在国际海洋合作中的参与度。

(九)海洋预报减灾领域

中国海洋预报减灾机制不断完善,防灾减灾能力不断提高。中国的海洋观测预报手段由单一的岸基(岛屿)站观测,发展到利用浮标离岸观测,利用船舶走航式观测,利用卫星观测等,构成了由岸基、海基、空基、天基、船基构成的立体观测网。[①]

2013年开始,中国进一步完善了海洋灾情报告制度。每年发布《中国海洋灾害公报》和《中国海平面公报》,为有效减轻沿海各地灾害损失,应对海平面上升提供了基础数据和决策依据。

二、中国海洋科技发展方向

在中国海洋科技事业发展进程中,"'向阳红10号'大型远洋调查船的制造"获国家科技进步特等奖、"中国海岸带和海涂资源调查研究报告"等项目获国家科技进步一等奖、蛟龙号共完成158次安全高效下潜作业获国家科技进步一等奖。这些海洋科技领域的巨大成就极大地鼓舞和鞭笞了全国海洋科研人员的干劲,中国海洋科技发展前景无限。

《全国科技兴海规划(2016—2020年)》提出,到2020年,形成有利于创新驱动发展的科技兴海长效机制。推动海水淡化与综合利用规模化,推动海洋可再生能源利用技术工程化,推动海洋新材料适用化,推动海洋渔业安全高效化,推动海洋服务业多元化。强化海洋生态环境保护与治理技术应用,强化海岛保护与合理利用技术应用,强化基于生态系统的海洋综合管理技术应用,强化海洋环境保障技术应用,强化极地、大洋和海洋维权执法技术应用示范等,科学新技术正在海洋领域广泛应用。

---

① 金昶:《改革开放40年我国海洋事业取得突出成就》,《中国自然资源报》2018年12月20日。

努力提高深海远洋探测考察能力,发展"透明海洋"计划,可以为气候变化、深海油气资源开发和海上战场准备提供有效服务,是建设海洋强国的重要战略保障。此外,提高具有自主知识产权的仪器设备的性能和可靠性、完善仪器和数据的标准化和共享机制、构建综合性海洋信息平台、发展多源数据融合技术也是中国海洋科技领域面临的重要挑战。

未来五年中国海洋科技发展方向主要体现在以下几个方面:

第一,聚焦海洋科技创新发展,积极打造一个智慧信息平台,部署海洋调查监测、海洋空间规划、海洋生态修复、海洋预警预报、海洋资源管理五个创新领域,不断提升科技创新效能,进一步提高海洋科技创新影响力。

第二,科技引领海洋调查监测。集成创新空天岸海潜底一体化海洋自然资源调查监测技术与装备体系,不断提升海洋遥感技术服务能力,全面提升资源环境探知和服务社会经济发展支撑能力。

第三,加强海洋空间规划。聚焦近岸陆域、海岸带、海域三位一体,建立海区海洋国土空间用途管制规则与规划实施评估监管标准,建设海区海洋国土空间规划监督管理信息系统,提升海洋国土空间规划监督管理能力。

第四,积极运用现代科技,提升海洋生态修复质量。建立海区海洋生态修复工程监测与绩效评估技术体系,形成制度化管理框架,提升海洋生态保护和修复监管能力。

第五,进一步推动海洋预警科学预报。基本建成覆盖"两洋"、重点保障近岸的海洋预报技术体系,完成预报技术与预报制作共享平台开发,缩小与国际先进预报技术水平的差距。

第六,强化海洋资源管理。推动构建海洋自然资源产权体系,强化海洋自然资源管理能力;进一步提升海洋经济运行监测评估和规划政策实施能力。

第七,构建海洋智慧信息平台。基本建成海洋自然资源智慧信息服务平台,形成满足海区自然资源管理、监管决策和服务的海洋自然资源数据体系,显著提升业务协同、信息共享、数据服务和行政决策支撑能力。

海洋产业从粗放型发展到高、精、深方向发展,需要海洋科技的支撑,加强海洋科技人才队伍建设,多出成果,是中国"海洋强国"迫切需求。积极构建海洋科技人才、学术、产业资源为一体的产学研融合的海洋科技成果转化平台,进一步促进海洋领域全产业链创新融合,不断推动海洋经济高质量发展。

以构建"海洋命运共同体"为目标,积极推进海洋科技创新,进一步优化可以科技创新体系。加快海洋声学应用研究、珊瑚礁调查研究、海洋放射化学调查研究、海洋浮标技术研究、海洋预报减灾等领域的科技创新。

中国海洋科技发展的重点方向包括:

第一,加强北极研究部署,拓展中国在北极地区的影响力。

2018年1月26日,国务院新闻办公室发表《中国的北极政策》白皮书,明确中国是北极事务的重要利益攸关方,在地缘上是"近北极国家",是陆上最接近北极圈的国家之一,北极的自然状况及其变化对中国的气候系统和生态环境有着直接的影响,未来几年是部署北极研究的关键期,因此,需要集中国内研究优势,进行跨部门、跨领域的合作,在北极建设研究机构和观测站,围绕北极问题实施综合性的重大国际研究计划。

加强极地海洋科考与研究是中国走向世界海洋强国、提升中国在全球海洋治理中的话语权与影响力的重要之路。中国应积极开展由中国牵头并主导的极地科学调查计划,确定优先探索领域,以保障极地科考的成效。

第二,发展先进海洋技术,支持深海大洋科学考察和研究。

深海和远洋成为未来海洋科技研发的重点方向,努力提高深海远海的探测考察能力,是建设海洋强国的重要战略保障。

新材料、新技术、新工艺应该是海洋工程创新的重要手段。加快海洋工程科技创新,加强海洋重大设备装备建设,构建综合性海洋信息平台,发展多源数据融合技术,完善仪器和数据的标准化和共享机制,是中国海洋科技领域未来几年的艰巨任务,必将产生重大突破和深远影响。加强深海能源资源开发、智慧海洋信息技术,充分开发蓝色经济潜力。同时,各国对海底资源和海洋可再生能源研究的持续投入,必将迎来相关技术的重大突破进展,届时将改变全球资源能源格局。

　　未来,中国海洋科技发展方向将聚焦加速构建海洋科技产业体系、加快海洋强国建设,打造数字海洋、透明海洋、智慧海洋协调发展,加快中国海洋科学研究与装备技术发展,加快海洋科技创新与产业体系相衔接,构建涉海校企院企合作平台,加快海洋科技人才队伍建设,建设海洋科技创新一流团队,加快海洋关键核心技术攻关,加快产学研用一体化创新发展。

　　近年来,中国海洋科技发展迅速,已由世界第三梯队成功跃升至第二梯队。[①]未来中国将持续保持增长态势,并逐步向第一梯队靠拢,为全球海洋经济与海洋科技的发展注入新活力。

　　由乔方利团队研发的一套适用于台风科学研究与实际预报的中尺度区域海气耦合模式,显著提高了台风强度的预报水平。该研究结果为提高台风强度预报奠定了坚实科学基础,对台风预报以及海洋减灾防灾具有重要应用价值,为世界海洋减灾防灾贡献了最新中国方案。

第二节　国外海洋科技发展对中国的启示

　　目前,海洋能源开发利用已成为海洋国家发展的重要支柱。高风险、高投入、高科技成为深水油气田开发的主要特点。全球范围内共有海上钻井平台 800 多座,其中深水钻井装置主要分布在一些大公司,如瑞士越洋钻探公司(Transocean)58 座,戴蒙德海底钻探公司(Diamond Offshore Drilling,

---

① 王伟:《中国海洋科技发展迅速,已跃升至世界第二梯队》,《青岛晚报》2018 年 1 月 15 日。

Inc.)22 座,美国石油钻探服务公司(Ensco)20 座,诺布尔钻井公司(Noble Drilling)18 座。这些钻井平台主要活跃在美国墨西哥湾、巴西、北海、西非和澳大利亚海域。①

全球海洋工程与科技正在激烈的竞争中发展,世界主要海洋国家纷纷展开海洋工程装备研制与开发,以抢占海洋开发上的优势。而且,世界发达国家纷纷研究和开发海洋技术集成,建立各种监测网络,如全球海洋观测系统、全球海洋实时观测计划,以及全球综合地球观测系统等。利用海洋遥感遥测、自动观测、水声探测以及卫星、飞机、船舶、潜器、浮标、岸站等相互连接,构建立体、实时的监测与观测网络,实时精确探测海洋现有态势,②还能够对未来海洋环境进行持续预测。

借助物联网技术对船舶及船用设备进行在线运行维护管理。岸上的运行维护管理人员利用现代宽带卫星通信技术即可实时在线对整船或者某一关键设备进行监控和管理。物联网技术将进一步推动智能化无人驾驶船舶的发展,以适应枯燥、恶劣工作环境。

目前,中国海洋科技与国际先进、发达国家相比差距较大。因此,中国应大力发展海洋监测技术、海洋生物资源可持续利用技术、海底资源勘探和深海技术、海水综合利用等技术,在促进海洋经济发展、维护国家利益的同时,吸收借鉴国外海洋科学技术,缩短与发达国家的差距。

一、美国海洋科技发展历程

依托三面环海的海洋资源禀赋,美国着力发展海洋工程装备制造业、海洋生物业、海洋矿产业、船舶建造、滨海旅游和休闲服务业、海上交通运输业等 6 大海洋产业,海洋及相关产业已成为国民经济支柱之一。

---

① ② "中国海洋工程与科技发展战略研究"项目综合组撰写:《世界海洋工程与科技的发展趋势与启示》,《中国工程科学》2016 年第 2 期。

美国在海洋研究领域长期处于全球引领地位,其海洋科技战略和计划的制定对中国的海洋发展具有一定的借鉴意义。

美国的海洋科技布局紧密围绕美国整体国家海洋政策。为了更好地推动海洋可再生能源研究开发,美国能源部于 2010 年 4 月发布了《美国海洋水动力可再生能源技术路线图》。2010 年 7 月,美国总统奥巴马签署 13547 号行政命令,以建立美国首个国家海洋政策,该海洋政策要求建立一个基于科学的决策方法,以促进国家海洋资源的管理。作为美国《海洋、海岸带和五大湖管理国家政策》的一部分,2012 年,美国国家海洋理事会公布了《国家海洋政策执行计划》。明确未来美国国家海洋政策将重点侧重于:①基于生态系统的管理、海岸带和海洋空间计划、支持决策和提升认识、协同和支持(管理)、对气候变化及海洋酸化的恢复力及适应性、区域生态系统保护和恢复、陆地水质及可持续性、改变北极的状况、海洋、海岸带及大湖区观测、绘图及基础设施建设等九个方面。

2013 年 2 月,美国国家科技委员会发布了《一个海洋国家的科学:海洋研究优先计划(修订版)》,重新对美国国家海洋研究关键领域进行了阐述,明确美国海洋研究优先研究领域及优先研究事项:支持国家需求的海洋科学、海洋酸化研究、北极地区环境变化;社会科学研究主题、海洋自然资源和人文资源的管理;提高自然灾害和环境灾难的恢复力;海洋运输业务活动及海洋环境;海洋在气候变化中的角色;提升生态系统健康、增强人类健康。

2015 年 1 月,美国国家研究理事会发布《海洋变化:2015—2025 海洋科学 10 年计划》的报告。②对未来 10 年海洋科学的研究方向和目标进行了分析研究。根据该报告的分析,未来 10 年美国海洋科学应优先关注 8 个科学问题。

---

①② 王金平、张波、鲁景亮、高峰:《美国海洋科技战略研究重点及其对我国的启示》,《世界科技研究与发展》2016 年第 1 期。

2016 年 10 月,美国发布《东北海洋计划》和《中大西洋区域海洋行动计划》,以加强海洋保护和管理,增强利用工具信息的能力,推进海洋生态健康及国家安全、海洋能源及资源合理使用、水下基础设施能的可持续发展。

特朗普在任期间,强化海洋科技创新,加快海洋开发推动海洋经济发展。

新科技革命与科技创新带来海洋研究与开发的革命性变革,科技竞争已成为全球海洋博弈的关键变量,全球海洋博弈进入科技竞争新时代。美国作为世界科技强国,加紧海洋资源开发利用,积极争夺极地、海底资源等海洋权益新领域,导致全球海洋竞争加剧,海洋秩序面临新调整的变局。① 为此,美国正在加快研发海洋先进装备与技术,开展海洋基础科学研究,美国海军与美国国家科学基金会等部门相继制定研究计划,② 聚焦海洋酸化、北极和墨西哥湾生态系统、海洋可再生能源、深海生物基因等领域,为新一代海洋科技研发提供基础技术储备。

与前任海洋政策不同的是,特朗普政府的新海洋政策之一就是加大对西太平洋和印度洋地区参与度,推翻了奥巴马的北极政策,先是退出《巴黎气候协定》,又解除奥巴马签署的北极能源开发禁令;增加对北极地区的关注,积极参加在北极地区举行的联合活动。美国十分重视由其创办的北极海岸警卫队论坛,其目的是通过深化该论坛的合作来塑造美国的领导力。美国还策划设立北极开发银行,标志着美国北极政策发生了根本性转变。

特朗普政府强调海洋产业的经济效益,取消了 2010 年奥巴马关于海洋保护的政策,而奥巴马的海洋政策为中大西洋和东北海洋保护奠定了基础。放宽对石油和天然气开采的限制等,反映了特朗普政府海洋政策是一个短视利益的产物,缺乏长期战略眼光。

---

①② 傅梦孜、李岩:《美国海洋战略的新一轮转型》,《中国海洋报》2018 年 12 月 13 日。

作为世界第一海洋强国,第二次世界大战以来美国在海洋科学研究和技术开发方面一直在全球保持着领先优势地位,其制定的海洋科技发展战略规划对中国相关工作具有重要的启示和借鉴意义。

美国非常重视海洋科技发展战略规划,实行更全面的海洋科技强国战略。从20世纪80年代起,先后出台了一系列海洋发展战略规划。[①]内容涉及海洋科学技术整体发展规划、专项研究计划等,既代表国家行为,也反映了机构本身的发展要求。特别是伍兹霍尔海洋研究所发布的《海洋酸化的20个事实》,是针对海洋酸化问题的重要研究报告,对推动开展海洋酸化研究具有重要的指导意义。

2018年11月,美国国家科学技术委员会发布了《美国海洋科学与技术:十年愿景》,[②]确定了未来十年推进美国海洋科学技术和国家发展的迫切研究需求与发展机遇,提出了未来十年推进美国国家海洋科技发展的目标与优先事项:理解地球系统中的海洋、促进经济繁荣、保障海上安全、守护人类健康和发展具有适应能力的沿海社区,作为未来十年美国发展海洋科学技术的行动纲领。

该报告提出美国国家海洋科技未来十年发展目标是[③]:

第一,加快现代化的基础设施研发,进行海洋研究所需的基础设施与技术包括船舶、潜水器、飞机、卫星、陆基雷达、系泊和电缆浮标,以及各种无人水下、水面和空中航行器。研究基础设施也包括陆基设施,支持部署的海洋高性能计算与通信网络接收、分析、管理数据平台。

在未来十年,美国将升级四维数据同化,改进对现有数据的分析。开发

---

① 高峰、陈春、王辉、王凡、冯志纲:《国际海洋科学技术未来战略部署》,《世界科技研究与发展》2021年第4期。

② 李晓敏:《美国海洋科学技术未来十年发展重点及对我国的启示》,《全球科技经济瞭望》2020年第9期。

③ 《NSTC发布〈美国海洋科技发展的未来十年愿景〉报告》,搜狐新闻,https://www.sohu.com/a/281490153_650579,上网时间:2021年5月5日。

地球系统的模型,更好地了解当前沿海地区和深海的变化,改善预测应对未来沿海变化和对海洋生态系统服务与社区的影响。对海洋环境的进一步了解也在增进对与俯冲带有关的地质灾害了解方面发挥关键作用,这些灾害包括地震、海啸、火山爆发和滑坡。全面深入了解海洋在地球系统中的作用,包括外部因素的作用。耦合的物理、生物、化学、地质和社会经济模型支持许多海洋科技应用所依赖的系统方法。通过部署云基础设施、数据分析工具、数据算法等新技术,改变科学家和公众在地球系统中研究海洋的方式。提高海洋监测和预测建模能力。

第二,促进海洋经济发展。一是扩大国内海产品生产。通过最大限度地提高可持续野生和水产养殖业推动海洋经济发展,并创造新产业提供更多的就业机会。二是平衡经济和生态效益。培养蓝色劳动力,创造和支持一个以发展受教育和多样化的劳动力为重点的海洋文化社会。

第三,加强应对海洋灾害的科学研究,提升应对能力。美国积极应对极端天气、洪水、气候和环境威胁,赋予地方和区域决策权力,支持地方和区域开展海洋灾害动态风险评估和成本效益分析研究,提升应对海洋灾害和次生灾害的能力。

第四,加强海洋潜在能源勘探。美国的海岸线和广阔的专属经济区包含了大量未开发的可再生能源(波浪、潮汐、风能、热能)和不可再生能源(石油和天然气),通过勘探潜在的能源,帮助制定国家能源解决方案。将能源创新与海洋科学、安全和海洋技术的新发展结合起来,进一步推动沿海经济发展创造机会。评估海洋关键矿物,更好地探索海洋,通过改进海底测绘,更好地为海上运输作业提供信息,更好地了解海洋环境。

第五,确保海上安全与运输。提高海洋事务感知能力,加强海洋环境保护、海洋安全航行,加强海洋监测。深入了解北极,加快北极开发。维护和加强海上运输。海洋科技支持改善航道管理和安全,扩大航运基础设施和船舶能力,增强网络弹性,提高港口运营和生产力。

第六，加强海洋污染防治，保障人类健康。防止和减少塑料污染；改进对海洋污染物和病原体的预测；减少有害藻华；利用最先进的海洋化学预测手段，减少海洋污染物威胁的风险，防范来自海洋的潜在人类健康风险；开发天然产品，减轻对环境的影响。

加强海洋研究与技术合作。美国国家海洋科技发展需要海洋科学领域所有组织的有效合作。联邦和各州及地方管理实体的参与将确保国家海洋优先事项纳入特定领域或群体的需求，通过直接向公众传播海洋科学知识，推动社会与海洋的互动。

该报告为美国联邦政府提供了有关海洋科技优先事项的重要指导，确定了2018—2028年海洋科技发展的迫切研究需求与发展机遇，有助于人们更好地了解海洋问题和生物多样性的研究，满足资源管理者的相关需求和管理实体的任务要求，构建蓝色伙伴关系以提高国家海洋领域研究的能力。这对中国海洋研究与海洋治理有一定的启示，特别是加快海洋现代化基础设施。运用大数据、云计算等现代技术构建海洋研究基础设施与海洋信息网络、建立海洋管理数据平台等，为中国海洋科技发展与海洋生态保护指明了操作性强的方向，提高海洋生态监测和预测建模能力，有助于提高中国的海洋研究与海洋治理水平。

美国是世界上最早进行深海研究和开发的国家，未来美国海洋研究重要研究领域主要有：①海洋酸化研究、北极研究、墨西哥湾生态系统研究、海洋可再生能源。

美国是最早研究和应用海洋生物医药的国家之一，围绕伍兹霍尔海洋研究所海洋生物实验室、巴尔的摩海洋生物技术中心、佛罗里达哈勃海洋研究所海洋生物医学研究室和斯克里普斯海洋研究所海洋生物技术与生物医药研究中心四大海洋生物技术研究中心，形成了以圣地亚哥、波士顿和迈阿

---

① 王金平、张波、鲁景亮、高峰：《美国海洋科技战略研究重点及其对我国的启示》，《世界科技研究与发展》2016年第1期。

密为中心的美国海洋生物技术研究集聚区。

全球 50% 的海洋石油装备都为美国的跨国公司所拥有,美国是极少数能从 1 500 米以下深海完成油气钻探和开发的国家之一。尤其在无人驾驶船舶、水下智能感应器、深海勘探、深潜机器人、水下云计算等高端制造业中,处于"领头羊"地位。此外,美国还拥有世界最先进、数量最多的海洋科考队装备。

美国是除中东地区以外少数几个在海水淡化领域方面实现产业化的国家,其较早就从国家层面对海水淡化领域给予重视,在研发技术领域走在世界前列。2017 年,美国海水淡化产能 14%,仅次于沙特,位居世界第二,其世界领先的海水淡化反渗透技术占全球总产能的 65%。目前政府正在加强对电容去离子化、电渗析、正渗透膜、冷冻法、离子交换等新淡化技术的研发与项目示范。

美国在大型潮流发电、波浪能转换、海洋微藻生物等多种海洋可再生能源方面处于世界前列,实现了海洋可再生能源的产业化利用。

美国在世界领先的海洋核心技术主要包括:海洋探测技术、海洋资源综合开发等。

美国利用先进海洋探测技术和设施,正在搭建"综合海洋观测系统",构建全方位立体化的海洋探测体系。海洋地形学观测卫星精准测定海平面、进行全球气象探测,还在海洋声层析技术、ADCP 测流技术、测深侧扫声呐技术、水下声成像系统等获得突破性进展。[1]此外,美国的潜水技术发达,研制出"阿尔文"号等明星深潜器,还拥有穿越北极冰层的无人无缆潜水器。

美国拥有最先进的世界深海油气资源开发技术,其水下完井、连接和浮式生产系统技术广泛应用。在锰结核和热液矿等深海矿产方面也具备成熟的领先技术,正在研制适合 3 000 米深海海底热液采矿船上使用的自动钻

---

[1] 王金平、张波、鲁景亮、高峰:《美国海洋科技战略研究重点及其对我国的启示》,《世界科技研究与发展》2016 年第 1 期。

探爆破采矿技术。在海洋空间利用上,已建成世界最长的 2.4 万千米、途经欧、非、亚 15 个国家的海底光缆,并强化海底军事基地建设,在加州圣克里门蒂岛附近海底建有核武器试验场、在佛罗里达州迈阿密附近海底建有"大西洋水下试验与评价中心",①分别供核武器、水下武器试验使用。

美国未来极有可能全面参与"区域"开发制度,并且其关注的重点将主要围绕"人类共同继承财产"原则的具体落实和"区域"事务中的话语权。

二、其他国家海洋科技发展历程

(一) 英国

英国地处欧洲西北部,四面环绕大西洋和北海,海岸线总长约 1.15 万公里,拥有丰富的海洋资源。20 世纪 60 年代以来,英国开始开发北海油气田,有力地推动了英国海洋经济发展。滨海旅游业及海洋设备材料工业也迅速崛起。2000 年,英国主要海洋产业产值近 1 000 亿美元。

作为昔日的世界海洋强国,英国在追求海洋科技全面引领的同时,更加注重海洋可再生能源技术和自动探测技术的发展。近年来,英国更加重视海洋研究的规划设计,鼓励引导科技力量关注对英国有战略意义的研究领域。

2000 年,英国自然环境研究委员会和海洋科学技术委员会发布 2000—2010 年海洋科技发展战略,强调海洋资源可持续利用和海洋环境预报两方面的科技计划,保持海洋与近海环境的功能完整性,推动其他海区可持续发展。

2010 年 2 月,英国发布《英国海洋科学战略》,②确定未来 15 年英国海洋科学研究重点:研究海洋生态系统如何运行、研究如何应对气候变化及其

① 王金平、张波、鲁景亮、高峰:《美国海洋科技战略研究重点及其对我国的启示》,《世界科技研究与发展》2016 年第 1 期。
② 黄堃:《英国发布海洋科学战略,确定未来 15 年研究重点》,新华社伦敦,2010 年 2 月 3 日电。

与海洋环境之间的互动关系、增加海洋的生态效益并推动其可持续发展,并成立专门委员会负责推进实施。该战略报告的发布,有助于决策者获得科学证据,以推动对海洋环境的可持续治理。

2018 年 7 月,英国政府科学办公室发布《未来海洋发展报告》,①从经济、环境、全球管理和海洋科学四个方面阐述了英国基本情况、优势和应对未来海洋发展的思路。

在经济方面:到 2030 年,英国海洋经济估计总值约为 470 亿英镑,涉及传统的航运、渔业等产业和新兴的海上可再生能源、深海采矿业等诸多行业。英国经济高度依赖海洋,95%的贸易通过海运。

在环境方面:人类直接活动和气候变化导致海洋环境变化,对全球生物多样性、基础设施、人类健康福利以及海洋经济的生产力产生重大影响。

在国际治理方面:世界上约有 28%的人口生活在海岸 100 公里以内,海拔 100 米以下。海洋的未来是一个全球性问题,稳定和有效的国际治理对于海洋政策实施干预至关重要。英国在许多国际治理论坛中发挥着重要作用,国际海事组织是总部设在英国的唯一的联合国机构,英国和国际社会一道,共同保护和可持续利用海洋和海洋资源。

在海洋科学研究方面:海洋科学研究在确定全球挑战和机遇方面发挥着至关重要的作用,需要世界各国合作,英国海洋科学研究水准意味着可积极主导国际合作。正确认识全球合作规模及变化和影响,识别新的海洋资源及其开采影响,提高对灾害预测和应对能力,以及开发海上新活动的变革性新技术等。

该报告旨在通过加强全球海洋观测,提高人们对海洋的认识了解,鼓励开发利用新技术,支持商业创新,促进完善国际贸易体系,实现英国和全球海洋产业的最大利益。同时,促进各国认识到海洋日益增长的重要性,采取

① 《英国政府科学办公室发布〈未来海洋发展报告〉》,中国科学网,http://www.most.gov.cn/gn-wkjdt/201807/t20180713_140595.htm,2018 年 7 月 30 日,上网时间:2021 年 5 月 3 日。

战略性方法管理海洋利益,支持英国海洋政策和国际海洋问题的共同原则,促进世界各国建立海洋研究能力,共同应对气候变化等国际问题。

20世纪80—90年代,英国采取了一系列促进统筹海洋研究的举措,包括制定海洋科技预测计划,建立政府、科研机构和产业部门联合开发机制,增加科研投入等措施。2008年英国成立了海洋科学协调委员会,旨在通过协调英国海洋研究和实施英国海洋战略,提高英国海洋科学的效率。这些措施有效促进了英国海洋研究活动的深入开展。2005年,英国首相布朗承诺"建立新的法律框架,以便更好管理和保护海洋",标志着英国开始从国家战略层面综合布局海洋开发和研究。2009年,英国发布《英国海洋法》,为其整体海洋经济、海洋研究和保护提供了法律保障。近年来,英国推出了一系列国家级海洋战略和研究计划,这些计划和规划具有显著的国际视野,致力于"建设世界级的海洋科学"和领导欧洲海洋研究。

英国是少数几个有能力在全球各海域进行科学研究的国家之一。"2025年海洋"和"英国海洋战略2010—2025"是英国近年来最重要的两个研究计划。这两个计划明确了英国的海洋研究重点和发展方向,对众多海洋研究单元指示了方向。

"2025年海洋"计划是一个战略性海洋科学计划,旨在提升英国海洋环境知识,以便更好地保护海洋。该计划资助十个研究领域,涵盖气候、海洋环流和海平面;海洋生物地球化学循环及其对气候变化的敏感性;大陆架及海岸演化影响;生物多样性和生态系统功能;大陆边缘及深海研究;可持续的海洋资源利用;人类健康与海洋污染的关系;技术开发;下一代海洋预报;海洋环境综合观测系统集成(公海和近海观测,海洋动物和浮游生物监测)。该计划有利于解决英国主要海洋研究单元的协作问题,探索消除"海洋研究部门之间的壁垒"的方法[1],是一个兼具国际视野和国家特色的海洋研究计划。

---

① 王金平、张志强、高峰、王文娟:《英国海洋科技计划重点布局及对我国的启示》,《地球科学进展》2014年第7期。

2010 年,英国政府发布《英国海洋战略 2010—2025》,该战略是一个旨在促进通过政府、企业、非政府组织以及其他部门的力量支持英国海洋科学发展、海洋部门相互合作的战略框架。该计划指出了英国海洋研究的主要问题,从英国对海洋的需求出发,设计了英国海洋战略的目标、实施和运行机制,指出了三个高级优先领域及其需要解决的主要问题:海洋生态系统的运作机制、气候变化及与海洋环境之间的相互作用、维持和提高海洋生态系统的经济利益。

近年来,英国海洋科技发展迅速,重视海洋机器人的研发。英国从 1988 年开始研制系列水下机器人,在世界长期处于领先地位。[①]而且其自主式水下潜器、水下滑翔器在国际上具有很强的竞争力。

未来英国海洋科技重点研究领域主要有:海洋酸化研究、海洋可再生能源开发、海岸带灾害研究。

(二) 日本

日本海岸线漫长,达 35 000 公里,海洋经济是日本国家经济发展的基础,海洋产业加上临海产业总产值占日本国内生产总产值的一半。日本海洋科研设施和设备居世界一流水平,在海洋调查船、深海潜水器,以及海洋观测仪器等方面均位居世界前列。

作为海洋国家,日本非常重视海洋科技的规划和创新发展,发布了一系列规划报告,[②]并将海洋科技纳入"依法治国"的轨道。

日本在发展海洋经济时坚持实施可持续发展战略,重视海洋科技开发,加大海洋科技经费投入,同时推进海洋环境保护,开展海洋经济的国际合作与交流,形成了以沿海旅游业、港口及海运业、海洋渔业、海洋油气业为支柱

---

① 王金平、张志强、高峰、王文娟:《英国海洋科技计划重点布局及对我国的启示》,《地球科学进展》2014 年第 7 期。

② 高峰、陈春、王辉、王凡、冯志纲:《国际海洋科学技术未来战略部署》,《世界科技研究与发展》2021 年第 4 期。

的海洋产业布局。在具体推进过程中,形成了包含科技、教育、环保、公共服务等不同层次的支撑体系,为海洋经济发展提供保障。

日本非常重视海洋环境问题,防治海洋污染、加强海洋监测、制定可持续开发利用的新海岸带计划、加强海岸带综合管理。在海上港湾、海上机场、跨海大桥、海底隧道、海洋能源基地、海洋牧场诸方面,提高海洋空间利用,加强国际海洋合作;加快海洋能源开发,进一步开发新的海底矿物探查技术,加强材料制造技术研究,加紧海水提锂技术研究,加强海洋尖端技术研究,加强海洋机器人开发,加强海洋生物技术的研究。

日本还加大海洋娱乐公园的建设力度,进一步振兴海洋娱乐业。

(三) 澳大利亚

澳大利亚海岸线长约两万公里,其管辖海域面积位居全球第三,[1]为澳大利亚海洋经济发展提供了优越的先天条件。海洋产业也成为澳大利亚的支柱产业,增长迅猛。澳大利亚政府通过制定海洋产业发展战略,实施海洋综合管理,促进海洋新兴产业发展,加强海洋渔业资源的开发和养护,大力发展滨海旅游业,形成了一套系统全面的发展模式,推动了澳大利亚海洋经济与海洋生态环境的协调可持续发展。

澳大利亚海洋研究主要集中在城市集水区研究、主要工业区及码头水质与污染监测、海岸生态系统模拟研究、主要农业集水区研究、重要海岸浅水栖息地研究、国家土地与水资源的审核及全国范围的河道评估、海岸可持续发展研究、大堡礁世界遗产区水质问题、生物多样性评估、环境的变化与影响、生物活性分子的发现、生物技术创新等方面。[2]

澳大利亚政府于 1997 年、1998 年分别公布了《澳大利亚海洋产业发展战略》《澳大利亚海洋政策》和《澳大利亚海洋科技计划》三个政府文件,提出

---

① 《澳大利亚:多措并举推动海洋产业发展》,海洋在线,2017 年 8 月 18 日。
② 高峰、陈春、王辉、王凡、冯志纲:《国际海洋科学技术未来战略部署》,《世界科技研究与发展》2021 年第 4 期。

了澳大利亚21世纪海洋战略与海洋经济发展的政策措施。其中,《澳大利亚海洋产业发展战略》的目的是统一产业部门和政府管辖区内的海洋管理政策,为保证海洋可持续利用提供框架,并为规划和管理海洋资源及其产业的海洋利用提供政策依据。

澳大利亚政府于1999年出台了《澳大利亚海洋科技计划》,2009年又出台了《海洋研究与创新战略框架》。这些政策为澳大利亚海洋新兴产业发展提供了强大的政策和技术支持。

近年来,澳大利亚海洋科技研究成果丰硕:建立了海洋综合观测系统;开发了世界上最好的海洋生态系统模型;发现了可能影响澳大利亚气候的海洋气温变化;绘制了世界第一张海底矿物资源分布图;建立了海洋渔业捕捞机制、海洋天气预报系统、保护海上大型工程的模型等。海洋高科技的发展有力地推动了澳大利亚海洋产业的可持续发展。[1]澳大利亚政府长期致力于海洋环境保护、可持续应用和生物多样性保护,实施先进的海洋产业管理制度,实行生物多样性保护策略,推进可持续性的生态发展政策,明确提出建立一批不同类型、具有代表性的海洋生态保护区,如珊瑚礁保护区、海草保护区、海上禁渔区以及沿海湿地保护带等,在全国范围建立了若干个国家海洋公园、鱼类栖息保留地、禁渔区和鱼类保护区等,保护海洋渔业资源。

澳大利亚加强在海洋可再生能源、海洋生物制品和药业以及海水淡化等为代表的海洋新兴产业的投入,加强海洋资源的开发和利用,积极培育新的海洋产业增长点。同时澳大利亚通过加强海洋开发研究工作,[2]培养海洋技能型人才,为培育海洋产业新兴产业提供人才支撑。

三、联合国海洋科学促进可持续发展十年实施计划

21世纪以来,全球海洋治理领域主体的差异性和客体的复杂性日益凸

---

[1][2] 游锡火:《澳大利亚海洋产业发展战略及对中国的启示》,《未来与发展》2020年第4期。

显,加之联合国框架下全球海洋治理体系自身的局限,联合国在进一步凝聚全球海洋治理共识、营造全球海洋治理契约环境、提高治理主体履约能力等方面面临着新的困境与挑战。①同时,全球海洋治理形势客观上持续恶化,这也增加了联合国治理全球海洋问题的阻力。

凝聚全球海洋治理共识任重道远。世界各国对全球海洋治理的认知仍然存在着差异。

联合国框架下的全球海洋治理涉及海洋环境、海洋经济、海洋资源开发与维护、海洋安全等不同方面,不同国家和地区对全球海洋治理具体议题的关注焦点有异,增加了联合国凝聚全球海洋治理共识的难度。当前某些地区逆全球化思潮涌动对世界各国推进合作造成了一定负面影响,不利于联合国框架下全球海洋治理目标的实现。

以联合国为中心的全球海洋治理机制存在一定程度的滞后性,不利于联合国充分发挥其作用以营造良好海洋治理契约环境。

联合国框架下全球海洋治理体系呈现出碎片化的趋势,联合国诸多涉海治理机构职能重叠,参与全球海洋治理不同领域管治的机构往往具有相似的授权。机构碎片化现象导致规范与规则上的不一致阻碍了不同部门之间的协作,效率低下。

而且,《联合国海洋法公约》的局限性影响全球海洋治理成效。②《公约》没有明确界定各国保护海洋环境的义务,导致部分国家对履行保护海洋环境义务的推诿扯皮。而且《公约》在很多具体执行层面上的规定缺乏充分激励国家行为体采取集体行动保护海洋物种的具体措施。《公约》对全球和地区层面的合作责任分配不均衡,使大片区域海洋治理处于失序和不稳定状态。全球海洋治理形势持续恶化也给联合国促进全球海洋治理带来了

———————————

①② 贺鉴、王雪:《全球海洋治理进程中的联合国:作用、困境与出路》,《国际问题研究》2020 年第 3 期。

挑战。

气候变化对全球海洋环境治理的威胁日益加深,地表与海水温度、海平面高度以及温室气体浓度都在创纪录地上升。人为因素带有巨大的不可控性,增加了全球海洋环境治理的复杂性,也极大降低了联合国框架下全球海洋环境治理的效果。

全球海洋渔业资源呈不断衰退之势。以国家管辖范围以外区域海洋生物多样性养护和可持续利用问题(BBNJ)谈判为代表的政府间磋商深受"极端环保主义"影响,将阻碍联合国框架下全球海洋治理共识的达成。

全球海洋安全形势也并不乐观,传统安全和非传统安全威胁相互交织。海盗和武装抢劫船舶事件数量仍在爬升,给来往商船带来安全威胁。

2017 年 6 月,联合国教科文组织在联合国海洋大会发布题为《全球海洋科学报告:全球海洋科学现状》的报告,①首次对当前世界海洋科学研究情况进行盘点,并主张加大对海洋科学研究的投入,呼吁加强国际科学合作。

2017 年 12 月,联合国教科文组织正式发布《联合国海洋科学促进可持续发展十年(2021—2030 年)实施计划》,为跨地区、跨部门、跨学科和跨世代的海洋科学行动提供了框架性方案,让更多国家和机构持续参与海洋科学管理。该实施计划的发布将有利于教科文组织政府间海洋学委员会更好地协调研究方案、观测系统、能力建设、海洋空间规划和减少海上风险,以改善对海洋和沿海地区资源的管理。

2017 年 12 月,联合国大会第 72 届会议宣布,2021—2030 年为"联合国海洋科学促进可持续发展十年",旨在通过海洋科学行动,在《联合国海洋法公约》框架下为全球、区域、国家以及地方等不同层级海洋管理提供科学解决方案,以遏制海洋健康不断下滑的趋势,使海洋继续为人类可持续发展提

① 高峰、陈春、王辉、王凡、冯志纲:《国际海洋科学技术未来战略部署》,《世界科技研究与发展》2021 年第 4 期。

供强有力支撑。

联合国大会同时呼吁联合国教科文组织政府间海洋学委员会与会员国、联合国合作伙伴和各类利益攸关方群体协商,为"海洋十年"制定实施计划。"构建我们所需要的科学,打造我们所希望的海洋"是"海洋十年"的宏大愿景。

"海洋十年"所希望的海洋是:

一个清洁的海洋,海洋污染源得到查明并有所减少或被消除;

一个健康的且有复原力的海洋,海洋生态系统得到了解、保护、恢复和管理;

一个物产丰盈的海洋,为可持续粮食供应和可持续海洋经济提供支持;

一个可预测的海洋,人类社会了解并能够应对不断变化的海洋状况;

一个安全的海洋,保护生命和生计免遭与海洋有关的危害;

一个可获取的海洋,可以开放并公平地获取与海洋有关的数据、信息、技术和创新;

一个富于启迪并具有吸引力的海洋,人类社会能够理解并重视海洋与人类福祉和可持续发展息息相关。

"海洋十年"数字生态系统将涵盖所有类型的海洋数据,包括物理、地质、测深、生物地球化学、生物、生态、社会、经济、文化和治理相关数据,并将纳入现有的和新建成的数字管理平台和工具。

科学界、国家和国家以下各级政府、联合国机构和政府间组织、工商界、慈善基金会、非政府组织和海洋界青年专业人员等各类利益攸关方的积极参与,是"海洋十年"取得成功的关键。期待各方面广泛参与"海洋十年"这场海洋科学行动,为全球海洋科学发展作贡献。

根据政府间海洋学委员会的"全球海洋科学报告",全球各国在海洋科学方面的研发投入占总额的 0.04%—4%。

《海洋科学促进可持续发展十年》为国际协调和伙伴关系提供了一个框

架，①以加强海洋科学研究能力和技术转让，有助于加快实现可持续发展目标，以保护和可持续利用海洋和海洋资源促进可持续发展。

2014年8月，国际可再生能源署发布《海洋能源：技术、专利、部署状况及展望》报告，②分析了潮汐能、波浪能和海流能等各种技术的成熟度、技术部署现状和趋势、行业专利活动、市场前景以及海洋能源开发的障碍。报告指出：海洋可再生能源具有很大的开发潜力；相关技术不断向人口稠密的沿海国家扩展；专利技术申请日趋活跃；重点技术包括波浪能转换器、深海洋流设备、海洋热能转换技术以及盐度差技术等。

随着技术的不断进步，人类不断向深海和远洋推进，以探测未知的海洋，寻求开发深海大洋资源。除了国际综合大洋钻探十年计划、国际大洋中脊计划、全球海洋观测网（Argo）等全球性研究计划，多个国家启动了海底网络观测计划，如美国"海王星"海底观测网络计划、欧洲海底观测网、日本新型实时海底监测网、美国Hobo海底热液观测站、美国新泽西大陆架观测网、美国猎户座计划（Project Orion）等。

四、中国海洋科技发展与未来方向

中国海洋科技面临诸多挑战：近海面临的海洋问题日益严峻，海岸带环境灾害频发，海洋富营养化严重，海洋渔业资源面临枯竭。中国海洋研究科技实力相对不足，海洋研究力量较为分散，没有形成合力。海洋研究基础设施相对于欧美发达国家有较大差距，深远海探测研究能力不足，海洋综合观测能力不高。

因此，中国应大力加强海洋科研基础设施建设，加大海洋专门技术人才

---

① 《联合国宣布"海洋科学促进可持续发展十年"计划》，《联合国新闻》，https://news.un.org/zh/story/2017/12/311322，上网时间：2021年5月4日。

② 高峰、陈春、王辉、王凡、冯志纲：《国际海洋科学技术未来战略部署》，《世界科技研究与发展》2021年第4期。

培养力度,应该加大对自主知识产权的海洋设备的研发投入,加强海洋基础设施建设:建设立体海洋综合观测系统。加强深海研究,重点加强深海大洋科学考察能力建设。

2008 年,中国国家海洋局发布《全国科技兴海规划纲要 2008—2015年》,对中国海洋科技的现状,发展需求,指导思想和基本原则,明确了区域和总体发展目标。中国重点发展的海洋科技包括:海洋生物技术,海水综合利用,海洋可再生能源技术,深远海技术,海洋监测技术,海洋环境保护,海洋生态保护与修复和海洋灾害监测预警等。

2009 年,中国科学院发布《中国至 2050 年海洋科技发展路线图》报告,分析了中国未来几十年在海洋环境、海洋生态、海洋生物、海洋油气与矿产资源、海岸带可持续发展等领域中的关键科学问题和技术。报告绘制了各分支领域至 2050 年的发展路线图,为中国海洋科技长远发展指明了方向。

2011 年,国家海洋局等发布《国家"十二五"海洋科学和技术发展规划纲要》,明确了中国海洋科技发展的指导原则,指出重点研究方向包括:海洋调查和探测、海洋与气候、海洋生物多样性、海底底部过程等;并提出建设"数字海洋",发展海洋资源开发利用、海洋可再生能源、深远海考察能力、海洋立体观测技术、海洋环境灾害预报技术、海洋生态健康维护、海岸带综合管理技术、海岛开发与保护技术,以及南北极环境考察等。

中国积极运用海洋科技创新助推海洋强国建设,不断完善体制机制,进一步激发海洋科技创新活力,积极构建起开放、共享、覆盖全面、类型多样的海洋科技创新平台体系,进一步推动研发管理型向创新服务型转变,努力构建有利于海洋领域大众创业、万众创新的政策环境和公共服务体系,全面推动健全军民融合协同创新机制①,逐步形成海洋科技军民融合协同创新链。

在探索深海空间、开发利用深海资源和保障国家深海安全等方面的重

---

① 　王芳:《新时期海洋强国建设形势与任务研究》,《中国海洋大学学报(社会科学版)》2020 年第5 期。

大需求,中国不断整合优势力量,加快实施深海探测战略,积极为国民经济和社会可持续发展提供后备和替代资源。

国家进一步加大对海洋科技创新的投入,加强海洋灾害分布、机理及预测分析研究,进一步开展海洋动力过程研究,不断深化陆海相互作用规律研究,积极开展全球海底地球动力学和演化机制研究。不断拓展极地科学认知,建立极地驱动全球气候变化的系统理论体系。国家组织相关科研力量,积极开展北极关键海域资源与环境研究,发展极地资源与环境调查监测技术;进一步加强海域油气资源勘查评价关键技术研究与开发,不断创新海洋油气资源调查关键技术等。进一步加强海洋环境观测与探测能力建设,不断提升对海洋环境的综合全面认识,支撑和保障海洋资源的勘探开发。积极以海底观测和探测技术装备为重点,兼顾极地破冰船、远洋考察船等应对极端环境的作业装备的研制。拓展天空地海一体化立体监测遥感技术,不断提高地质和海洋灾害动态监测与预警技术水平。

国家积极支持海洋创新型企业发展,积极支持海洋技术创新与海洋管理创新、商业模式创新。①尽早建立全国范围的海洋技术创新战略联盟,不断推动跨领域行业协同创新。

中国积极依靠现代科学技术,加快海洋技术和海洋装备升级换代,在"生态优先"指导下,积极开发海洋能源。海洋可再生能源的形式有波浪能、太阳能、潮汐能、水力发电等,可以减轻传统有限能源生产的负担。中国已经建立可再生能源发展目标,如风能、太阳能、生物质能发电和小型水力发电新能源和可再生能源领域的战略计划。包括中国在内的许多沿海国家都依赖蓝色经济来供应碳氢化合物,通过使用更清洁、更环保的海洋能源技术,可以实现新型蓝色伙伴关系合作体系的更大目标。

海洋是21世纪中国新一轮发展的重要领域,海洋信息化是国家信息化

---

① 王芳:《新时期海洋强国建设形势与任务研究》,《中国海洋大学学报(社会科学版)》2020年第5期。

的重要组成部分,也是中国海洋事业发展的重要推动力,在海洋事业发展中起着战略性、支撑性和带动性的重要作用。从数字海洋到透明海洋,再到智慧海洋,体现了海洋信息化发展的不断深入。但海洋环境恶化、海洋事故频发、渔业资源过度开发等问题正在倒逼"智慧海洋"的发展。中国应利用大数据进行海洋环境保护、海船海港安全、渔业资源管理等。以"渔船安全救助大数据管理系统"为例,通过整合渔船数据、GIS 数据、卫星遥感、气象数据、浮标资料、船测数据等数据,可以构建"智慧海洋数据大脑",实现实时、有效对渔船进行监测和管理,提高在台风等自然灾害条件下的应急指挥能力,也能有效引导渔业资源的可持续开发。

全球海洋发展已进入了信息化时代,运用大数据可以对海洋进行全方位、连续、多源、立体的观测,利用海洋大数据可以准确监测海洋生物多样性、海冰分析预测、气候分析预测,识别声呐、卫星图像中的目标,去噪去除水深或数据中的异常值。运用大数据可以深海资源建模,还可以进行海浪分析预测等科研活动。世界各国都在积极推动海洋领域的发展,建立起覆盖全国甚至全球的海洋观测网络,通过形式多样的探测设备获取海洋实时的数据,形成数量庞大的海洋数据库,及时处理和应用海洋大数据。

全球海洋实时观测网(Argo)是由美国、法国和日本等国家的大气、海洋科学家推出的一个大型海洋观测计划,该计划预计用 3—4 年时间在全球大洋中每隔 300 公里布置一个卫星跟踪浮标,截至 2018 年 7 月,布放在全球海洋中并处于工作状态的 Argo 剖面浮标已达到 3 762 个。此项目计划在维持现有的观测内容的基础上,将 Argo 浮标观测范围扩大到海面 2 000 米以下甚至海底,同时携带安装生物、地球、化学等新型传感器。截至 2016年,由 Argo 所得到的数据体量比 20 世纪海洋观测资料的总和还多,并且 Argo 采样密度及深度还在不断提高。该项目旨在快速、准确、大范围地收集全球海洋上层的海水温、盐度剖面资料,以提高气候预报的精度,有效防御全球日益严重的气候灾害给人类造成的威胁。

美国和加拿大合作建立"海王星"计划,2007 年投入运行。在水下约
3 000 米的海床上,用长达 3 000 千米的光缆线连接 20—30 个观测站,以长
期观测海洋内部和海底各种物理、化学、生物和地质过程,使用年限至少
20—30 年。通过一系列先进设备的部署,此计划将从根本上改变人类研究
海洋与地球的方式。

英国、德国、法国等欧洲国家也制定了"欧洲海床观测网络计划",针对
从北冰洋到黑海不同海域的科学问题,在大西洋与地中海精选 11 个海区
(北冰洋、挪威海、爱尔兰海、大西洋中央海岭、伊比利亚半岛海、利古利亚
海、西西里海和科林恩海以及黑海等)设站建网,进行长期实时海底观测。
整个系统包括约 5 000 千米长的海底电缆。该计划希望将来囊括从北冰洋
到黑海的所有欧洲水域,也将探索从冷水珊瑚到火山等更多的自然现象。

国际海洋数据和信息交换委员会通过促进海洋学数据的交换和交流来
加强海洋研究、开发与发展,并在许多国家建立了 80 多个海洋数据中心,可
以收集,控制数百万次海洋观测的质量并存档,并将其提供给会员国。

提升大海洋学科的研究能力和研究水平,是"区域"研究的基础,将对
"区域"研究起到非常重要的推动作用。充分发挥国际海底管理局、联合国
贸易和发展委员会以及国际海事组织等的效用。在具体的"区域"国际合作
事务中,可以以探矿活动为重心展开具体的合作与援助工作。探矿环节更
加接近于海洋科学研究的性质,不易产生利益纠纷。以此为切入点强化"区
域"研究中的国际合作,①相对于技术转让等敏感内容更具可行性。

凭借制度的手段确实可以有效地预防技术垄断,促进市场的公平竞争,
提高技术的转让效率。中国在实现技术升级之后,坚持贯彻"人类共同继承
财产"原则,也应对其他技术相对落后的国家实现平等对价下的技术转让。
中国应积极构建在"区域"海底合作中的引领国的地位,积极参与"区域"规

---

① 张梓太、程飞鸿:《论美国国际海底区域政策的演进逻辑、走向及启示》,《太平洋学报》2020 年第
11 期。

则的制定,加快对"区域"相关法律政策的研究,特别是对近年来国际海底管理局已经出台和即将出台的规章进行仔细研究。[①]积极主动地在相关问题上发声,在追求合作共赢的同时,也要把握住国家利益的底线,为将来的海洋大国在"区域"问题上的博弈,早做筹谋。

第三节　余　　论

海洋的保护与开发,离不开科学技术。海洋的可持续发展,更需要现代海洋技术的推动。只有在充分尊重自然的基础上,人类才能在保护海洋生态前提下,有序、合理地借助于现代海洋技术利用好海洋,形成有利于创新驱动发展的科技兴海长效机制。中国积极推动海水淡化与综合利用规模化,推动海洋可再生能源利用技术工程化,推动海洋新材料适用化,推动海洋渔业安全高效化,推动海洋服务业多元化等。中国还不断强化海洋生态环境保护与治理技术应用,强化海岛保护与合理利用技术应用,强化基于生态系统的海洋综合管理技术应用,强化海洋环境保障技术应用,强化极地、大洋和海洋维权执法技术应用示范等。海洋科技的发展与应用,将极大地提高中国海洋环境保护与治理的效果。

近年来,在国家创新驱动发展战略和科技兴海战略的指引下,中国海洋科技覆盖范围逐步扩大,涉及领域逐步广泛,科研转化能力提升明显,海洋科技发展环境愈发明朗。

一、海洋科技发展极大地保护了海洋生态环境

海洋技术是海洋国家勘探开发海洋资源、确保国家海洋经济可持续发

---

① 张梓太、程飞鸿:《论美国国际海底区域政策的演进逻辑、走向及启示》,《太平洋学报》2020 年第11 期。

展的重要手段,是海洋科学研究深入发展的关键因素。随着人类向深海大洋的进军,对海洋技术的发展需求越来越强烈,从海洋钻探船、科学考察船、水下机器人、滑翔机,到开发利用离岸风能、波浪能、潮汐能等技术。纵观国际组织和主要海洋国家的战略部署,海洋技术的发展贯穿始终。

未来海洋科技发展将集中在海洋可持续发展研究、全球变化研究、海洋酸化研究、海洋塑料污染、海洋可再生能源、北极研究、深海大洋探测、技术装备研发等八大海洋科学领域或者问题。[①]

海洋是石油、天然气、碳氢化合物、稀土金属、锌、锰等海底海洋资源的宝库。深海采矿是促进蓝色经济增长的一个潜在领域。勘探海底资源需要得到国际海底管理局的许可,各国只允许在其分配的海底区域进行勘探。由于深海采矿的竞赛已经开始,有关可持续利用海底矿物的国际条例必须与不断变化的环境相适应。

海洋制造业、海洋发电、燃气和水产业是蓝色伙伴关系合作的实业部分。其中船舶制造业涵盖了船舶制造、风帆制造、渔网制造、船舶修理、船舶仪器仪表、水产养殖技术、水利建设、海洋工业工程等广泛的活动。虽然海洋制造业在世界不同地区的发展,以及不同国家的海洋制造业活动也不尽相同,但是随着蓝色伙伴关系合作体系构建的深入将促进海运贸易的不断扩大,进一步推动船舶制造业发展。随着航运业的发展,海洋工业工程部门随之兴旺起来,需要更多的技术人员和训练有素的轮机工程师制造和修理船舶机械,并直接推动了海洋服务行业的发展。

随着全球气候变暖,海水酸化、海平面上升、海水水温升高和洋流变化等迫切需要海洋现代技术加以解决。海洋生态保护与修复也需要与之相对应的现代海洋技术,海洋环境监控手段的更新,更需要海洋技术支撑。

---

① 高峰、陈春、王辉、王凡、冯志纲:《国际海洋科学技术未来战略部署》,《世界科技研究与发展》2021 年第 4 期。

二、加快数字海洋发展,构建全域立体化海洋监测信息平台

海洋科技发展直接推动了公众海洋环保意识,海洋科技发展使得人类利用海洋更科学。云存储的运用、数据格式标准、质量控制体系等将成为海洋信息化的主要实现路径以及未来海洋科技发展的主要方向。中国应继续加强海洋大数据的搜集与应用,强化人工智能技术在海洋科技领域的发展,积极推动数字海洋高质量发展。

数字海洋是海洋治理信息化、科学化的标志。数字海洋通过对海洋资源环境信息的综合运用,对海洋经济发展前景作出预测,为海洋经济发展、海洋防灾减灾、海洋权益维护等提供信息保障;透明海洋建设需要高技术与装备支撑以推动技术创新,在海洋资源开发和海洋经济发展中提供海洋资源开发状况和开发潜力信息,为实现海洋资源开发合理有序的目标提供科学依据。数字海洋可以提供海洋环境和气候信息,为港口运输、海上捕捞、海上油气开发等作业活动提供安全生产保障,带动海洋观测技术与装备及海洋信息技术创新,促进海洋观测与海洋信息产业发展。

数字海洋技术融合了海洋科学技术、空间科学技术、信息科学技术等学科领域,数字海洋系统是海洋信息化的核心平台。通过数据的有效管理和整合,数字海洋系统形成支撑科技发展和海洋管理的权威、全面、共享、持续增长的海洋信息资源,面向不同用户需求,在信息化中发挥核心基础信息支撑平台的作用;为海洋科学研究和海洋治理提供基础数据和基本功能的有效支撑工具。

数字海洋体现了全面观测海洋的立体化、网络化、持续性特征。它主要通过海洋调查、海洋监测监视、社会普查统计等数据获取手段,利用计算机把它们和相关的所有其他数据及其实用模型结合起来,在计算机网络系统里把真实的海洋重现出来,形成一个总体系统。数字海洋涵盖了从海洋信息获取、处理、可视化到应用服务的整个过程的各个环节,以信息流为主线,涉及数据处理、数据管理、数据模型、可视化表达、决策模型和系统集成等多

种技术等集成,拓宽了信息技术在海洋领域的应用,为人们认知海洋提供了工具和信息服务的手段,提高了海洋环境监测准确性和标准化。大数据、云计算等新技术可以为构建海洋监测网络提供复杂的能动作用,极大地提高了海洋监测效率,直接提高了中国海洋产业国际竞争力。

三、吸收借鉴国外先进海洋技术推动中国海洋科技发展

国外海洋技术的飞速发展,也给中国海洋技术发展带来了机遇。中国在吸收、借鉴世界其他国家海洋技术的技术上,不断推动本国的海洋技术,并积极推动海洋技术国际合作。蓝色伙伴关系为对新海洋化合物的需求和海洋技术合作提供了契机,促进了海洋技术的国际深度合作以及海洋生物技术的研究与创新,也推动了海洋信息与海洋旅游业和其他服务的结合,进一步创造了更多的经济活动。

海洋科技的创新发展是海洋强国的根本保证。全球性海洋环境问题对促进海洋可持续发展具有长远战略意义。海洋暖化、海洋酸化、海洋塑料污染、海洋低氧等问题既是世界各国必须关注的热点问题,又是关键性的科学问题。

中国在海洋酸化和海洋塑料污染方面的研究部署不足,研究成果不多,影响力较弱。

中国未来海洋科技发展的方向包括海洋暖化、海洋酸化、海洋塑料污染等,这三个方面构成了未来海洋环境的三大重要海洋科学问题。而深海研究、北极研究、海洋可再生能源研究成为目前国际海洋科技战略部署的三个重要领域,将引起新一轮的海洋科技竞争。海洋可持续发展研究和技术装备研发是推动海洋科技持续发展的两个基础性课题,世界各国都积极推动各自在上述海洋科技领域的研发与竞争。

近年来,海洋通信产业在海洋产业发展进程中发挥了重要作用。目前海洋通信领域由欧洲、美国、日本的企业主导。海洋通信行业具有门槛高、投资高、回报高的特点,将吸引更多的资金投入,进一步促进海洋通信行业蓬

勃发展。同时,海洋工程装备制造产业、海洋药物和生物制品产业、海洋油气开发产业、海洋可再生能源产业、海水利用等海洋新兴产业也蓬勃兴起。

目前,人工智能等新一代信息技术在海洋装备领域加速突破应用,数字化等先进制造技术正在加速推动海洋装备向智能化、服务化转型,碳中和、生态文明建设等战略引发海洋装备绿色化深刻变革,海洋装备发展面临新机遇与新挑战。人工智能等高新科技正重塑新格局、为深海极地研究指引新的热点。海洋装备是海洋科技创新的落脚点,是一切海洋活动的前提和基础,海洋装备科技也是世界科技创新的制高点。海洋科技创新鼓励多学科交叉、推进战略高技术、设施装备和系统集成攻关,进一步推动海洋科技革命、绿色开发海洋资源,进一步开展海洋装备战略研究,实现海洋装备自主创新和高质量跨越式发展。

开放型学术合作有助于信息共享、进一步加快学术资源的开发利用。美国地质调查局(USGS)、美国海洋与大气管理局(NOAA)在资料公开、软件共享、社会服务等方面都相当成熟,所共享的资料往往超过我们自己在相同领域所采集的资料的覆盖率和分辨率,可供全世界的科学家使用,也极大地提升了其知名度和领导国际合作的能力与水平。与此同时,通过全球共享与合作,科学家的科研水平也会得到极大的提升。[①]

因此,中国应加强国际海洋科技领域交流,加快海洋科技创新,加快全球海洋人才流动,加快产学研融合,加快海洋物联网建设,进一步促进海洋领域全产业链创新融合。同时,加快推进海洋领域关键核心技术研发,加速海洋科技成果转化为现实的生产力。

中国应抓住机遇,进一步优化海洋产业结构,积极培育海洋新兴产业,大力扶持海洋新兴产业发展,不断加强海洋科技创新,提升中国海洋工程与科技的竞争力,将"海洋强国"建设与"创新驱动发展"进一步融合,积极推动

[①]　李春峰:《中国海洋科技发展的潜力与挑战》,《人民论坛·学术前沿》2017年9月(下)。

海洋科技向创新引领型转变。在海洋探测、海洋运载、海洋能源开发、海洋生物资源开发利用、海洋环境保护、海陆关联工程等方面积极开展科技攻关,①加快海洋科技成果转化成生产力,不断完善海洋综合管理体制,统筹兼顾,建立协调性强的海洋发展机制,推动海洋经济快速发展。

全球性的海洋开发与利用将成为未来国际竞争的焦点。中国正致力于推动"海洋强国"建设,需要适应不断变化的国际形势,积极承担海洋引领者的角色。中国积极参与全球海洋治理,共同开发、探索海洋对人类生命支持的可持续模式,从而形成海权影响力,获得国际海洋领域的话语权,成为世界性海洋强国。

中国应加强海洋科普教育,在全国范围内积极推广中小学海洋意识教育,普及海洋知识;在高等教育中,扩大涉海专业招生规模,努力培养有国际视野和国际竞争力的海洋专业人才,为全方位引领海洋科技的发展打下良好的基础;加强海洋科技能力建设,加强海洋人才培养,注重挖掘综合型、跨学科海洋科技人才,进一步发展海洋公民科学;促进海洋科技与商业应用的良性结合,以商养科,以科带产。②

要建成世界性海洋强国,中国必须全面发展海洋经济、海洋科技、海洋文化,必须处理好海洋资源开发与海洋生态保护关系,积极运用海洋科学技术,促进海洋生态系统性保护。加大海洋科技投入力度,开展海洋科技基础研究,重视海洋应用技术的自主创新,为积极参与深海、北极等新兴领域以及引领海洋治理规则的发展方向奠定坚实基础。中国应加强海洋政治与海洋经济、海洋法律、海洋管理等诸领域有机协调,形成以海洋科技创新为中心的海洋融通式发展新格局,实现全球海洋可持续发展,推动中国海洋经济高质量发展,造福于全人类。

---

① "中国海洋工程与科技发展战略研究"项目综合组撰写:《世界海洋工程与科技的发展趋势与启示》,《中国工程科学》2016年第2期。
② 傅梦孜、陈旸:《大变局下的全球海洋治理与中国》,《现代国际关系》2021年第4期。

后 记

随着海洋意识的不断提升,世界各国对海洋治理的认知和实践越来越多,如何借鉴和吸收世界其他国家海洋治理的经验,如何推动中国的海洋治理向前发展,等等,成为我们探讨的重要课题。海洋治理对中国"一带一路"倡议深入发展具有一定的推动作用,本书即是围绕世界海洋安全和海洋综合治理以及对中国新一轮发展推动作用而展开,本书由胡志勇提出编写思路和研究框架,具体分工如下:

总 论:胡志勇;

第一章:胡志勇(第一、第三节)、张耀(上海国际问题研究院副研究员,第二节);

第二章:胡志勇(总论、第三、四节)、第一节:胡志勇、蔡荣硕(自然资源部第三海洋研究所研究员)、第二节:史春林(大连海事大学教授)等;

第三章、第四章、第五章、第六章:胡志勇。

最后全书由胡志勇统稿,并定稿。

本书在出版过程中得到了上海海事大学原党委书记金永兴教授、江永铭教授、上海市政协孙小双副主任、上海公共外交协会道书明副会长及上海社会科学院国际问题研究所王健研究员、王少普研究员和法学研究所杜文俊研究员等同志的支持与帮助。

在此表示衷心的感谢。

　　本书系本人主持的国家社科基金重大招标项目"国家海洋治理体系构建研究"的阶段性成果之一,也是"全球海洋治理前沿研究系列丛书"之一。

胡志勇

2021 年 10 月修改于上海

图书在版编目(CIP)数据

海洋治理与海洋合作研究/胡志勇著.—上海:
上海人民出版社,2022
(上海社会科学院重要学术成果丛书.专著)
ISBN 978 - 7 - 208 - 17594 - 5

Ⅰ.①海…　Ⅱ.①胡…　Ⅲ.①海洋学-研究 ②海洋资
源-资源开发-国际合作-研究　Ⅳ.①P7

中国版本图书馆 CIP 数据核字(2022)第 016285 号

责任编辑　史美林
封面设计　路　静

上海社会科学院重要学术成果丛书·专著
海洋治理与海洋合作研究
胡志勇　著

出　　版　上海人民出版社
　　　　　(201101　上海市闵行区号景路 159 弄 C 座)
发　　行　上海人民出版社发行中心
印　　刷　上海商务联西印刷有限公司
开　　本　720×1000　1/16
印　　张　18.75
插　　页　4
字　　数　245,000
版　　次　2022 年 1 月第 1 版
印　　次　2022 年 1 月第 1 次印刷
ISBN 978 - 7 - 208 - 17594 - 5/F·2740
定　　价　78.00 元

上海社会科学院重要学术成果丛书

- 工资议价、工会与企业创新
  詹宇波 / 著

- 30 年：浦东开发开放重大实践与精神价值
  张兆安 等 / 著

- 全球地缘经济系统演化与战略选择
  杨文龙 / 著

- 海洋治理与海洋合作研究
  胡志勇 / 著

- 监察委员会职权定位与衔接机制研究
  魏昌东 / 著

- 适宜常规公交的城市道路网络结构
  陈晨 / 著

- 故纸与往事：
  上海社会科学院历史研究所所史文论集
  马军 / 著

- 当代娱乐文化的伦理危机
  陈占彪 / 著

- 全球城市迭代发展的理论探索与中国实践
  苏宁 / 著

- 业委会存续之道
  李锦峰　韩冰 / 著

- 新发展格局：理论机理与构建思路研究
  胡晓鹏　等 / 著

- 大数据环境下政府数据的可持续运营
  范佳佳 / 著

本书从海洋多维治理入手,深入探讨了中国新型"海洋观"的构建与影响,以及全球气候变化对海洋环境的影响,并重点分析了沿海省份海洋经济发展的经验与挑战,科学预测了未来中国海洋经济发展趋势。以海洋环境保护、海洋生态保护为视角,本书重点探讨了海洋治理的作用,并分析和探讨了现代科技与海洋可持续发展的关系,以及部分发达国家的海洋科技发展及其对中国海洋治理的启示。

上架建议:中国经济
ISBN 978-7-208-17594-5

9 787208 175945 >

定价:78.00 元
易文网:www.ewen.co